低照度图像增强技术研究

李灿林◎著

天津出版传媒集团
天津科学技术出版社

图书在版编目（CIP）数据

低照度图像增强技术研究 / 李灿林著. -- 天津 : 天津科学技术出版社, 2024. 11. -- ISBN 978-7-5742-2551-0

Ⅰ. TN919.8

中国国家版本馆 CIP 数据核字第 2024UG6150 号

低照度图像增强技术研究

DI ZHAODU TUXIANG ZENGQIANG JISHU YANJIU

责任编辑：刘　鸫

责任印制：兰　毅

出　　版：天津出版传媒集团
　　　　　天津科学技术出版社

地　　址：天津市和平区西康路35号

邮　　编：300051

电　　话：（022）23332377

网　　址：www.tjkjcbs.com.cn

发　　行：新华书店经销

印　　刷：河北万卷印刷有限公司

开本 710×1000　1/16　印张 17.5　字数 270 000

2024年11月第1版第1次印刷

定价：98.00元

前 言

视觉感知是人类获取信息的主要途径，根据科学统计数据显示，通过视觉感知获取的信息量大约占人类获取信息总量的 80%，而图像是视觉感知的关键信息载体。随着社会的发展和科技的进步，人们对图像质量的要求也越来越高。图像增强已经应用到消费电子、安防监控系统、交通系统、军事目标检测和跟踪、人体识别，以及医学诊断等很多领域。然而在现实环境中存在各种影响人们获取高质量图像的因素，而低照度是其中的主要因素之一，低照度可能源自夜间时段、阴暗空间、光线遮挡、特殊天气等成像环境光源不足的情况，也可能源自局部高光的非均匀光照情况，还可能源自成像装置限制或不适合的曝光参数设置等情况。在低照度环境下，拍摄的图像质量往往会严重退化，图像会发生亮度、颜色和纹理畸变，以及强噪声等问题，表现为光照不均匀、模糊不清、内容隐藏、细节丢失、亮度低、对比度低、颜色暗淡等状态，这会导致视觉效果不佳。低照度图像增加了图像检测与分类、目标识别与跟踪、图像分割、姿态估计等高层视觉任务的难度，这些高层视觉任务往往基于正常照度图像而设计，从而直接影响各种相关领域应用的有效性。由此，低照度图像增强已成为低照度图像预处理或低层视觉处理的必不可少的部分。低照度图像增强技术旨在通过增强亮度和对比度、突出细节、去除噪声、重建颜色和纹理等来提升低照度环境下所采集图像的感知质量。近年来，相应的研究已逐步成为一个热点和具有挑战性的课题。本书正是以低照度图像为研究对象，基于群体智能优化或深度学习对低照度图像增强技术进行了深入的研究。本书取得的创新性成果如下。

（1）针对低照度条件下图像整体黑暗、光照不均匀、对比度低的问题，本书提出了一种针对低照度灰度图像的全局自适应对比度增强算法。该算法将双侧伽马调整函数与粒子群优化相结合，对于粒子群优化（particle swarm optimization, PSO）算法，将灰色标准方差融入评价函数中。为了解决暗区灰度值提升与局部亮区灰度值抑制的两难问题，采用熵、边缘含量、灰度标准方差等信息作为各粒子的目标函数来评价灰度图像增强效果，通过确定最优值来全局增强图像质量。同时，该算法在优化迭代过程中不断更新粒子群的学习因子。实验结果表明，相比其他算法，该算法在提高低照度灰度图像的整体视觉效果和避免局部过度增强等方面取得了更好的效果。

（2）为了有效提高低照度条件下彩色图像的视觉效果和图像质量，本书提出了一种低照度彩色图像的自适应增强算法。该算法充分考虑了低照度彩色图像的特点，采用了对比度增强、亮度增强和色彩饱和度校正策略。该算法利用书中提出的自适应混沌 PSO 算法，结合伽马校正来提高图像的整体亮度，产生了最佳的亮度调节效果。此外，采用改进的自适应拉伸函数增强了图像的饱和度。实验结果表明，与其他传统和较新的彩色图像增强算法相比，该算法显著增强了低照度彩色图像的视觉效果。它不仅可以提高低照度彩色图像的对比度，避免色彩失真，还可以在保持图像自然度的同时，有效提高图像的亮度，提供更多的细节增强。

（3）由于矿井下空间和照明不足，矿井图像存在对比度差、光照不均匀、边缘模糊等问题，本书提出了一种自适应双伽马调整和双平台直方图均衡的矿井图像增强算法。该算法基于 HSV（hue, saturation, value）色彩空间，采用布谷鸟搜索（cuckoo search, CS）算法结合所提出的转换函数，充分利用双侧伽马调整（bilateral Gamma adjustment, BiGA）函数和双平台直方图均衡化的优点，将平均亮度纳入评价函数，以熵、亮度差和灰度标准方差为各鸟巢的目标函数，对矿井图像增强效果进行了评价。该算法通过寻找最优参数值，全局增强图像的对比度和亮度，实现了矿井图像的细节增强。实验结果表明，与其他传统和较新的图像增强算法相比，该算法能显著提高矿井图像的亮度和对比度，且使图像细节更加丰富，视觉效果有了很大提高。

（4）本书提出了一种亮度均衡和细节保持的低照度图像增强算法，该算法在平衡图像亮度和保留图像细节的同时，可以提高低照度图像的亮度和对比度。图像在两个方面被处理，一方面，基于改进 CS 算法的双直方图双自动平台均衡算法，提高了图像的亮度和对比度。另一方面，基于全变分模型提取图像的主要结构，通过去除图像的主要结构制作了包含所有纹理细节的图像掩模。最后，通过将包含纹理细节的掩模添加到具有亮度平衡和良好对比度的图像中，获得了最终的增强图像。与现有算法相比，从主观评价和客观评价指标来看，该算法显著增强了低照度图像的视觉效果。

（5）现有的基于深度学习的低照度图像增强算法包含大量冗余特征，使增强后的图像缺乏细节且噪声较大，对计算资源要求较高。本书设计了一种基于高效自适应特征聚合网络（efficient adaptive feature aggregation network, EAANET）的低照度图像增强网络，其中提出了两个重要的模块：多尺度特征聚合块（multi-scale feature aggregation block, MFAB）和自适应特征聚合块（adaptive feature aggregation block, AFAB），以构建所提出的网络。MFAB 利用非对称卷积和双重注意机制有效地提取特征，重构图像纹理，使得噪声得到了有效抑制。AFAB 结合一维卷积有效地对各分支的特征进行缩放，克服了金字塔结构的不一致性，改善了增强图像的亮度、颜色和纹理偏差。EAANet 非常轻量，对设备的要求低，运行时间短。实验结果表明，该算法在综合性能方面具有显著优势，用该算法重建的图像具有更丰富的色彩和纹理，噪声也得到了有效抑制。

（6）深度学习模型 Transformer 具有捕获远程依赖关系的能力，可以充分利用全局上下文信息。对于低照度图像增强任务，这种能力可以促进模型学习正确的亮度、颜色和纹理。本书尝试将 Transformer 引入低照度图像增强领域，设计了一个基于十字窗口（cross-shaped window, CSwin）自注意力 Transformer 的低照度图像增强模型 CSwin-P。CSwin-P 的编码器和解码器都包含几个阶段，每个阶段包含几个本书提出的增强型 CSwin Transformer 块（enhanced CSwin Transformer block, ECTB）。ECTB 采用十字形窗口自注意力和带有空间交互单元的前馈层，空间交互单元可以通过门控机制进一步捕获局部上下文信息，减少参数和计算量。该模型采用隐式位置编码，是端到端的，在推理阶段不受图像大小的限制。大量实验表明，该模型优于目前较先进的算法，轻量且高效。

（7）现有复杂的网络模型需要高配置环境，并且边缘细节的增强不足会导致目标内容模糊，单尺度特征提取会导致增强图像的隐藏内容恢复不佳。本书针对上述问题，提出了一种面向低照度图像增强的基于边缘检测的多尺度特征增强网络（edge detection-based multi-scale feature enhancement network, EDMFEN）。为了减少增强图像中边缘细节的丢失，引入由索贝尔（Sobel）算子组成的边缘提取模块，通过计算图像梯度来获取边缘信息。此外，本书还提出了一种由多尺度特征提取块（multi-scale feature extraction blocks, MSFEB）和空间注意机制组成的多尺度特征增强模块（multi-scale feature enhancement module, MSFEM），以彻底恢复增强图像的隐藏内容，获得更丰富的特征。由于融合的特征可能包含一些无用的信息，因此引入 MSFEB 来获得具有不同感知场的图像特征。为了更有效地利用多尺度特征，采用空间注意机制模块在融合多尺度特征后保留关键特征，提高模型性能。在两个数据集和五个基线数据集上的实验结果表明，与较先进的低照度图像增强算法相比，EDMFEN 具有更好的性能。

（8）目前基于深度学习的算法存在分辨率或对比度增强不足的问题，针对这些问题，本书提出了一种面向低照度图像增强的带有卷积长短期记忆网络（convolutional long short-term memory, ConvLSTM）的分辨率和对比度融合网络（resolution and contrast fusion network with ConvLSTM, RCFNC）。该网络主要由分辨率增强分支、对比度增强分支、多尺度特征融合块（multi-scale feature fusion block, MFFB）和卷积长短时记忆块四部分构建而成。具体而言，为了提高低照度图像的分辨率，本书提出了一种由多尺度差分特征块组成的分辨率增强分支，它利用不同尺度的残差特征来增强图像的空间细节。为了增强图像的对比度，本书引入由自适应卷积残差块组成的对比度增强分支来学习图像中全局和局部特征的映射关系。此外，本书使用 MFFB 进行加权融合，以更好地平衡从上述分支获得的分辨率和对比度特征。最后，为了提高模型的学习能力，本书增加了 ConvLSTM 来过滤冗余信息。实验表明，RCFNC 在相关增强效果和指标方面优于当前较先进的算法。

本书得到了作者所在单位郑州轻工业大学计算机科学与技术学院的大力支持，得到了作者所负责的研究小组中的研究生的大力支持，同时得到了河南省科技攻关项目（212102210097 和 242102211003）等的支持。

本书可作为图像处理研究方向相关专业硕士、博士及相关研究人员的参考书。由于个人水平有限，书中难免会出现错漏和不妥之处，敬请指正！

目 录

第1章　绪论

1.1　研究背景与意义

图像增强是重要的图像处理技术之一，是图像视觉效果和质量提升的必需环节，指按特定需要增强一幅图像中的某些信息，同时削弱或删除某些不需要信息的处理方法。增强处理可以使图像的细节显示更清晰或使图像中的某些区域更突出，这些图像更适合人类视觉系统或计算机识别系统。

由于光照或某些其他条件（如成像装置限制或不适合的曝光参数设置），拍摄的图像往往会产生图像整体亮度偏低、对比度低、模糊不清等问题。这些问题影响了摄影、鉴证、分析、监控和其他一些光学成像系统中图像的收集。尽管图像捕获设备有惊人的进步，但各种自然和人工伪影仍然存在，这导致所捕获图像的质量差，因此，对于原始捕获图像，尤其是类似如上弱成像环境下的低照度图像，质量改进是图像预处理的必不可少的部分。图 1-1（a）为弱光低照度图像，即照明不足导致的弱光图像；图 1-1（b）为局部高亮低照度图像，即不平衡的光线导致的局部高亮图像；图 1-1（c）和图 1-1（d）分别为弱光低照度图像和局部高亮低照度图像的灰度直方图。

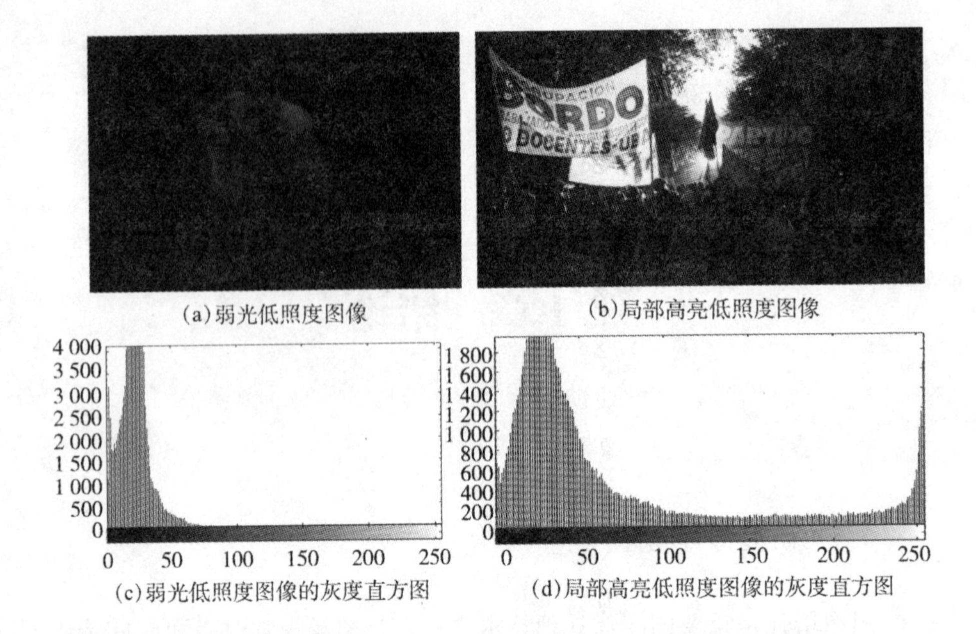

(a)弱光低照度图像　(b)局部高亮低照度图像

(c)弱光低照度图像的灰度直方图　(d)局部高亮低照度图像的灰度直方图

图 1–1　弱光低照度图像和局部高亮低照度图像

低照度图像类型涉及整体亮度偏低或不均匀的红外图像、灰度和彩色图像、特定环境下图像（如矿井下图像）等。红外成像作为红外技术与成像技术相结合的产物，其应用越来越广泛，它已经应用到安防监控系统、军事目标检测和跟踪，以及医疗等很多领域[1]，红外探测器接收物体的红外辐射，将温度信息转换为灰度信息。在实际检测物体温度时，受到传热、热辐射和大气衰减会造成图像对比度低和纹理细节不清晰等，这些问题会使人们很难辨认原始红外图像中的背景与目标物体，给目标识别和跟踪带来诸多不便[1]。而在实际应用中，由于光照条件不足，低照度灰度和彩色图像经常会产生，如自然光线较弱或处于背光面而使整体亮度偏低的图像。其中彩色图像具有三种感知属性（包括色调、饱和度和强度）的色彩表达[2]。由于环境特殊，一些特定环境下的图像的主要光源是灯光，比如矿井下图像。而矿井安全生产的监管工作十分重要，许多井下重特大事故发生的其中一个主要原因是煤矿环境治理措施未能

正确使用，当环境条件发生变化时，相关人员无法从视频监控系统捕获的图像中及时、正确地评价和发现危险，然后迅速向相关人员反映[3]。图 1-2 为低照度红外图像、低照度灰度图像、低照度彩色图像、矿井下图像及其相应直方图的示例。直方图横轴表示图像灰度值，范围一般为 [0,255]（0 表示黑色，255 表示白色），竖轴表示某一灰度值所累积的像素数量。通过对图 1-2 中各原始图像的直方图统计分布情况分析可知，图像直方图均集中在左边区域，说明图像大多数像素具有相同的亮度。图像整体亮度偏低，不方便识别、分析和处理暗部感兴趣区域，而且图像的灰度变化较小，相邻像素之间的空间相关性很高。由图 1-2（a）可知，低照度红外图像的主要特征为图像噪声多、整体对比度及亮度偏低、目标物体模糊不清、暗部区域隐藏细节较多等。由图 1-2（b）可知，低照度灰度图像的主要特征为图像亮度较低、暗区的内容细节信息丢失严重等。由图 1-2（c）可知，低照度彩色图像的主要特征为整体亮度和饱和度较低、高亮区域易产生噪声、边缘细节不明显等。因此，需要对此类图像进行图像增强。由图 1-2（d）可知，矿井下图像的主要光照来自灯光，其主要特征为亮度较低，存在局部亮区域、饱和度不足及噪声大等问题，因此需要在进行图像增强的同时不放大其噪声。事实上，增强低照度、模糊或不完整图像仍然是一个悬而未决的问题。低照度图像增强技术旨在通过增强低照度图像亮度、对比度和突出细节来提高图像质量，近年来，这一问题已逐步成为一个热点和具有挑战性的研究课题。

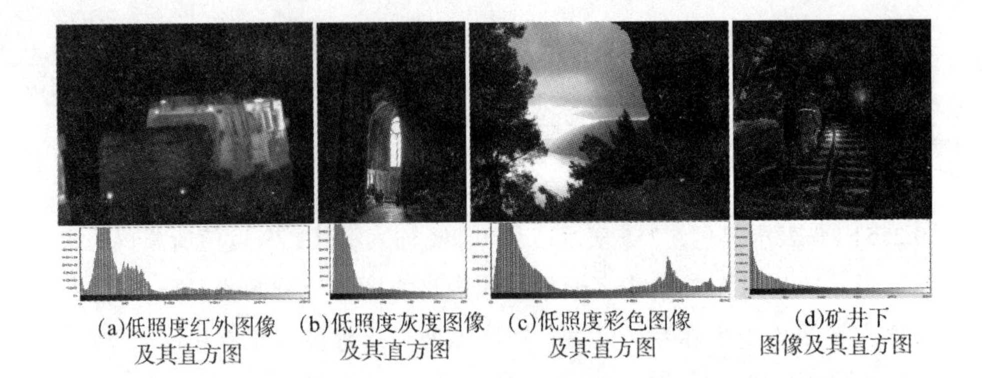

(a)低照度红外图像及其直方图 (b)低照度灰度图像及其直方图 (c)低照度彩色图像及其直方图 (d)矿井下图像及其直方图

图 1-2 本书研究的低照度图像及相应直方图的示例

1.2 国内外研究现状

低照度图像增强旨在提升低照度环境下所采集图像的感知质量，下面主要针对通用的低照度图像增强方法进行国内外研究现状及发展动态分析。

低照度图像增强技术能够重建图像的颜色、亮度和纹理，改善人的视觉感受，广泛应用于多个领域中，涉及各种类型的图像。例如，夜间光源不足，监控设备拍摄的图像不清晰，低照度图像增强技术可以增强夜间图像质量，提高人物或事物识别率；在交通应用中，低照度图像增强技术可以提高夜间车牌、路标等重要信息的识别准确率，为自动驾驶等新兴领域提供有力的技术支持；在智能手机拍照应用中，低照度图像增强技术可以为用户提供优质的夜间拍照功能，大大提升夜间拍摄的图像的品质，防止图像颜色、纹理和亮度退化，提高用户体验[1]。

低照度图像增强由于其在图像处理中的重要性及在实际应用中的广泛性，受到了工业界和学术界的广泛关注。近年来，国内外研究者对其进行了广泛深入的研究，研究者已经提出了各种增强算法，这些算法主要可分为传统的低照度图像增强算法、基于群体智能优化的低照度图像增强算法和基于深度学习的低照度图像增强算法。

1.2.1　传统的低照度图像增强算法

传统的低照度图像增强算法包含基于视网膜大脑皮层（Retinex）理论的算法、基于直方图均衡化的算法及基于直方图规定化的算法等，这些算法主要侧重于尽可能地改善图像亮度。

Retinex 理论[2] 由 Land 和 McCann 提出，假设图像是照明和反射的相互作用，认为通过消除照明效果，可以增强低照度图像。Retinex 理论自提出以来就吸引了许多学者，随后发展成单尺度 Retinex（single-scale Retinex, SSR）算法[3]、多尺度 Retinex（multi-scale Retinex, MSR）算法[4]和带色彩恢复的多尺度 Retinex（multi-scale Retinex with chromacity preservation, MSRCR）算法[5]。程芳瑾等[6] 在研究 Retinex 算法的基础上，对低照度彩色图像失真中色彩恢复存在的问题进行了研究，构建了一个恢复效果较好的色彩恢复函数——余弦色彩恢复函数。最近，Li 等[7] 提出了一种基于不同颜色空间且多算法融合的图像增强算法，该算法利用 Retinex 模型对近似反射率和光照进行修正，并考虑给定图像的噪声分布图来获得增强图像。虽然这些算法增强了诸如边缘和角落的高频信息，可以使细节增强，然而，由于基于 Retinex 的算法分别处理 RGB 通道中的图像，当原始图像不符合灰色世界假设时，它们可能会导致颜色失真[8]，而且它们无法有效避免对比度不均匀的问题[9]。周浦城等[10] 针对低照度图像存在的对比度低、视觉效果差等问题，提出了一种基于卷积分析稀疏表示和相位一致性的低照度图像增强算法。该算法基于 Retinex 模型，在估计低照度图像时采用卷积分析稀疏表示进行约束，所用滤波器一部分由人工设定、一部分由样本训练自动获得，在计算反射图像时利用单演相位一致性特征，施加相位一致性残余最小约束来恢复细节，通过联合约束并进行优化得到的反射图像即为最终的增强结果。总的来说，基于 Retinex 理论的算法在强光阴影过渡区容易出现光晕现象，对比较亮的图像（如雾霾图像）处理的效果欠佳，且其色彩保持能力较弱。

基于直方图均衡化的算法主要关注增强图像对比度，此类增强算法中直方图均衡（histogram equalization, HE）[11] 算法由于其简单直接的实现而受到相当多的关注，它属于全局增强，主要涉及重新映射灰度，从而使直方图服从均匀分布。然而，如果直方图中有较高峰值，就有可能对图像进行过度增强 [12]。为了克服以上问题，Dale-Jones 等 [13] 提出了局部直方图均衡（local histogram equalization, LHE）算法，它可以更有效地增强整体图像的对比度，但是有时会导致图像某些部分过度增强，产生不自然的外观 [14]。许多研究人员提出了局部增强的算法，如 Pizer 等 [15] 提出的自适应直方图均衡（adaptive histogram equalization, AHE）算法，在增强图像时考虑了局部信息，能够突出细节和纹理，其缺点是产生了很大的噪声。后来，研究者发明了限制对比度的自适应直方图均衡（contrast limited adaptive histogram equalization, CLAHE）算法 [16]，CLAHE 算法在 AHE 算法的基础上，对每个子块直方图做了限制，很好地控制了 AHE 算法带来的噪声，使图像对比度更自然。为了克服亮度问题，一些基于直方图的改进算法被提出，如保持亮度的双直方图均衡（brightness preserving bi-histogram equalization, BBHE）算法 [17]，递归均值分割直方图均衡（recursive mean-separate histogram equalization, RMSHE）算法 [18]，保持亮度的动态直方图均衡（brightness preserving dynamic histogram equalization, BPDHE）算法 [19]。2013 年，Raju 等 [20] 提出了改进的双直方图均衡算法，与传统的直方图均衡算法相比，该算法可以更好地保留图像的亮度。尽管这些算法在输出时保持了输入图像的亮度，但它们常常无法生成具有自然外观效果的图像 [21]。

基于直方图规定化的算法是另一类被广泛应用的增强算法，这类算法通过建立校正函数实现对比度增强。传统的基于直方图规定化建立的校正函数是固定的，因此其适用范围受到了很大限制。为了解决这一问题，一些改进的直方图规定化的算法被提出了。彭波等 [22] 针对低照度图像暗且对比度低的特点，提出了一种将改进的基于直方图均衡化的算法与改进的局部对比度增强算法相结合的低照度图像处理算法。Huang 等 [23] 提出的权重函数重分布的自适应伽马校正加权分布（adaptive Gamma correction weighted distribution, AGCWD）算法是这类改进算法中比较有代表性的。该算法具备一定的自适应能力，但仅通过伽马参数的调整仍然难以获取与图像特征高度匹配的校正函数，因此，难以对复杂图像进行有效的增强。2019 年，Al-Ameen[24] 提出了一种新的光照增强算法，使用多种调整函数来增强低强度和中等强度、衰减输入图像的高强度、修改局部对比度和提高图像的整体亮度。该算法具有实现速度快、结构简单、结果质量好等优点。但它有一个缺点，即不能自适应选择最优结果，需要操作人员手动输入调整参数。

此外，禹晶等 [25] 提出了一种新的基于颜色恒常性的低照度图像视见度增强算法，基于灰色调算法的灰度像素假设，利用有效像素估计了光照的颜色，利用有效像素的灰度级范围确定了直方图剪裁的上下限。该算法有效地校正了图像的颜色、对比度和亮度，从而增强了图像的视见度，且不会产生 Retinex 算法所固有的灰化效应和晕轮效应。李庆忠等 [26] 提出了一种基于小波变换的低照度图像快速、自适应增强算法，将 RGB 图像转到了 HSV 色彩空间，并利用离散小波变换（discrete wavelet transform, DWT）对亮度 V 图像的高、低频子带进行了分离。该算法在小波变换的低频子带上利用双边滤波对图像的照射光分量进行了快速估计与去除，而在高频子带上利用模糊变换实现了边缘、纹理信息的增强与去噪处理。

目前，传统低照度图像增强算法主要集中在结合低照度情况改进常规图像增强算法方面。全局对比度增强通常会过度增强图像中较亮的局部区域，导致图像高亮度区域的扩散和高亮度区域细节的丢失。局部对比度增强可以为感兴趣的区域提供更大的对比度增强，但是，它对暗部细节的增强效果较差，通常会产生较多的噪声点，从而降低视觉舒适度。

基于 Retinex 理论的算法将反射分量作为增强结果并不一定行得通，容易造成增强图像颜色失真。弱光或非均匀光照下的低照度图像增强仍然是一个充满挑战、极具研究意义的问题。

1.2.2 基于群体智能优化的低照度图像增强算法

群体智能优化算法属于生物启发式算法，主要模拟了昆虫、兽群、鸟群和鱼群的群集行为，这些群体按照一种合作的方式寻找食物，群体中的每个成员通过学习它自身的经验和其他成员的经验来不断地改变搜索的方向。群体智能优化算法和进化算法、人工神经网络算法三者被称为人工智能领域的三驾马车。群体智能的核心思想就是若干个简单个体构成一个群体，通过合作、竞争、交互与学习等机制表现出高级和复杂的功能，在缺少局部信息和模型的情况下，仍能够完成复杂问题的求解[27]。群体智能优化算法的突出特点是利用种群的群体智慧进行协同搜索，从而在解空间内找到最优解。其求解过程为对求解变量进行随机初始化，经过迭代求解，计算目标函数的输出值。群体智能优化算法不依赖于梯度信息，对求解问题无连续、可导等要求，使得该类算法既适应连续型数值优化，也适应离散型组合优化。同时，群体智能优化算法潜在的并行性和分布式特点使其在处理大数据时具备显著优势。因此，群体智能优化算法越来越多地受到各个领域学者的关注，成了一个热门研究方向。群体智能优化算法包括多种算法，如蚁群优化（ant colony optimization; ACO）算法[27]、粒子群优化 PSO 算法[28-29]、遗传算法（genetic algorithm, GA）[30]、布谷鸟搜索（CS）算法[31]、模拟退火（simulated annealing, SA）算法[32]等。近年来，又涌现出不少新算法，如头脑风暴优化（brain storm optimization, BSO）算法[33-35]、烟花算法（fireworks algorithms，FWA）[36]、鸽群算法[37]等，新的群体智能优化算法为求解多种多样的实际问题提供了新的思路和手段。

群体智能优化算法将最优化问题建模为在解空间上搜索最优值的问

题，并通过启发式信息来指导搜索过程。在搜索过程中，多个个体通过竞争与协作的方式，共同对解空间进行搜索。多个个体同时协作进行搜索，使得群体智能优化算法具有一种潜在的并行性。不同于常规的数值解法，群体智能优化算法对目标函数的性态（单调性、可导性、模态性）几乎没有限制，甚至不需要知道目标函数的表达式，因此群体智能优化算法极大地拓展了可求解的最优化问题的范围，可以广泛地应用于各种优化问题中，如动态优化问题、约束优化问题、不确定环境优化问题及多目标优化问题等 [38]。在所有的群体智能优化算法中，CS 算法由于具有结构简单、全局寻优能力强、耗时较少等优点 [39] 而备受学者关注，并且 CS 算法中的参数数量比 GA、PSO 算法和 SA 算法中的少得多，因此它适合于大量优化问题。

近年来，研究者开始考虑将群体智能优化算法用于解决图像处理问题。PSO 算法自问世以来就迅速引起国际上相关领域众多学者的关注，由于其个体数目少、进化初期收敛速度快、运行简单、易于实现的优点，PSO 算法在图像处理领域得到了广泛的应用，如图像分割 [40]、图像特征选择 [41]、数字图像水印 [42] 等。

近几年，一些国内外研究者开始将群体智能优化算法应用于解决图像增强问题。2009 年，Gorai 等 [43] 将对比度增强看作一个优化问题，并利用 PSO 算法对其进行求解，通过考虑图像中的局部和全局信息，采用参数化变换函数进行对比度增强。Gao 等 [32] 将对比度增强作为优化问题，采用模拟退火 PSO 算法进行求解，即利用 PSO 算法对每个粒子的速度和位置进行更新，然后对每个粒子进行模拟退火，以选择下一代的个体，这种混合过程在增加计算复杂度的同时保留了边缘内容。Nickfarjam 等 [44] 提出了一种基于粒子群优化的多分辨率灰度图像增强算法。首先，图像金字塔用于执行多分辨率编辑操作，如增强图像。然后，PSO 算法利用所有像素的平均方差值和边缘数形成目标函数，从而为每个像素找到合适的强度值，得到增强图像，用这种算法处理图像耗时太长。在文献[32]中，作者结合PSO算法和伽马校正来增强彩色图像，使用粒子群优化辅助的自适应伽马校正技术来增加信息内容和增强图像的细节，其中将熵和边缘内容作为目标函数并使其最大化。与其他传统技术相比，该技术提供了更好的结果，但增强的图像对比度不高。李灿林等[45]提出了一个基于粒子群优化的红外图像增强算法。该算法结合了PSO算法和伽马校正，将灰度标准方差融入了评价函数，熵、边缘内容、灰度标准方差被用作每个粒子的目标函数，来评估所获得的红外图像增强结果。该算法通过寻找最优伽马值对图像进行全局增强，实现了对红外图像的细节增强。李庆忠等[46]基于光照变化会造成图像颜色失真和清晰度下降，提出了一种基于极限学习机和杜鹃搜索算法的图像颜色校正与对比度增强算法，并利用训练好的极限学习机神经网络自适应地选择适合该图像的最佳颜色恒常算法进行了相应的颜色校正，利用杜鹃搜索算法自动确定亮度增强函数的最优参数进行了相应的对比度增强。这些算法大多是用于增强灰度图像的，对于低照度彩色图像，只有极少数的算法可用。

目前应用于常规图像增强方面的群体智能优化算法研究已有一些，但应用于低照度环境下的图像增强的研究少有。由于低照度图像具有对比度低、光照不均匀、暗部区域细节不清晰和饱和度低等特点，各种增强算法通常会产生如下一些问题。

（1）对较亮局部区域过度增强，导致图像高亮度区域的扩散，高照度区域细节丢失问题。

（2）对暗部细节增强效果不佳且通常噪点较多，降低了观看舒适度。

（3）饱和度增强不明显或者过度增强导致颜色失真，丢失原始图像颜色信息。

1.2.3 基于深度学习的低照度图像增强算法

随着深度学习的发展，大量基于卷积神经网络的低照度图像增强算

法被提出。其中，大部分算法采用有监督的学习方案。例如，文献[47]提出了一个自编码器（LLNet），该算法是早期用于低照度图像增强的端到端的算法，它是一个编码解码器形式的网络，编码器对输入的低照度图像进行特征提取，解码器对提取到的特征进行重建。文献[48]提出了一个具有全局意识的自编码器（GLADNet），该算法利用一个 U 形结构提取图像特征，然后通过一个重建模块重建图像细节。为了充分提取和利用特征信息，多尺度信息恢复网络（multi-scale information network, MIRNet）[49]和轻量级金字塔网络（pyramid network, LPNet）[50]通过扩大感受野和利用残差结构，并利用注意机制淡化无用特征，从而重建良好的亮度和颜色。一些算法尝试与 Retinex 理论结合。文献[51]提出了一个基于 Retinex 理论的模型（Retinex-Net），该算法设计了两个模块：分解块和重建块，学习将图像分解为光照分量和反射分量。类似地，LightenNet[52]结合了 Retinex 是一个小型网络，仅有四层。文献[53]提出了点燃黑暗增强器（kindling the darkness, KinD），首先将图像分解为反射率和光照两部分，然后分别进行处理，KinD 可以灵活地调整亮度。文献[54]提出了基于深度学习优化光照的暗光下的图像增强（underexposed photo enhancement using deep illuminationestimation, DeepUPE），它结合了 Retinex 和双边滤波。文献[55]结合 Retinex 理论和卷积将 RGB 图像转换为 Ycbcr 格式，在 V 通道上进行处理。文献[56]基于 Retinex 将低照度图像的噪声和亮度以一种互相增强的方式感知以进行图像增强。EnligthenGAN[57]是一种无监督的低照度图像增强算法，采用注意引导的卷积神经网络 U-Net 作为生成器，利用双判别器对全局和局部信息进行引导，使用自特征保留损失来指导训练过程和维护纹理、结构。Yang 等[58]提出了一个半监督的低照度图像增强算法，该算法分两阶段，先引入递归的网络架构，训练成对图像数据，从粗糙到精细恢复图像细节，减少信号失真；然后引入对抗学习，训练不成对图像数据，提高图像的视觉质量，如光照、颜色分布等。近年来，一些新颖算法被提出，文献[59]

提出了用于低照度图像增强的零参考深度曲线估计（zero-reference deep curve estimation, Zero−DCE++）算法，Zero−DCE++ 是一种零次学习算法，训练时仅需要低照度图像。文献[60]提出了启发式 Retinex 展开与协同先验架构搜索（Retinex-inspired unrolling with cooperative prior architecture search, RUAS）算法，RUAS 算法也是一种零次学习算法，它先通过训练集搜索网络架构，然后从紧凑的搜索空间中寻找低光先验结构。文献[61]系统地对基于深度学习的低照度图像增强算法进行了综述，提出了一个包含不同手机摄像头在不同光照条件下捕获的图像和视频的数据集，以评估现有算法的泛化性，并提供了一个包含多种主流增强算法的在线平台，让用户以更友好的交互方式重现不同算法的效果。以上有监督算法的难点和问题在于难以获取真实的大型成对图像数据集，而合成图像又不能泛化到真实图像上去，有监督算法通常泛化性比较差；无监督和半监督算法的难点在于训练的稳定性、色彩的失真及如何利用多个域的信息；而零次学习算法的难点在于损失函数的设计。

从上述这些现有的基于深度学习的低照度图像增强算法来看，基于深度学习的低照度图像增强算法往往以卷积神经网络为基础。该类算法在一定程度上改善了由传统低照度图像增强算法自适应能力差、噪声抑制能力低而导致的增强效果有限的问题。然而，网络结构可以在很大程度上影响增强性能，之前的基于深度学习的低照度图像增强算法大量采用了 UNet 架构，然而这种架构是否适合于解决该问题仍有待考证。现有的基于深度学习的算法由于卷积神经网络固有的局限性，对特征的提取和利用仍是不够充分的，通常不能有效地建立长距离的依赖关系，会失去一些重要的全局上下文信息，这也是现有的算法会产生一定程度的颜色、纹理偏移的原因之一。例如，MIRNet 重建的图像纹理不清晰，且存在少量噪声。LPNet 重建的图像过于平滑，缺乏细节，其颜色有一定的畸变，且一些区域存在过度曝光的情况。另外，现有的算法为了保证低照度图像增强的效果，不能在模型的轻量和效率之间取得良好的平衡，

例如，MIRNet 具有较大的参数量和计算量，运行时间长。Zero-DCE++ 和 RUAS 相当轻巧，但增强后的图像并不好，有颜色失真和强噪声。这些算法通常为了提高模型性能而忽略了计算复杂度，或为了提高推理的速度而忽略了模型性能。Cui 等 [62] 提出了超轻量级的 Transformer 网络内隐关联测验（implicit association test, IAT）模型，其借鉴目标检测中的检测变压器（detection Transformer, DETR）模型思路，通过动态查询学习的机制来调整计算摄影中的一些图像关键参数，建立一个端到端的 Transformer 来克服不良光照所造成的视觉感观影响。但是在更为复杂的光照条件（如阴影、不同光源光照、域外数据）中，IAT 模型的效果仍然存在不少缺陷，因此如何更好地泛化基于 Transformer 的低层任务网络，是下一步需要解决的问题。

第 2 章 低照度灰度图像的全局自适应对比度增强

2.1 引言

图像增强按增强类型可分为灰度图像增强和彩色图像增强[8]。在现实生活中，由于光照条件不足，低照度灰度图像经常会产生，这样的图像首先给人带来视觉上的不舒适，因为这些图像存在被分析对象的细节差别不明显、光照不均匀和目标难以识别等问题，这些问题不利于后续的图像处理工作，为了改善这类图像的视觉效果，人们需要对其进行增强处理。

比较常见的灰度图像增强技术有点运算和空间运算[32]。线性对比度拉伸（linear contrast stretch, LCS）采用线性变换[63]，它主要利用点运算来修正像素灰度，对图像进行有选择的灰度值线性拉伸，增强输入图像中感兴趣的灰度区域，相对抑制那些不感兴趣的灰度区域。在应用分段灰度变换方法时，分段点的选择是关键，人们多采用人工手动调整的方法选择分段点，这不适合实时处理[64]。

直方图变换是基于空间操作的，它被认为是灰度图像对比度增强的基本过程之一。其中直方图均衡（HE）算法[65]作为一种全局增强算

法，由于其简单直接易实现而受到相当多的关注，它主要是通过重新映射灰度，使直方图服从均匀分布。在增强过程中，该算法会使用从输入的累积分布函数（cumulative distribution function, CDF）到均匀分布的 CDF 的映射计算传递函数 [11]。如果直方图中存在大的峰值，那么会使图像过度增强，很有可能达不到想要的效果。近年来，许多研究人员提出了局部增强的算法，如 Stark 等 [65] 提出的自适应对比度增强（adaptive contrast enhancement, ACE）算法，它在增强图像时考虑了局部信息，能够突出细节和纹理，能够使图像包含更尖锐的边缘，但其缺点是产生了很大的噪声而且运算时间长。后来，研究人员提出了限制对比度的自适应直方图均衡（CLAHE）算法 [16]。CLAHE 算法在 AHE 算法的基础上，对每个子块直方图做了限制，很好地控制了 AHE 算法带来的噪声，这样会使图像对比度更自然，但是其放大了平坦区域的噪声，并在强边缘产生了环形伪影 [66]，且由于耗时过长不适用于实时处理。之后，研究人员又提出了平台直方图均衡（plateaus histogram equalization, PHE）算法 [67] 和双平台直方图均衡（double plateaus histogram equalization, DPHE）算法 [68] 来消除图像的过度增强，这两种算法对直方图统计量进行了修正，以减少灰度合并，防止过度增强 [69-70]。DPHE 算法的关键问题是上下平台阈值的选择。在实际应用中，平台阈值是人们凭经验选择的，以这种方式获得的平台阈值往往对一张图片或某一场景的图像增强效果较好，而对另一张图片或另一场景的图像增强效果较差。

目前，许多学者也提出了各种改进的全局和局部增强算法。流行的改进的全局增强算法包括保持亮度的双直方图均衡（BBHE）算法 [17]、自适应伽马校正加权分布（AGCWD）算法 [23]。BBHE 算法根据原始图像的灰度平均值将输入图像分成两个子图像，然后分别对两个子图像进行均衡化，以保持图像的亮度。Huang 等 [23] 提出的 AGCWD 算法为一种具有代表性的全局增强算法，校正函数的伽马参数不是一个常数，而是根据图像亮度的概率分布函数计算得到的，因此 AGCWD 算法具有一定的自适应能力。然而，当输入图像的直方图出现峰值时，AGCWD 算法可能会导致图像明亮区域的许多细节丢失[71]。因此，AGCWD 算法很难有效地增强具有多个特征的复杂图像。2017 年，Sujee 等[72]提出了一种基于金字塔直方图匹配的图像增强算法，该算法通过金字塔层的直方图匹配和尽可能多地提取图像信息来提高图像的对比度，实现了不同分辨率下的全局直方图匹配。不幸的是，金字塔的使用增加了算法的复杂性。尽管全局直方图均衡（global histogram equalization, GHE）算法和各种改进算法对整个图像具有良好的全局对比度增强效果，但对图像局部细节的增强效果较弱。为了解决这些问题，局部直方图均衡（LHE）算法得到了学者的广泛研究，如子块部分重叠直方图均衡（partially overlapped sub-block histogram equalization, POSHE）算法[14]和精确直方图规范（exact histogram specification, EHS）算法[73]。LHE 算法通过局部使用 HE 算法来解决亮度问题[74]。然而，重叠的滑动掩模机制使得 LHE 算法的计算成本很高。随着处理技术的发展，复杂的计算可能不再是 LHE 算法的问题，但在增强图像的同时，LHE 算法仍然面临着放大噪声和模糊边缘的问题。为了找到关注的区域，克服直方图操作的缺点，Kaur 等[75]提出了一种局部增强算法，利用非锐化掩模滤波器增强了医学图像标记区域的对比度。此外，Verma 等[76]还提出了一种新的混合图像增强算法——修正 Sigmoid 函数 PSO（modified Sigmoid function PSO, MSF-PSO）算法。该算法将灰度图像增强视为一个多约束的非线性优化问题，采用粒子群优化（PSO）算法求解。最后，通过修改 Sigmoid 函数对图像进行增强。这些技术中的大多数已经成功地增强了图像中光照不足区域的对比度，但它们并没有显著改善灰度图像中明亮区域的对比度。

针对光照不均匀、整体对比度较低的灰度图像，为了解决现有法对图像进行增强时出现的细节增强不明显及局部亮区域的过度增强问题，本书提出了一种全局对比度自适应增强算法。该算法基于双侧伽马调整

函数，将PSO算法与双侧伽马调整函数相结合，实现了算法的全局校正。本算法的主要贡献如下。

首先，为了避免在增强细节的同时，过度增强低照度不均匀灰度图像中的较亮局部区域，利用 PSO 算法对双侧伽马调整函数的参数（α）值进行了优化。

其次，提出了一种针对每个粒子的改进的评价函数，在低照度灰度图像增强时不会造成信息丢失，并使得对比度更高、边缘更清晰。

再次，在运行过程中调整了学习因子，防止粒子在灰度图像增强优化迭代过程中陷入局部最优。

最后，对实验结果进行了详细的分析，验证了该算法对低照度灰度图像的不错的增强效果。

2.2　转换函数——双侧伽马调整函数

低照度灰度图像的通病是图像整体亮度偏低，而局部区域亮度偏高。为了达到好的增强效果，需要对低对比度灰度图像进行低亮度区域的增强和局部高亮度区域的抑制。在现有算法中，许多算法可以对图像进行全局增强，如直方图均衡（HE）算法和线性对比度拉伸（LCS）等[77]，但针对非均匀光照灰度图像，其增强效果并不理想。本书提出了一种改进的双侧伽马调整函数[78]来调节图像的亮度。

假设图像的灰度值范围被归一化到 [0,1] 范围之内，文献[79]提出了一种基于全局亮度的双侧伽马调整（BiGA）函数的图像增强算法，该函数由两个伽马函数 G_{a} 和 G_{b} 融合而成，其数学表达式为式（2-1）～式（2-3）。

$$G_{\mathrm{a}}(x)=x^{1/\gamma} \tag{2-1}$$

$$G_{\mathrm{b}}(x)=1-(1-x)^{1/\gamma} \tag{2-2}$$

$$G(x)=\alpha G_{\mathrm{a}}(x)+(1-\alpha)G_{\mathrm{b}}(x) \tag{2-3}$$

式中：x 是输入图像的灰度值；γ是可调节变量，用以调整图像增强程度，一般取 $\gamma=2.5$；α 是调节参数，取值范围为 [0,1]；$G_a(x)$ 是一个凸函数，用于增强暗区域；$G_b(x)$ 是一个凹函数，用于抑制图像的亮区域。最终 BiGA 增强算法的调整函数 $G(x)$ 是由 $G_a(x)$ 和 $G_b(x)$ 取平均值得到的。

使用 BiGA 增强算法对图像进行校正之前，首先利用式（2-4）进行归一化处理；其次利用式（2-5）对图像进行双侧伽马调整函数校正；最后采用式（2-6）将其取值范围调整到 [0,255]。

$$I_1(x,y)=I(x,y)/256 \tag{2-4}$$

$$I_2(x,y)=G(I_1(x,y)) \tag{2-5}$$

$$I(x,y)=I_2(x,y)\times 256 \tag{2-6}$$

双侧伽马调整函数的图像如图 2-1 所示。取 $\alpha=0.7$，x_0 为在函数 $G(x)$ 与 $y=x$ 图像的交点处图像归一化后的灰度值。由图 2-1 可知，当图像的灰度值小于 x_0 时，BiGA 增强算法将对其进行增强；而当灰度值大于 x_0 时，BiGA 增强算法将对其进行抑制。这满足对同时存在较亮和较暗区域的低照度灰度图像增强的需要。

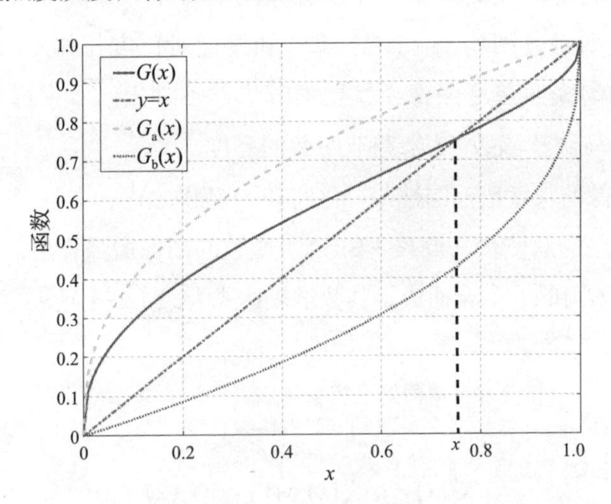

图 2-1　$\alpha=0.7$ 时双侧伽马调整函数的图像

图 2-2 为不同的 α 值所对应的增强曲线变化，为了直观观察，图 2-3 显示了与图 2-2 相对应的不同的 α 值所对应的增强图像的结果。通过参数 α 的调节，可使暗区域增强与亮区域抑制之间保持平衡，参数 α 的大小直接决定了图像增强的好坏，对于灰度图像增强而言，有必要选择最优 α 值使增强图像效果最佳。

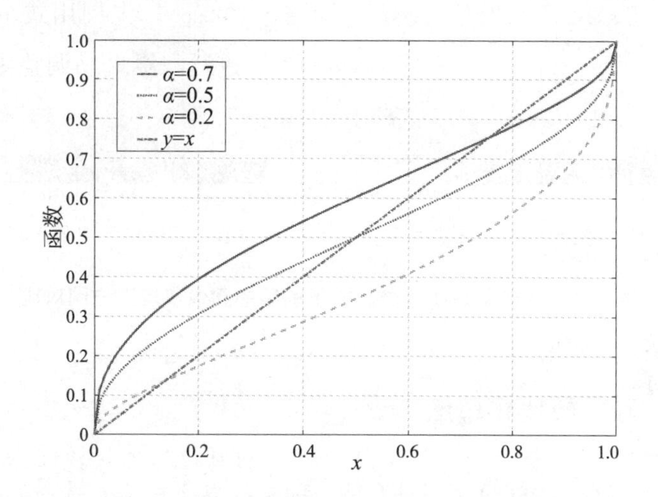

图 2-2　不同的 α 值所对应的增强曲线变化

（a）α=0.2　　（b）α=0.5　　（c）α=0.7

图 2-3　不同的 α 值所对应的增强图像的结果

图 2-4 是双侧伽马调整函数校正前后的图像直方图对比。由图 2-4 可以明显看出，经过调整后，原图像中亮度过低区域的亮度得到增强，

而照度过强区域的亮度有所抑制，因此会得到较好的光照不均匀校正效果。

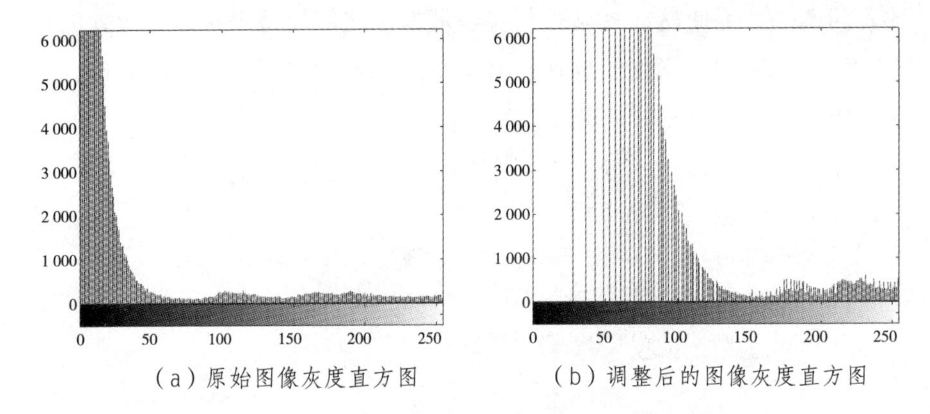

（a）原始图像灰度直方图　　（b）调整后的图像灰度直方图

图 2-4　双侧伽马调整函数校正前后的图像灰度直方图对比

2.3　粒子群优化算法

粒子群优化（PSO）算法[29]是一种模拟鸟类社会行为、基于粒子个体性的进化计算方法。粒子群中的每个粒子都有一个适应度值，该适应度值由优化函数确定，用于判断当前位置是好还是坏。优化问题可以看作在搜索空间中搜索粒子。每个粒子都有两个属性：自我判断属性，它判断自己运动的速度和位置；社会属性，它根据周围粒子的运动来调整自己的速度和位置。粒子更新其速度和位置的方式如下。

在 n 维搜索空间中，每个粒子 t 的位置定义为 $\boldsymbol{x}_t=(x_{t1},x_{t2},x_{t3},\cdots,x_{tn})$，速度定义为 $\boldsymbol{v}_t=(v_{t1},v_{t2},v_{t3},\cdots,v_{tn})$。粒子在搜索空间中移动以找到最佳位置。粒子群初始化为一组随机粒子，然后通过迭代更新来搜索最优解。利用迭代的优点，通过更新粒子的速度和位置来寻找最优解。迭代中的主要更新规则涉及两个最优值：一个是个体极值，即 pbest；另一个是全局极值，即 gbest。PSO 算法在每次迭代中评估适应度值，若当前粒子是该粒子群的个体最优值，则将该值存储为 pbest（个体最优）。在每次迭

代中，通过比较所有粒子，将 pbest 的最优值存储为 gbest（全局最优）。一个粒子使用式（2-7）和式（2-8）更新其速度和位置。

$$\begin{aligned}\boldsymbol{v}_t(q+1)=\omega\boldsymbol{v}_t(q)+c_1r_1[\text{pbest}(q)-\boldsymbol{x}_t(q)]+\\c_2r_2[\text{gbest}(q)-\boldsymbol{x}_t(q)]\end{aligned} \tag{2-7}$$

$$\boldsymbol{x}_t(q+1)=\boldsymbol{x}_t(q)+\boldsymbol{v}_t(q+1) \tag{2-8}$$

式中：$\boldsymbol{v}_t(q)$ 和 $\boldsymbol{x}_t(q)$ 表示粒子 t 在第 q 次迭代中的速度和位置；c_1 和 c_2 是学习因子，其值通常设为 2；随机值 r_1 和 r_2 是均匀落在 [0,1] 范围内的伪随机数；在迭代过程中，ω 是惯性权值，通过设置的最大值和最小值来实现全局搜索和局部搜索之间的平衡。

2.4　对比度增强

本章的主要工作是使用粒子群优化选择的自适应双侧伽马调整函数参数 α 来改善熵并增强灰度图像的细节。双侧伽马调整函数校正可以保留图像的平均亮度，本章通过选择最佳参数 α 产生更自然的图像。本章提出的算法基于多目标 PSO 算法确定的最佳 α 值增强图像，基于粒子群的对比度增强框架图如图 2-5 所示。

一组粒子值即 α 值被定义为 N 个粒子，式中：A 是搜索空间。

$$P=\{\boldsymbol{P}_1,\boldsymbol{P}_2,\cdots,\boldsymbol{P}_N\}$$

$$\boldsymbol{P}_i=\left(P_{1i},P_{2i},\cdots,P_{di}\right)^{\mathrm{T}}\in A$$

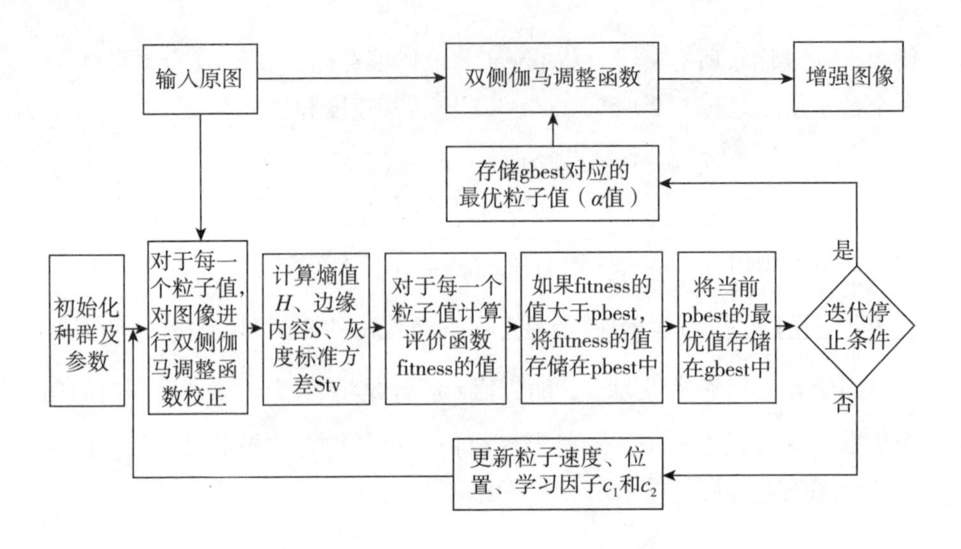

图 2-5 基于粒子群的对比度增强框架图

2.4.1 评价函数

在 PSO 算法中，选择一个好的评价函数对图像增强非常重要。每个粒子对应的评价函数值是评价图像增强效果的重要参考标准。由于低照度灰度图像中同时存在亮区和暗区，其具有对比度低、纹理细节不清晰的特点，很难从原始图像中识别出目标物体。因此，在使用优化后的 PSO 算法对图像进行对比度增强时，好的增强图像应该具有信息量大、对比度高、纹理清晰的特点。本章提出的算法将灰度标准方差融入评价函数，熵值、边缘内容和灰度标准方差被用作每个粒子的目标函数，因此，客观评价函数是熵值、边缘内容和灰度标准方差三个性能指标的综合。适应度值越高，图像增强效果越好。改进的 PSO 算法将根据客观评价函数确定粒子的最优位置（值）。客观评价函数的计算流程如图 2-6 所示。

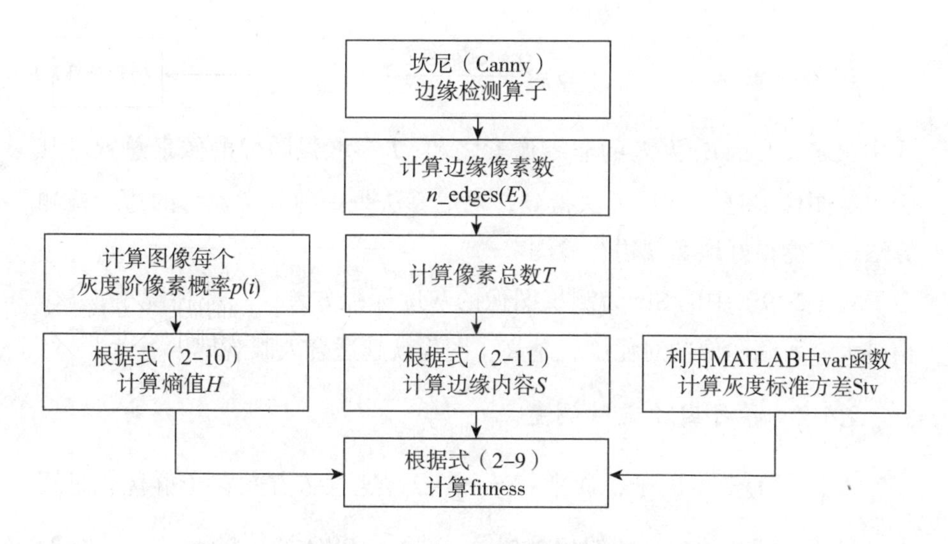

图 2-6　客观评价函数的计算流程

多目标优化技术通常应用称为帕累托最优的方法[80]。处理多目标优化问题的有效方法是将整体目标函数构建为多目标函数的线性排列[81]。本章算法中的目标评价函数的适应度值如式（2-9）所示。

$$\text{fitness} = \lambda_1 \cdot H + \lambda_2 \cdot S + \lambda_3 \cdot \text{Stv} \tag{2-9}$$

式中：λ_1、λ_2 和 λ_3 为常量，其值表示客观性能度量的相对重要性。本章将熵值、边缘内容和灰度标准方差等同取值，因此，λ_1、λ_2 和 λ_3 的值均被设置为 1/3。

式（2-9）中的 H 为测试图像的熵值，图像的熵值越大，代表图像所含的信息量越大，细节越丰富。其定义如式（2-10）所示。

$$H = -\sum_{i=0}^{255} p(i) \times \log_2(p(i)) \tag{2-10}$$

式中：$p(i)$ 表示某个灰度值（i）在该图像中出现的概率。

式（2-9）中的 S 为由坎尼边缘检测算子计算的测试图像的边缘内容，其值越大，代表测试图像包含的边缘信息越多，图像对比度越高。其定义如式（2-11）所示。

$$S = \frac{n\_\text{edges}(E)}{T} \tag{2-11}$$

式中：$n\_\text{edges}(E)$ 为 E 的非零像素之和；T 为增强图像的像素总数。其中边缘图像 E 通过坎尼算法得到，坎尼算法是一种非常流行的边缘检测算法，它能很好地实现边缘检测。

式（2−9）中的 Stv 为测试图像的灰度标准方差，一般情况下，Stv 值越大，所测图像的对比度就越高，图像就越适合人眼观察。

2.4.2 学习因子适时调整

c_1、c_2 为学习因子，通常 $c_1 = c_2 = 2$，这意味着在粒子群优化过程中，自我认知和社会认知的权重相等。然而，PSO 算法将 c_1、c_2 设为 2，存在粒子群容易陷入局部最优的局限性。文献 [82] 将学习因子与迭代次数关联，使 c_1 和 c_2 随迭代次数变化。在迭代开始时，c_1 大于 c_2，表示粒子从自身经验中比从社会经验中学习得更多。随着迭代次数的增加，c_1 逐渐减小，c_2 逐渐增大，粒子有向全局最优解靠拢的趋势。这样，该算法可以找到目标与背景对比度较低的灰度图像的全局最优解。因此，本章也将 c_1 和 c_2 作为所提出算法中的变量。实验表明，适时调整学习因子可以防止粒子群优化陷入局部最优，防止粒子群过早收敛。学习因子的更新如式（2−12）和式（2−13）所示。

$$c_1 = c_{1a} - 0.01(c_{1a} - c_{1b})t \tag{2-12}$$

$$c_2 = c_{2a} + 0.01(c_{2b} - c_{2a})t \tag{2-13}$$

式中：c_{1a} 和 c_{2a} 分别为学习因子 c_1 和 c_2 的迭代初值；c_{1b} 和 c_{2b} 是 c_1 和 c_2 的迭代终值；t 为当前的迭代次数。通过设置学习因子的初值和终值的实验，将所提算法中的参数设为 $c_{1a} = 2.75$，$c_{1b} = 1.25$，$c_{2a} = 0.5$，$c_{2b} = 2.25$，具有良好的全局优化能力。

2.4.3　算法描述

表 2-1 描述了低照度灰度图像的全局自适应对比度增强步骤。

表2-1　低照度灰度图像的全局自适应对比度增强步骤

1. 输入：图像 I
2. 创建 N 个粒子 { $P_1, P_2, \cdots, P_N$}
3. 初始化其相应的速度 v_{max} 和 v_{min}、迭代次数（maxgen）、每个粒子的位置 P 等
4. for 每一次迭代 i = 1:maxgen
5.　for 每个粒子 j = 1:N
6.　　使用式（2-3）的双侧伽马调整函数生成增强图像
7.　　利用式（2-10）计算增强图像的熵值
8.　　利用式（2-11）计算增强图像的边缘内容
9.　　计算增强图像的灰度标准方差
10.　　用式（2-9）计算目标函数的适应度值
11.　　if(fitness(j) >pbest)
12.　　　将当前粒子位置值存储为个体最佳值
13.　　end if
14.　　if(fitness(j) >gbest)
15.　　　将当前粒子位置值存储为全局最佳值
16.　　end if
17.　end for
18.　if(不满足迭代停止条件)
19.　　for 每个粒子 j = 1:N
20.　　　用式（2-12）更新 c_1
21.　　　用式（2-13）更新 c_2
22.　　　用式（2-7）更新速度 v
23.　　　用式（2-8）更新位置 P
24.　　end for
25.　else 停止迭代
26.　end if
27.end for
28. 输出：通过使用式（2-3）及最优 α 值 gbest，获得最终的增强图像

PSO 算法的结果非常依赖于参数设置[43]。有时，参数的微调可以使其得出比其他优化算法更好的结果。式（2-7）中使用的参数 ω 为惯性权值。本书对于所有粒子 ω 的最大值和最小值分别设置为 0.9 和 0.4。当 ω 的值较大时，全局搜索能力较强，而当 ω 的值较小时，局部搜索能力的效果比较好。该过程从最大惯性权值开始，并随着迭代次数的增加逐渐减小到最小值。因此，初始惯性分量较大，在解空间中检测面积较大，但惯性分量在逐渐变小。因此，该值可以表示为：

$$\omega_t = \omega_{\max} - \frac{(\omega_{\max} - \omega_{\min})t}{t_{\max}} \qquad (2-14)$$

式中：$\omega_{\max}$ 为最大的加权系数；$\omega_{\min}$ 为最小的加权系数；$t_{\max}$ 为最大迭代次数；t 为当前的迭代次数；ω_t 为第 t 次迭代中的 ω 的值。本书选择 40 个粒子来形成粒子群，最大迭代次数为 20，粒子值被设置为在 0 到 1 范围内的随机值，迭代终止条件：若连续 3 次迭代的 gbest 值都相同，则停止进一步搜索最优值。

2.5 实验结果与分析

本节对低照度、可观测性环境下的真实灰度图像进行了对比实验。本实验将本章提出的算法应用于来自不同场景的大量低照度灰度图像。由于篇幅限制，本书只展示了白鸟、通道、街道、大海、树林、桥梁、隧道、火车、天鹅和码头十幅测试图像（如图 2-7 所示）及其实验结果。这些图像既有室外场景，也有室内场景，都存在原始图像对比度低、光照不均匀、纹理细节不清晰等问题。本实验将本章算法的结果与现有的如下七种算法的结果进行了比较：HE 算法[65]、CLAHE 算法[16]、DPHE 算法[68]、LCS 算法[83]、AGCWD 算法[75]、标准 PSO 算法[43]和 MSF-PSO 算法[76]。

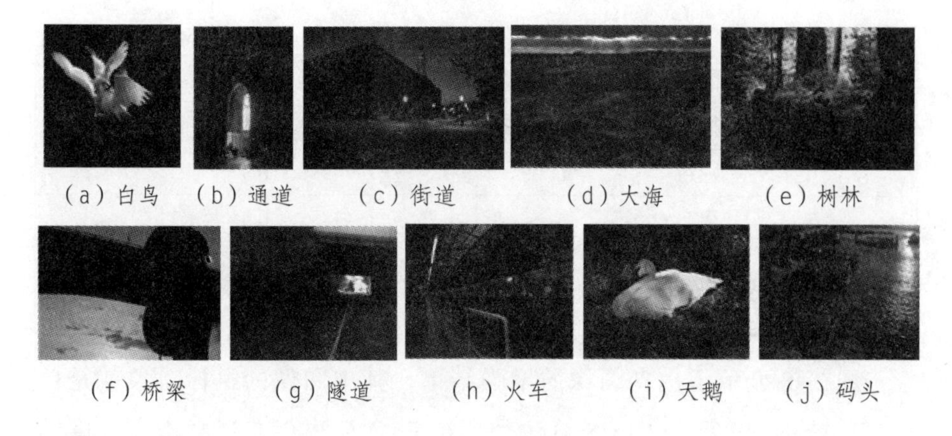

图 2-7　测试图像

2.5.1　灰度图像增强实验

标准 PSO 算法将对比度增强视为优化问题，采用参数化的灰度变换函数增强对比度，利用带有熵和基于边缘的评价函数选择最优变换函数的参数，最终通过最优参数对应的灰度变换函数来增强原始图像。在实验中，本章提出算法与标准 PSO 算法的参数设置一致，即粒子个数为 40，最大迭代次数为 20。

通过实验获得的白鸟、通道、街道、大海、树林、桥梁、隧道、火车、天鹅和码头十幅测试图像的对比度增强的全局最优参数 α 值分别如表 2-2 所示。

表 2-2　最优参数 α 值

图像	最优参数α值
白鸟	1.0
通道	0.8
街道	0.9
大海	0.8
树林	0.7

续 表

图像	最优参数α值
桥梁	0.9
隧道	0.9
火车	0.4
天鹅	0.6
码头	0.9

图 2-8 显示了白鸟图像的增强结果，其中图像的目标对象就是白鸟。传统的 HE 算法、LCS 算法和标准 PSO 算法存在亮度增强过度的问题，导致高亮度区域（白鸟）的扩散，过度增强区域的图像细节不清晰。MSF-PSO 算法导致图像的整体过度增强和白鸟翅膀上的伪影出现。CLAHE 算法可以突出目标物体（白鸟），但白鸟翅膀上的阴影被过度增强，背景对比度增强不明显。DPHE 算法采用双阈值弥补了 HE 算法过度增强的缺陷，但暗区细节增强效果不明显，导致分支纹理不清晰。AGCWD 算法的对比度增强明显，但 DPHE 算法和 AGCWD 算法在白鸟翅膀周围产生了明显的环状伪影，其视觉效果不佳是由于均匀区域噪声的放大。然而，本章算法提高了图像的整体亮度，并增强了背景细节。同时，图像没有被过度增强，因此白鸟细节未丢失。总体而言，该算法显著增强了图像的整体视觉效果。

（a）原始图像　（b）HE 算法　（c）CLAHE 算法　（d）DPHE 算法　（e）LCS 算法

（f）AGCWD 算法（g）标准 PSO 算法（h）MSF-PSO 算法（i）本章算法

图 2-8　白鸟图像的增强结果及直方图

图 2-9 显示了通道图像的增强结果。通道里的物体是可见的，因为光线是从图像中间的窗户进来的。遗憾的是，这张图像的问题是通道的室内光线仍然很暗，通道两侧和上方的图案难以识别。通过 HE 算法、DPHE 算法的处理，通道的内部细节变清晰了。但是，这两种算法过度增强了窗口，影响了窗口周围的细节。AHE 算法的增强结果表明，其窗口处的光照处理效果优于 HE 算法的处理结果。但其过度增强的问题，导致图像对比度过高，增强效果不自然。与 HE 算法和 DPHE 算法相比，CLAHE 算法对窗口的增强效果更好，但对地面的增强效果并不理想，通道上方阴影的过度增强和低对比度明显。LCS 算法、AGCWD 算法和标准 PSO 算法在窗口处都存在类似的过度增强问题。MSF-PSO 算法有效地提高了图像的整体亮度和对比度，有利于人们观察柱子和屋顶黑暗区域的细节。但是，窗口处较亮区域被过度拉伸，导致窗口处细节失真，窗口边缘被过度增强，影响了细节的观察。本章提出的算法提高了图像的整体亮度。特别地，它在不过度增强窗户的情况下，使通道细节变得清晰。因此，本章提出的算法的整体增强效果优于现有的算法。

（a）原始图像　（b）HE 算法　（c）CLAHE 算法　（d）DPHE 算法（e）LCS 算法

（f）AGCWD 算法（g）标准 PSO 算法（h）MSF-PSO 算法（i）本章算法

图 2-9　通道图像的增强结果及直方图

图 2-10 显示了夜间街道拐角处的建筑物图像的增强结果。图像中的路灯是高亮度区域，而其他区域相对较暗，因此增强对比度是必要的。HE 算法和 DPHE 算法会导致图像中光线的过度增强。CLAHE 算法在感兴趣的区域提供了更大的对比度增强，但它忽略了其他区域的细节，如建筑物和树木。LCS 算法会导致光区的过度增强。AGCWD 算法过度增强了路灯等较亮的区域，导致了明亮区域的扩大。因此，图像经过 AGCWD 算法处理后，路灯集中的区域（图像的右中间区域）较亮，这影响对周围事物的观察。标准 PSO 算法提高了整个图像的灰度值，但使对比度较低且产生了大量噪声，使得图像的视觉舒适度较低。使用 MSF-PSO 算法进行图像处理后，较亮的区域被略微放大，路灯非常亮

的地方由于过度增强而变得灰暗。将本章提出的算法应用于原始图像后，增强图像的整体效果变得更好了。

（a）原始图像　（b）HE 算法　（c）CLAHE 算法　（d）DPHE 算法（e）LCS 算法

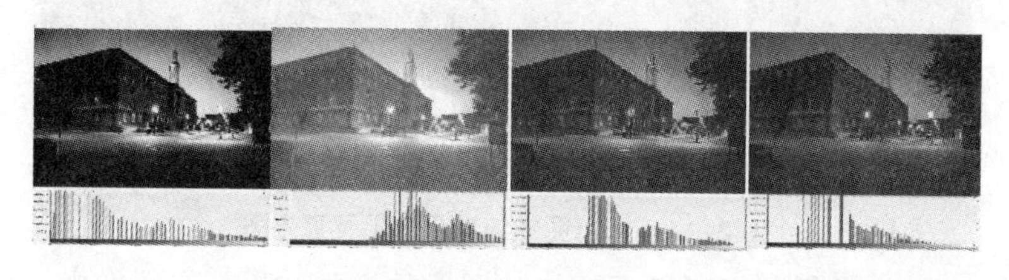

（f）AGCWD 算法（g）标准 PSO 算法（h）MSF-PSO 算法（i）本章算法

图 2-10　街道图像的增强结果及直方图

图 2-11 是太阳从海面升起的图像的增强结果。由于云层的遮挡，只有一缕光线照向大海，海面的整个部分都是黑暗的，这导致大海不利于被观察。采用 HE 算法和 DPHE 算法增强海面图像后，海面对比度明显提高，但由于 HE 算法、DPHE 算法在阳光区域的过度增强，天空变亮，HE 算法对海面喷雾的增强效果不佳。CLAHE 算法和 LCS 算法增强结果的整体画面是黑暗的。LCS 算法还存在光照区域过度增强的问题。采用标准 PSO 算法对图像进行处理时，图像的整体灰度值较高，导致整体变白，视觉效果不佳。MSF-PSO 算法和本章提出的算法都提高了图像的整体对比度，并且对海面有很好的增强效果，可以清晰地观察到波纹。经过 MSF-PSO 算法处理后，原图像中局部较亮的天空区域变成灰色。本章提出的算法在光照区域增强和海面增强两方面都优于其他算法。

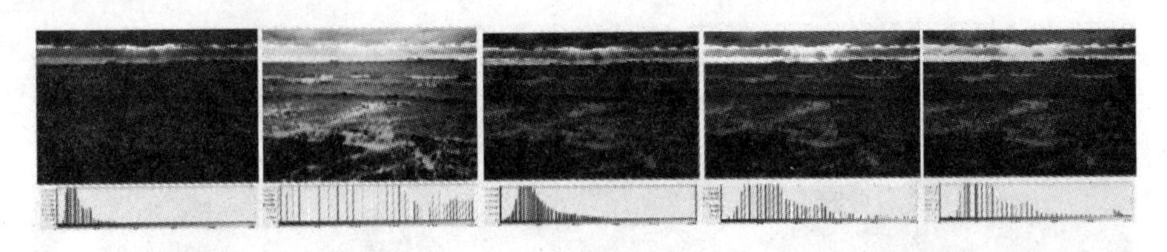

（a）原始图像　（b）HE 算法　（c）CLAHE 算法　（d）DPHE 算法　（e）LCS 算法

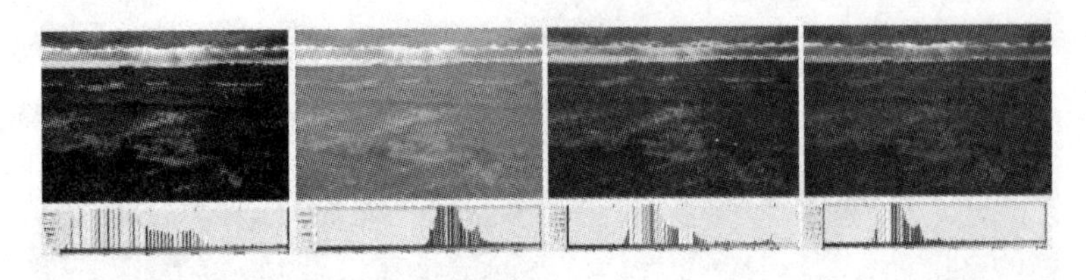

（f）AGCWD 算法（g）标准 PSO 算法（h）MSF-PSO 算法（i）本章算法

图 2-11　大海图像的增强结果及直方图

图 2-12 是低照度环境下的树林图像的增强结果。在图像中，树林的背面是深色的。通过 HE 算法、标准 PSO 算法、MSF-PSO 算法的增强，图像的整体亮度得到了明显提高。然而,HE 算法产生了大量的噪声。HE 算法、LCS 算法、标准 PSO 算法和 MSF-PSO 算法对较亮区域的过度增强导致较亮区域的细节观测不佳。CLAHE 算法、DPHE 算法、LCS 算法和 AGCWD 算法对暗区没有增强作用，不利于对暗区的详细观察。本章提出的算法在原始图像增强后，保留了良好的局部亮度区域，并提高了暗区灰度值，有利于图像的整体观察。

（a）原始图像　（b）HE 算法　（c）CLAHE 算法　（d）DPHE 算法　（e）LCS 算法

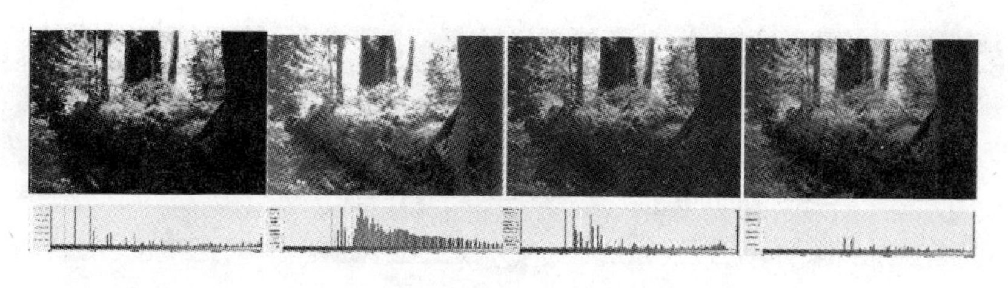

（f）AGCWD 算法　（g）标准 PSO 算法（h）MSF-PSO 算法　（i）本章算法

图 2-12　树林图像的增强结果及直方图

图 2-13 是夜晚桥梁下的背光图像的增强结果。从原图看，桥梁的背光面有一些暗，只能看清楚桥梁的轮廓，无法观察到桥梁的背光面信息。观察各算法的增强结果，HE 算法的对比度增强效果显著，不仅可以观察到桥梁的背光面信息，也可以清晰看见桥梁下的标志。然而，天空中较亮的区域仍然存在过度的 HE 算法增强，这对图像中光线周围区域的观测造成了不利的影响。CLAHE 算法、DPHE 算法、LCS 算法和 AGCWD 算法在黑暗区域的增强效果较差，从它们的结果图像中不能清楚地看到自行车标志。由于 MSF-PSO 算法的过度增强，图像呈现灰色，自行车标志模糊，原图像中较亮的区域出现黑色，严重改变了原图像的结构信息。标准 PSO 算法具有良好的整体视觉效果，但标准 PSO 算法在天空中也存在过度增强的现象，影响了天空中云的结构信息。经过本章提出算法增强后的图像亮度和对比度明显提高，暗部细节清晰可见，天空结构信息接近原图像。

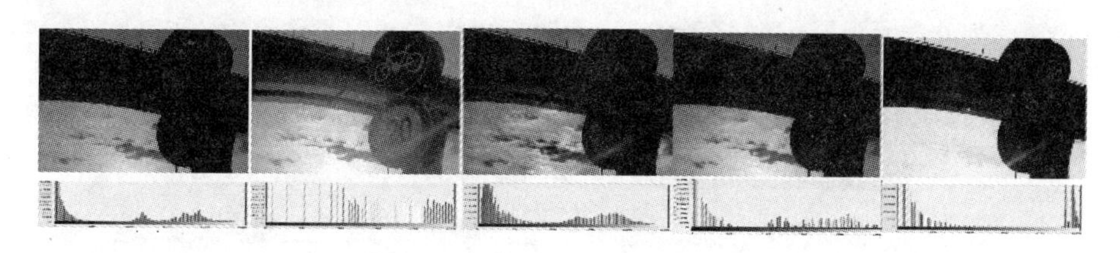

（a）原始图像　（b）HE 算法　（c）CLAHE 算法（d）DPHE 算法　（e）LCS 算法

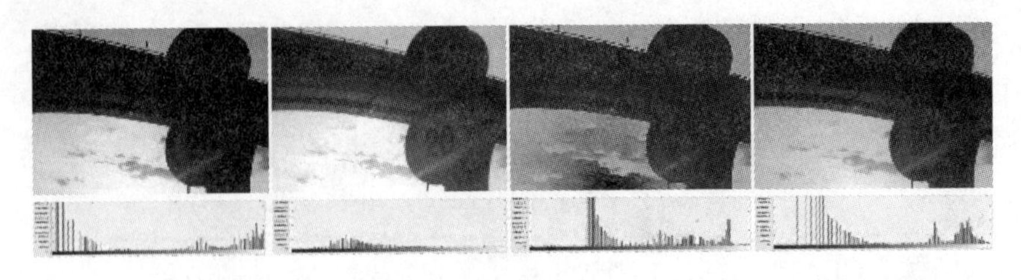

(f) AGCWD 算法　(g) 标准 PSO 算法　(h) MSF-PSO 算法　(i) 本章算法

图 2-13　桥梁图像的增强结果及直方图

图 2-14 显示了车辆即将进入隧道的场景的增强结果。由于缺乏照明，隧道入口和隧道内部是黑暗的。经过 HE 算法、DPHE 算法、LCS 算法或 AGCWD 算法处理后，图像对比度明显增强，但由于过度增强，隧道出口的信息丢失严重。经过 CLAHE 算法、标准 PSO 算法处理后的图像变得更清晰，但整体灰度值较低。由 MSF-PSO 算法得到的图像在隧道出口处失真严重，原始图像信息无法被观察到。总体而言，本章提出的算法使增强后的原始图像亮度适中，显著提高了全局对比度，并且使图像在暗区和亮区都达到了较好的增强效果。

(a) 原始图像　(b) HE 算法　(c) CLAHE 算法　(d) DPHE 算法　(e) LCS 算法

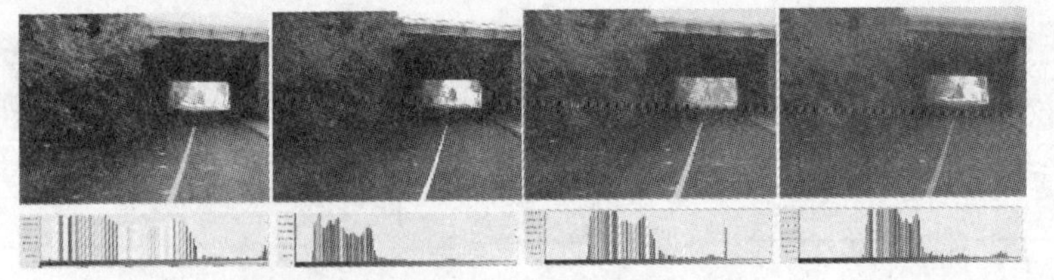

(f) AGCWD 算法 (g) 标准 PSO 算法 (h) MSF-PSO 算法 (i) 本章算法

图 2-14　隧道图像的增强结果及直方图

图 2-15 是火车站的室内场景的增强结果。虽然是白天，但由于是在室内拍摄的，建筑物的内部结构变得模糊不清。较暗区域的细节无法被观察到，需要增强。通过对图像的增强处理，提高了图像的对比度和细节清晰度。虽然 HE 算法改善了视觉质量，但它有过度增强和产生噪声的问题。CLAHE 算法和 DPHE 算法的增强效果优于 HE 算法，但局部对比不理想。CLAHE 算法对暗区没有显著影响。DPHE 算法、LCS 算法和 AGCWD 算法对屋顶和车底的增强效果较差。经过标准 PSO 算法、MSF-PSO 算法处理后的图像的整体亮度有明显提高，但标准 PSO 算法在暗区产生了较多的噪声。而本章提出的算法具有较好的增强效果，使整体和局部对比更强、细节更清晰，使建筑物的边缘和细节得以更好保持，没有被过度增强，如图 2-15（i）所示。

（a）原始图像　（b）HE 算法　（c）CLAHE 算法　（d）DPHE 算法　（e）LCS 算法

（f）AGCWD 算法　（g）标准 PSO 算法　（h）MSF-PSO 算法　（i）本章算法

图 2-15　火车图像的增强结果及直方图

图 2-16 是天鹅图像的增强结果。从图 2-16 可以看出，原始图像的整体亮度较低，地面较模糊。HE 算法和 DPHE 算法对原始图像存在局部过度增强的问题，使结果图像中存在大量背景噪声。CLAHE 算法会加

深天鹅灰色部分的阴影，使视觉效果不好。LCS 算法、AGCWD 算法、标准 PSO 算法和 MSF-PSO 算法使天鹅部分存在过度增强的问题，不利于观察天鹅的羽毛纹理。用本章提出的算法增强后的图像质量很好，整体对比度有明显提高，细节也清晰可见。此外，天鹅的原始结构信息保存得很好，地面增强效果也很好。

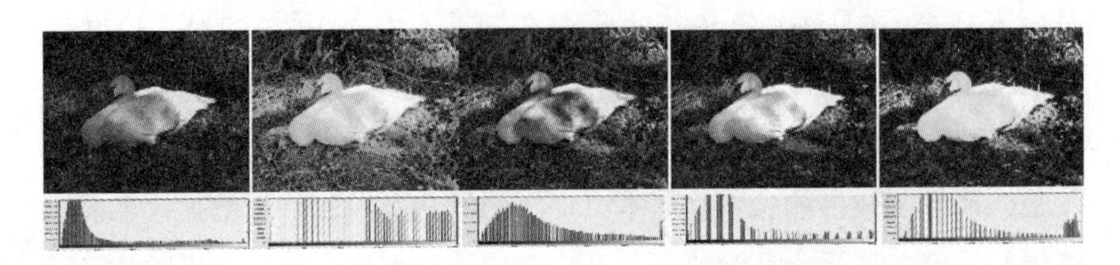

（a）原始图像　（b）HE 算法　（c）CLAHE 算法　（d）DPHE 算法　（e）LCS 算法

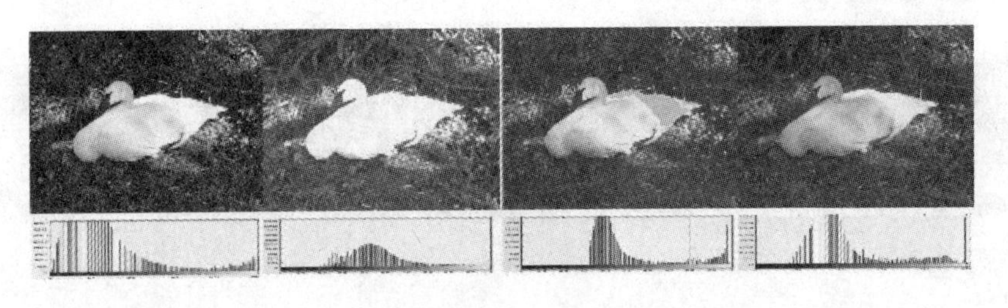

（f）AGCWD 算法　（g）标准 PSO 算法（h）MSF-PSO 算法　（i）本章算法

图 2-16　天鹅图像的增强结果及直方图

图 2-17 显示了不同算法对非均匀照度灰度图像码头的增强结果。其中，HE 算法、DPHE 算法、LCS 算法和 AGCWD 算法在水面较亮区域有过度增强效果，不利于观察周围船只。CLAHE 算法并没有过度增强原始图像，但是岸上的建筑物和人群的对比并不理想，一些细节丢失了。标准 PSO 算法的对比度增强效果不显著，使得到的图像整体偏暗。MSF-PSO 算法使水面较亮的区域被过度增强，使局部细节需要被进一步增强。本章提出的算法不存在光亮与黑暗交界区域的过度增强现象，使岸上的建筑物、人群和海上的船只都清晰可见，使增强效果更自然。

（a）原始图像　（b）HE 算法　（c）CLAHE 算法　（d）DPHE 算法　（e）LCS 算法

（f）AGCWD 算法　（g）标准 PSO 算法（h）MSF-PSO 算法　（i）本章算法

图 2-17　码头图像的增强结果及直方图

为了识别图像的增强效果，本章给出了原始图像和增强图像对应的直方图，如图 2-8 ～图 2-17 所示。从这些图像的直方图中可以明显看出，每个原始图像的灰度分布都集中在较低的区域，图像对比度较低。增强后，灰度分布均匀。HE 算法的问题是它会产生强烈的噪声。CLAHE 算法、DPHE 算法、LCS 算法和 AGCWD 算法能有效抑制噪声。然而，增强图像中的灰度分布集中在暗区。LCS 算法和 AGCWD 算法也会过度增强图像中的局部亮区。标准 PSO 算法、MSF-PSO 算法和本章提出的算法可以显著提高图像的整体灰度值，但由标准 PSO 算法得到的结果不稳定，由其得到的灰度分布大多集中在图像较暗或较亮的区域，图像亮度也没有明显提高。此外，由标准 PSO 算法、MSF-PSO 算法得到的图像的灰度分布与原始图像的灰度分布不一致。而用本章提出的算法增强后的图像与原始图像的灰度分布更接近。

综上所述，HE 算法、DPHE 算法、标准 PSO 算法和 MSF-PSO 算法可以提高图像的整体亮度。CLAHE 算法可以突出细节和纹理，使经过 CLAHE 算法增强的图像包含更清晰的边缘。CLAHE 算法、DPHE 算法、LCS 算法和 AGCWD 算法可以改善图像的对比度。然而，它们也有局限性。对于 HE 算法，如果在图像的直方图中出现一个较大的峰值，那么会导致图像被过度增强。LCS 算法、DPHE 算法、CLAHE 算法和 AGCWD 算法对图像的暗区没有明显增强，不利于对暗区进行详细观察。CLAHE 算法放大了特定区域的噪声。HE 算法、DPHE 算法、标准 PSO 算法、MSF-PSO 算法和 LCS 算法存在较亮局部过度增强的共同问题，导致高亮度区域扩散、过度增强区域细节不清晰。从直方图上看，LCS 算法和 MSF-PSO 算法过度增强了灰度值较高的区域。此外，白鸟、通道、隧道和码头增强图像的直方图显示，由标准 PSO 算法产生的直方图灰度值集中在一个小区域内。在由标准 PSO 算法增强的街道、大海、树林场景的直方图中，灰度值集中在一个较大的区域。因此，用标准 PSO 算法增强后的图像的视觉舒适度较低。从本章提出算法的增强结果来看，该算法可以有效增强光照不均匀的灰度图像，提高图像对比度。更重要的是，它还改善了图像的低亮度区域，避免了局部亮区域的过度增强，也提高了低照度灰度图像的整体视觉效果，使观看舒适度更高。

2.5.2 性能比较

为了进一步验证本章提出算法的有效性，通过灰度均值、熵值[84]、峰值信噪比（peak signal-to-noise ratio, PSNR）[85]、特征相似度指数度量（feature similarity index measure, FSIM）[86]四个指标对本章算法与其他算法增强后的图像进行评估比较。

图像亮度是对图像的一种直观感觉，它与灰度图像的灰度值有关。灰度均值表示图像的平均亮度，该值越高，图像越亮。若图像的亮度值较低，则图像太暗，无法从图像中清楚地看到任何东西。若图像过于明亮，往往会让人感到不舒服。若图像的灰度均值适中（在 128 左右），则说明图像的视觉效果较好[87]。鉴于本书的非均匀光照图像灰度值较

低，为了观察到更多的黑暗细节，需要提高图像的整体亮度，良好的图像增强效果应该包括实现适度的图像亮度。

熵值测量输出图像中细节的丰富程度。熵值越高，图像质量越好[44]。计算公式如式（2−15）所示。

$$\text{Entropy} = -\sum_{i=0}^{L-1} p(i) \times \log_2(p(i)) \tag{2-15}$$

式中：$p(i)$ 为输入图像在强度等级 i 下的概率密度函数；L 为图像的灰度等级（在 8 位图像中 $L=256$）。

图 2−18 和图 2−19 分别给出了增强后图像的熵值和灰度均值的定量对比。为了便于比较，图 2−18 为熵值的柱形图，图 2−19 为灰度均值的线形图。

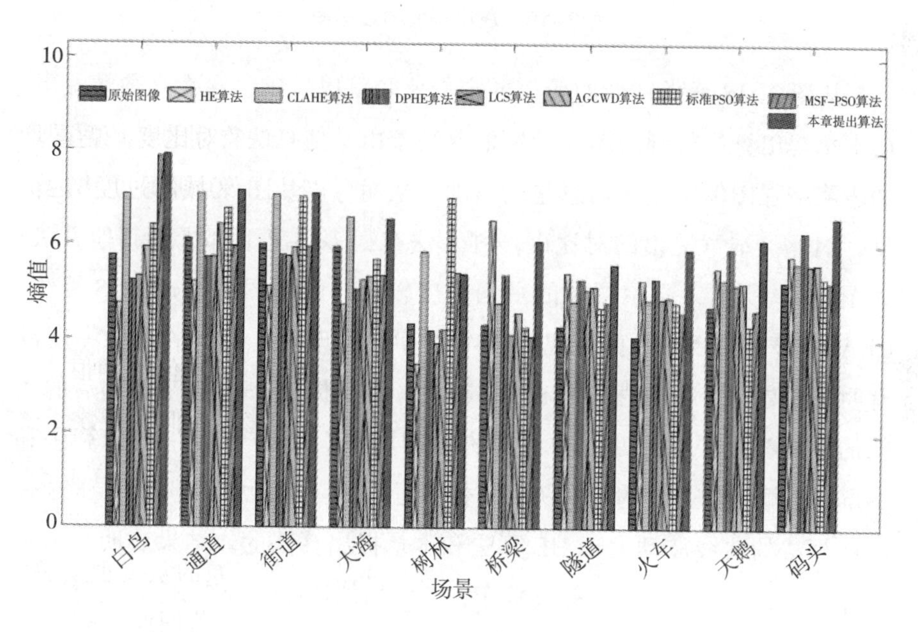

图 2−18　熵值柱形图

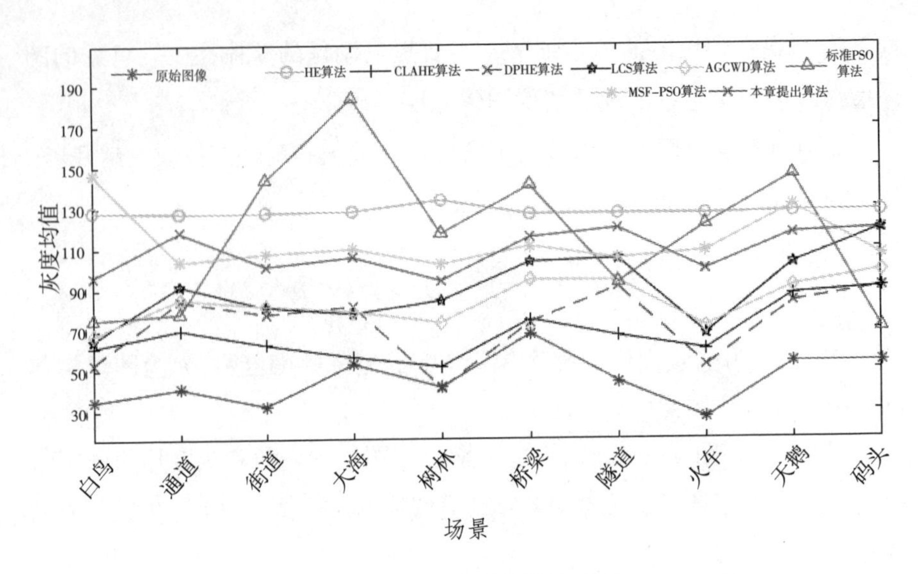

图 2-19　灰度均值的线形图

从图 2-18 增强图像的熵值的定量比较可以看出，在大多数情况下，由本章提出算法得到的图像的熵值要高于由其他算法得到的。熵值的增加表明增强图像中包含信息量的增加，从而可以从图像中提取更多的信息。因此，本章提出的对比度增强算法在很多情况下都优于其他算法。如图 2-19 所示，原始图像的平均亮度较低。原始图像经过 LCS 算法、CLAHE 算法、DPHE 算法或 AGCWD 算法处理后，得到的图像亮度没有明显提高，灰度均值与 128 相差很大。利用标准 PSO 算法增强后的图像的平均亮度要么过小，要么过大。利用 HE 算法、MSF-PSO 算法和本章提出算法增强后的图像灰度均值接近 128，亮度大大提高了。MSF-PSO 算法的曲线波动大于 HE 算法和木章提出算法的。结果表明，由本章算法得到的图像的亮度提高较多，灰度均值适中（约 128），视觉效果较好。

PSNR 是评价图像质量较常用的客观指标 [88-89]。它也是图像增强和其他领域较流行和较可靠的性能指标之一 [90]。两幅图像之间的 PSNR 值越大，表示图像越相似。PSNR 由式（2-16）计算。

$$\mathrm{PSNR}=10\times\log_{10}\left[\frac{(2^n-1)^2}{\mathrm{MSE}}\right] \tag{2-16}$$

均方误差（mean squared error, MSE）用来衡量原始图像与处理后图像之间的误差。在某种程度上，它可以用来衡量原始图像和增强图像之间的差异，尤其是在图像的对比度方面。MSE 由式（2-17）计算。

$$\mathrm{MSE}=\frac{1}{MN}\sum_{i=1}^{M}\sum_{j=1}^{N}|R(i,j)-F(i,j)|^2 \tag{2-17}$$

式中：M 为图像高度；N 为图像宽度；MN 为指定图像的大小；$R(i,j)$ 为原始图像的第 i 行、第 j 列像素的灰度值；$F(i,j)$ 为增强图像的第 i 行、第 j 列像素的灰度值。

在本章中，FSIM 用于计算原始图像与增强图像之间的特征相似度。FSIM 值越大，原始图像与增强图像越相似，增强图像的质量越高，否则，增强后的图像质量越差。若 $f_1(x)$ 表示原始图像，$f_2(x)$ 表示增强后的图像，则 FSIM 的定义如式（2-18）所示[91]。

$$\mathrm{FSIM}=\frac{\sum_{x\in\Omega}S_L(x)\cdot\mathrm{PC}_m(x)}{\sum_{x\in\Omega}\mathrm{PC}_m(x)} \tag{2-18}$$

$$\mathrm{PC}_m(x)=\max(\mathrm{PC}_1(x),\mathrm{PC}_2(x)) \tag{2-19}$$

$$S_{\mathrm{PC}}(x)=\frac{2\mathrm{PC}_1(x)\cdot\mathrm{PC}_2(x)+T_1}{\mathrm{PC}_1{}^2(x)+\mathrm{PC}_2{}^2(x)+T_2} \tag{2-20}$$

$$S_G(x)=\frac{2G_1(x)\cdot G_2(x)+T_1}{G_1{}^2(x)+G_2{}^2(x)+T_2} \tag{2-21}$$

式中：Ω 为整个图像的空间域；$S_{\mathrm{PC}}(x)$ 为图像 $f_1(x)$ 和图像 $f_2(x)$ 的特征相似度；$S_L(x)$ 为图像 $f_1(x)$ 和 $f_2(x)$ 在像素位置 x 的局部相似度；$S_G(x)$ 为图像 $f_1(x)$ 和图像 $f_2(x)$ 的梯度相似度；$\mathrm{PC}_1(x)$ 和 $\mathrm{PC}_2(x)$ 分别为图像 $f_1(x)$ 和

图像$f_2(x)$的相位一致性信息；G为原始图像和增强图像的梯度幅度；T_1和T_2是常数。

借助式（2-16）~式（2-21）来评估本章提出算法和其他算法在图像增强方面的有效性，表2-3和表2-4给出了PSNR和FSIM的定量评估结果。

表2-3 增强图像的PSNR定量比较

场景	PSNR							
	HE算法	CLAHE算法	DPHE算法	LCS算法	AGCWD算法	标准PSO算法	MSF-PSO算法	本书提出算法
白鸟	62.742 6	40.421 7	63.166 0	63.615 9	58.633 6	68.020 4	43.151 4	66.127 0
通道	50.507 9	46.616 8	65.664 6	66.695 6	63.250 9	69.209 6	45.129 2	67.660 8
街道	61.385 5	61.039 1	65.638 9	65.123 6	61.231 8	67.681 5	54.507 3	66.664 7
大海	38.281 2	34.958 8	51.410 0	53.292 2	37.601 6	69.598 3	49.100 4	57.684 1
树林	61.931 4	46.987 9	33.955 5	58.688 8	58.044 2	64.441 8	54.549 8	62.171 4
桥梁	66.331 7	35.422 0	51.336 9	66.555 8	64.886 5	69.395 2	35.351 7	68.172 7
隧道	44.619 5	44.743 1	48.441 1	64.222 3	63.043 0	63.238 7	46.867 5	67.066 9
火车	62.334 8	57.808 6	62.246 3	62.167 7	60.087 9	67.227 3	51.493 3	63.311 5
天鹅	50.953 2	39.156 5	59.234 6	62.379 7	55.591 9	64.369 4	42.585 4	64.085 5
码头	54.404 6	37.810 6	63.208 2	65.724 0	60.357 0	66.463 3	44.663 7	64.283 0

表2-4 增强图像的FSIM定量比较

场景	FSIM							
	HE算法	CLAHE算法	DPHE算法	LCS算法	AGCWD算法	标准PSO算法	MSF-PSO算法	本书提出算法
白鸟	0.624 7	0.869 6	0.837 9	0.850 6	0.830 4	0.846 0	0.868 1	0.877 8
通道	0.700 9	0.851 3	0.875 1	0.842 6	0.836 8	0.911 2	0.894 1	0.948 5
街道	0.821 4	0.901 0	0.916 0	0.891 4	0.887 6	0.923 7	0.952 5	0.956 1

续　表

场景	FSIM							
	HE算法	CLAHE算法	DPHE算法	LCS算法	AGCWD算法	标准PSO算法	MSF-PSO算法	本书提出算法
大海	0.705 6	0.905 3	0.887 2	0.906 3	0.849 9	0.929 0	0.928 2	0.979 1
树林	0.810 9	0.982 3	0.817 9	0.836 8	0.892 8	0.770 9	0.864 2	0.871 6
桥梁	0.800 8	0.910 5	0.905 9	0.919 5	0.956 3	0.898 9	0.949 5	0.912 0
隧道	0.749 6	0.875 9	0.851 7	0.869 8	0.845 0	0.889 3	0.911 7	0.970 7
火车	0.740 7	0.878 0	0.918 2	0.876 0	0.865 7	0.902 9	0.922 4	0.924 9
天鹅	0.666 4	0.818 7	0.901 2	0.803 6	0.820 7	0.816 0	0.912 9	0.936 5
码头	0.757 8	0.811 9	0.892 3	0.762 6	0.842 7	0.919 6	0.941 0	0.936 8

如表 2-3 所示，在大多数情况下，本章提出算法和标准 PSO 算法的 PSNR 值都高于其他算法的对应值。结果表明，该算法与标准 PSO 算法的增强结果更接近原始图像。经过标准 PSO 算法处理后的图像的 PSNR 值比其他算法的大，但本章提出的算法在这一指标上仍然排名第二。PSNR 表示图像质量下降的程度。若 PSNR 值过大，则可能同时丢失图像的一些细节 [92]，因此由标准 PSO 算法增强后的部分图像实际上不利于细节观察。本章提出算法在大的 PSNR 值（略大于 DPHE 算法、LCS 算法和 AGCWD 算法的该值）和细节保存之间获得了良好的平衡。此外，从表 2-4 可以看出，本章提出算法的 FSIM 值明显大于标准 PSO 算法的，这意味着该算法对图像的畸变相对较小，使得到的图像更接近原始图像，增强结果更自然。从表 2-3 可以看出，CLAHE 算法和 MSF-PSO 算法的 PSNR 值都很低，说明 CLAHE 算法和 MSF-PSO 算法抑制噪声的性能很差。由表 2-4 可知，HE 算法的 FSIM 值较低，说明图像畸变较大。从图 2-19 可以看出，本章提出算法增强后的图像的灰度均值接近 128。综上所述，本书提出算法的整体性能明显优于传统算法的。

本章的实验设置如下。

使用配备 3.2 GHz 处理器、4G RAM 和 Windows 10 的台式机来运行这些图像增强算法，这些算法在 MATLAB R2019a 中实现。每种算法对图像进行七次增强。每种算法的平均执行时间如表 2-5 所示。由表 2-5 可以看出，DPHE 算法的速度最快，因为它只对图像进行线性计算。由于本章提出算法依赖于个体和群体的迭代优化过程，与 HE 算法、DPHE 算法、CLAHE 算法、LCS 算法和 AGCWD 算法相比，图像增强的执行时间相对较长。当然，计算开销是大多数基于迭代的算法普遍存在的问题。本章提出算法的平均运行时间明显短于标准 PSO 算法和 MSF-PSO 算法的。这归功于该算法设置的迭代停止条件，当粒子群找到最优的 α 值时，停止算法循环，即一旦达到 α 的最优值，这一设置将使得迭代停止。

表 2-5 本书提出算法与传统算法的执行时间比较

场景	执行时间							
	HE算法	CLAHE算法	DPHE算法	LCS算法	AGCWD算法	标准PSO算法	MSF-PSO算法	本书提出算法
白鸟（500×483）	0.896 723	0.962 797	0.431 196	1.040 739	0.562 924	41.929 430	45.649 392	2.109 352
通道（374×498）	0.734 764	0.956 000	0.418 248	1.100 809	0.559 524	30.923 422	36.355 825	1.767 814
街道（474×314）	0.767 686	0.984 121	0.467 878	1.029 298	0.561 056	9.691 534	26.638 331	1.746 123
大海（470×313）	0.904 528	0.966 905	0.444 768	0.964 933	0.481 245	24.574 139	26.121 165	1.725 314
树林（447×301）	0.883 707	0.953 217	0.365 574	0.985 686	0.487 370	23.405 034	23.257 671	1.779 183
桥梁（512×345）	0.904 726	1.006 495	0.456 759	0.974 630	0.523 598	17.479 172	31.530 245	1.726 001
隧道（487×362）	0.908 198	1.081 610	0.414 644	1.022 010	0.493 632	18.341 553	31.083 476	1.725 831
火车（466×349）	0.886 788	0.951 544	0.431 061	0.954 732	0.487 538	15.849 466	28.778 911	1.722 404

续　表

场景	执行时间							
	HE算法	CLAHE算法	DPHE算法	LCS算法	AGCWD算法	标准PSO算法	MSF-PSO算法	本书提出算法
天鹅（513×385）	0.954 803	0.939 184	0.482 487	1.022 440	0.612 893	20.205 487	36.941 809	1.792 022
码头（584×448）	0.929 539	0.990 105	0.451 881	1.021 152	0.570 364	24.707 950	48.709 636	2.121 098

2.6　本章小结

为了减少光照不均匀和整体对比度低对灰度图像质量的影响，本章提出了一种基于粒子群优化和双侧伽马调整函数的全局对比度增强算法，实现了对低照度不均匀灰度图像的自适应校正。实验表明，在不同场景下，本章提出算法优于其他算法，并取得了更好的增强效果。接下来，本书将提出新的算法来增强彩色图像。

第3章　低照度彩色图像的自适应增强

3.1　引言

改善图像视觉效果的图像增强是机器视觉应用中重要的图像预处理技术。图像增强的目的是提高图像的亮度、对比度和细节，以此更好地表达图像的视觉信息。由于彩色图像具有色彩表达的三种感知属性（色调、饱和度和强度）[93]，因此在数字图像处理中，彩色图像增强比灰度图像增强起着更为关键的作用。近年来，由于彩色图像在许多领域的广泛应用，对彩色图像增强的研究越来越受到重视。

彩色图像经常会因为低照度或其他一些条件（如成像设备的限制或曝光参数设置不当）而出现对比度低和模糊不清的情况。尽管图像捕获设备取得了惊人的进步，但各种自然和人工伪影仍然存在，这导致捕获的图像质量不佳。因此，提高原始捕获图像的质量是图像预处理中不可缺少的一部分。如何增强低照度、模糊或不完整图像的色彩仍然是一个悬而未决的问题。

低照度彩色图像有两种情况，即夜间和照度不均匀。本章主要研究如何增强在照度不均匀的情况下的低照度彩色图像。对于光照不均匀的情况，由于背光或侧光的作用，光照区域仅存在于整个图像的一部分，

因此，大部分图像细节被暗区所隐藏。通过对图 3-1 中各原始低照度彩色图像的直方图统计分布情况分析可知，低照度彩色图像的像素灰度主要集中在左侧低光强区域，因此需要对原始图像进行增强处理，使得其动态范围扩大。

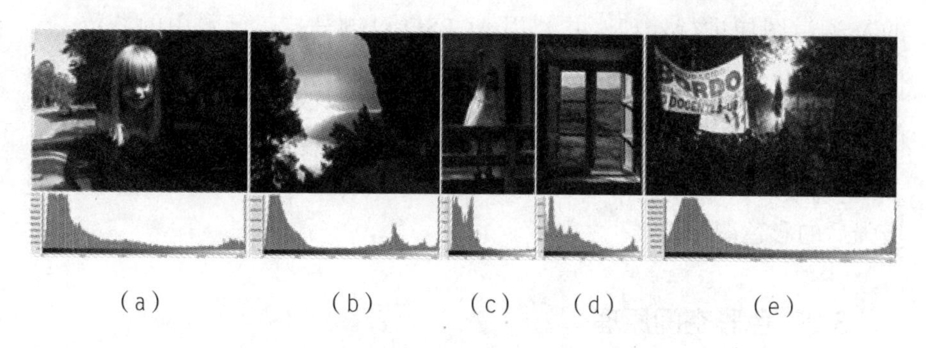

(a)　(b)　(c)　(d)　(e)

图 3-1　低照度彩色图像及其直方图的示例

低照度条件下的彩色图像往往存在对比度低、整体亮度低、暗区细节不清晰、饱和度低等问题。针对这些问题，需要在增强低照度彩色图像对比度和亮度的同时，抑制局部高亮度区域，以达到良好的增强效果。传统的图像增强算法通常会得到不理想的灰度增强结果，如对较亮的局部区域增强过度，对较暗区域的细节增强效果较差，产生不自然的伪影。本章提出了一种基于 HSV 和 CIELAB($L^*a^*b^*$) 色彩空间的图像增强算法，该算法可以同时提高图像的对比度和饱和度，调节图像的亮度，避免过度增强和色彩失真。在图像亮度调节方面，本章提出了一种基于自适应混沌粒子群优化（adaptive chaotic particle swarm optimization, ACPSO）的增强算法，该算法可以有效地调节图像的亮度，以达到最佳的亮度调节效果，同时可以对传统的饱和拉伸函数进行改进，以得到更自然的增强图像。该算法的图像增强过程包括以下步骤。

首先，将原始图像从 RGB 色彩空间转换为 $L^*a^*b^*$ 色彩空间，并在 $L^*a^*b^*$ 色彩空间的 L^* 通道（亮度通道）中通过限制对比度的自适应直方图均衡（CLAHE）算法增强对比度。为了保持图像的颜色，只对图像的

L^* 分量进行增强。

其次，将 $L^*a^*b^*$ 色彩空间中处理后的图像转换回 RGB 色彩空间，将 RGB 色彩空间中的图像转换回 HSV 色彩空间。为了提高图像的亮度，本章所提出的算法结合 ACPSO 算法和伽马校正函数对 HSV 色彩空间中的 V 通道图像进行处理，并利用 ACPSO 对伽马校正函数中的参数（γ）值进行优化。同时，通过改进的自适应拉伸函数增强了 HSV 色彩空间中的 S 通道的图像饱和度。

最后，将 HSV 色彩空间处理后的图像转换回 RGB 色彩空间，得到增强后的彩色图像。

3.2 色彩空间原理

3.2.1 色彩空间

对于彩色图像，相机传感器和显示器使用三种颜色分量：红色（R）、绿色（G）和蓝色（B）。但是，在 RGB 的三色分量中没有亮度分量。简单地对原始图像的 RGB 三通道图像进行处理后再融合图像，其结果与原始图像相比，色彩有了一定失真，可能导致颜色伪影[94]。尤其在低光照条件下处理彩色图像时，这个问题更为突出。考虑到人的视觉特性，在处理低照度彩色图像时，最好采用由色调、饱和度和强度分量组成的色彩空间。为了增强彩色图像的对比度，由于人类视觉对色调分量的变化很敏感，因此对图像的饱和度或强度分量进行了修改。HSI[95] 和 $L^*a^*b^*$ 色彩空间适合用于对比度增强，而 $L^*a^*b^*$ 色彩空间可以更好地分离图像的亮度和色彩。因此，可以通过调整 L^* 分量的亮度来实现图像对比度增强。$L^*a^*b^*$ 色彩空间的相关知识、RGB 与 $L^*a^*b^*$ 色彩空间的转换、RGB 与 HSV 色彩空间的转换见下节。HSV 色彩空间适用于亮度增强[96]。

3.2.2 RGB 与 $L^*a^*b^*$ 色彩空间的转换

$L^*a^*b^*$ 色彩空间致力于人类视觉的感知均匀性，采用欧几里得距离来描述颜色之间的差别。L* 分量表示像素的亮度，其范围从 0（纯黑色）到 100（纯白色）。a* 和 b* 的取值范围均为 [−128,127]，其中 a* 分量表示红色到绿色范围，b* 分量表示黄色到蓝色范围。L* 分量与人类亮度感知紧密匹配，与人类亮度感知成线性关系。也就是说，如果一种颜色的 L* 值是另一种颜色的 1.5 倍，那么在视觉感知上，第一种颜色的亮度是第二种颜色的 1.5 倍。然而，RGB 色彩空间与 L*a*b* 色彩空间之间并没有直接的转换公式，因此先将 RGB 色彩空间中的图像转换到 CIEXYZ 色彩空间，然后将 CIEXYZ 色彩空间转换为 L*a*b* 色彩空间。RGB 色彩空间与 L*a*b* 色彩空间的具体转换步骤如下。

1. RGB 到 CIEXYZ 色彩空间

$$\begin{bmatrix} X \\ Y \\ Z \end{bmatrix} = \begin{bmatrix} 0.412\,453 & 0.357\,580 & 0.181\,423 \\ 0.211\,671 & 0.715\,160 & 0.072\,169 \\ 0.019\,334 & 0.119\,193 & 0.950\,227 \end{bmatrix} \begin{bmatrix} R \\ G \\ B \end{bmatrix} \tag{3-1}$$

2. CIEXYZ 到 L*a*b* 色彩空间

$$L^* = 116 f(Y/Y_n) - 16 \tag{3-2}$$

$$a^* = 500[f(X/X_n) - f(Y/Y_n)] \tag{3-3}$$

$$b^* = 200[f(Y/Y_n) - f(Z/Z_n)] \tag{3-4}$$

$$f(\mu) = \begin{cases} \mu^{\frac{1}{3}}, & \mu > \left(\dfrac{6}{29}\right)^3 \\ \dfrac{1}{3}\left(\dfrac{29}{6}\right)^2 \mu + \dfrac{16}{116}, & \mu \leqslant \left(\dfrac{6}{29}\right)^3 \end{cases} \tag{3-5}$$

式中：X_n、Y_n、Z_n 为标准 D65 照明白点，取 X_n=0.950 456,Y_n=1.000 000，Z_n=1.088 754。

3. L*a*b* 到 CIEXYZ 色彩空间

$$\hat{X} = X_W g\left(\frac{L^* + 16}{116} + \frac{a^*}{500}\right) \tag{3-6}$$

$$\hat{Y} = Y_W g\left(\frac{L^* + 16}{116}\right) \tag{3-7}$$

$$\hat{Z} = X_W g\left(\frac{L^* + 16}{116} - \frac{b^*}{200}\right) \tag{3-8}$$

式中：$g(\mu)$ 是 $f(\mu)$ 的反函数 $f^{-1}(\mu)$，即

$$g(\mu) = \begin{cases} \mu^3, & \mu > \dfrac{6}{29} \\ 3\left(\dfrac{6}{29}\right)^2\left(\mu - \dfrac{16}{116}\right), & \mu \leqslant \dfrac{6}{29} \end{cases} \tag{3-9}$$

4. CIEXYZ 到 RGB 色彩空间

$$\begin{bmatrix} \hat{R} \\ \hat{G} \\ \hat{B} \end{bmatrix} = \begin{bmatrix} 3.240\,479 & -1.537\,150 & -0.498\,535 \\ -0.962\,560 & 1.875\,992 & 0.041\,556 \\ 0.055\,648 & -0.204\,043 & 1.057\,311 \end{bmatrix} \begin{bmatrix} \hat{X} \\ \hat{Y} \\ \hat{Z} \end{bmatrix} \tag{3-10}$$

3.2.3 RGB 与 HSV 色彩空间的转换

HSV 色彩空间由三个属性组成：色调（H）、饱和度（S）和强度（V）。H 代表色调，显示真实的色彩属性，如青色、蓝色、品红、红色、绿色和蓝色等。S 代表饱和度，表示白色的真彩色属性的稀释度。若真彩色属性的值大于白色，则饱和度更高，否则饱和度更低。V 表示图像中颜色强度或亮度。RGB 色彩空间到 HSV 色彩空间的转换如式（3-11）～式（3-13）所示。

$$H = \arccos\frac{(2R - G - B)}{2\sqrt{(R-G)^2 - (R-B)(G-B)}} \tag{3-11}$$

$$S = \frac{\max(R,G,B) - \min(R,G,B)}{\max(R,G,B)} \tag{3-12}$$

$$V = \max(R,G,B) \tag{3-13}$$

式中：H 是色调；S 是饱和度；V 是亮度。

然后将 HSV 色彩空间反转到 RGB 色彩空间，其转换公式如下：

$$\begin{cases} C = VS \\ H = \dfrac{H}{60^\circ} \\ X = C(1-|H \bmod 2 - 1|) \end{cases} \tag{3-14}$$

$$(R_1,G_1,B_1)\begin{cases} (C,X,0),\ 0 \leqslant H < 1 \\ (X,C,0),\ 1 \leqslant H < 2 \\ (0,C,X),\ 2 \leqslant H < 3 \\ (0,X,C),\ 3 \leqslant H < 4 \\ (X,0,C),\ 4 \leqslant H < 5 \\ (C,0,X),\ 5 \leqslant H \leqslant 6 \end{cases} \tag{3-15}$$

$$\begin{cases} m = V - C \\ (R,G,B) = (R_1 + m, G_1 + m, B_1 + m) \end{cases} \tag{3-16}$$

式中：C 是色度；X 是具有这种颜色的第二大成分的中间值。

3.3　亮度和饱和度增强

本章提出的低照度彩色图像增强算法主要包括以下三个步骤。

（1）对比度增强。该算法将图像从原始 RGB 色彩空间转换到 $L^*a^*b^*$ 色彩空间，采用 CLAHE 算法对 L^* 通道图像进行处理，再将图像从 $L^*a^*b^*$ 色彩空间反转到 RGB 色彩空间，这样可得到对比度提高的 RGB 图像。CLAHE 算法为局部增强算法，可适当地增强图像的对比度，可以在不同的色彩空间中操作。因此，CLAHE 算法用于处理 $L^*a^*b^*$ 色彩空间的 L^* 通道信息。但是 CLAHE 算法对于彩色图像暗部细节增强的效果不佳，不利于暗部区域细节观察，需要调整图像的亮度。

（2）亮度增强。该算法将上述经过 CLAHE 算法处理的 RGB 图像转换为 HSV 色彩空间的图像，利用 ACPSO 算法和伽马校正函数来调整

HSV 色彩空间中 V 通道的亮度。伽马校正可以很好地提高图像亮度，丰富暗部区域细节，并抑制图像中较亮区域的增强，防止出现局部过度增强的情况。3.3.1 节将具体介绍亮度增强。

（3）饱和度增强。该算法改进了自适应拉伸功能，对 HSV 色彩空间的 S 分量进行了拉伸，以提高图像的饱和度，使图像的色彩更加丰富饱满和自然。最后，将图像从 HSV 色彩空间转换回 RGB 色彩空间，得到增强后的彩色图像。3.3.2 节将具体介绍饱和度增强。

本章的主要工作是考虑低照度彩色图像的特点，通过处理不同色彩空间的分量来提高图像的对比度、亮度和饱和度。为了有效调节图像的亮度，达到最佳的增强效果，该算法利用所提 ACPSO 算法选择的自适应伽马校正因子来提高图像亮度，并利用改进的自适应拉伸函数来提高图像饱和度。图 3-2 展示了本章提出算法的总体框架，下面将详细描述所提出算法的具体实施步骤。

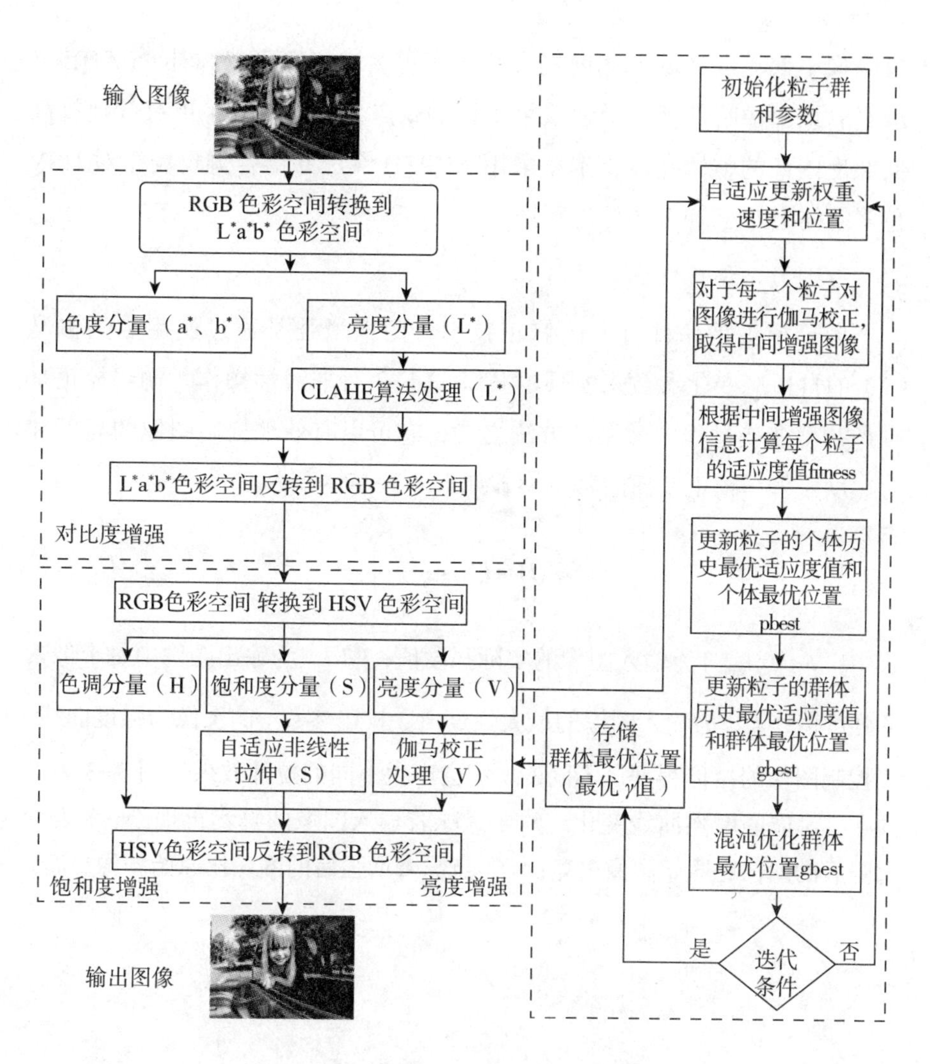

图 3-2　本章提出算法的总体框架

3.3.1　亮度增强

亮度增强也称为动态范围压缩过程。调节图像亮度的方法有很多，伽马校正是一种常用的调节图像亮度的非线性操作方法，它通过单个伽马值或伽马值集实现图像的全局增强。与其他传统方法相比，伽马校正可以有效地提高图像的亮度，提供非常清晰的低噪声图像[97]。伽马校正对图像中低亮度区域的亮度提升的作用更大，正好可以弥补 CLAHE 算法对彩色图像暗部细节增强效果不佳的缺点。因此，为了更有效地提高低照度图像的整体亮度，本章采用 ACPSO 算法并结合伽玛校正对 HSV 色彩空间中的 V 通道图像进行增强。

3.3.1.1 伽马校正

伽玛校正是一种直方图修正技术，图像增强是通过使用名为伽马（γ）的自适应变化参数来实现的[23]，这是一种非线性操作。伽玛校正是图像灰度变换过程中常用的方法之一，它可以有效地提高图像的亮度和对比度。伽马校正变换的基本形式如式（3−17）所示。

$$T(l)=l_{\max}\left(\frac{l}{l_{\max}}\right)^{r} \tag{3-17}$$

式中：$l\in[0,l_{\max}]$ 为输入图像的实际强度值；$T(l)$ 为输出图像中每个像素的强度值；$l_{\max}$ 为输入图像的最大强度值。校正参数 γ 的图像为强度曲线，其控制图像的拉伸程度，不同的 γ 值会产生不同的拉伸效果。图 3−3 为不同 γ 值对应的增强曲线变化。γ =1 意味着输入图像的真实再现；γ <1 表示增强后的图像比原始图像更亮；γ >1 意味着增强后的图像比原始图像更暗。

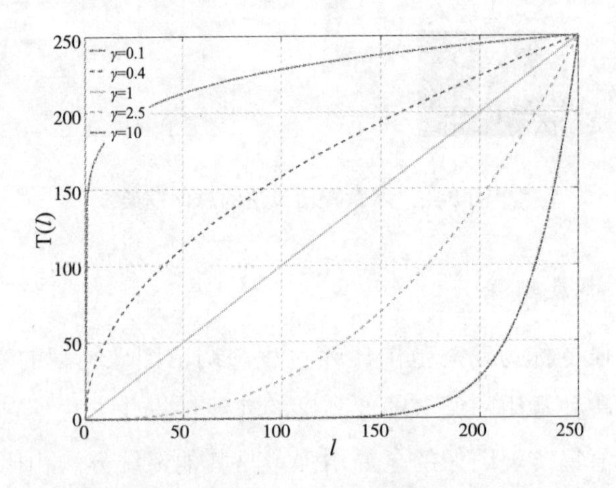

图 3−3　不同 γ 值对应的增强曲线变化

图 3-4 显示了不同 γ 值的伽马校正对图像亮度的调节效果。从图 3-4 的直方图中可以看出，原始图像的灰度分布主要聚集在低亮度区域，图像辨识度较低。原始图像经过不同 γ 值的伽马校正处理后，图像的灰度分布整体向右移动，图像的亮度明显提高。用伽马校正来提高图像的整体亮度有明显的优势，即通过调整参数（γ）的值来增强图像的亮度。对于不同类型的图像，使用固定的 γ 值会表现出相同的变化强度[98]。因此，为了获得更好的图像质量，有必要选择一个最优的 γ 值进行全局伽马校正。

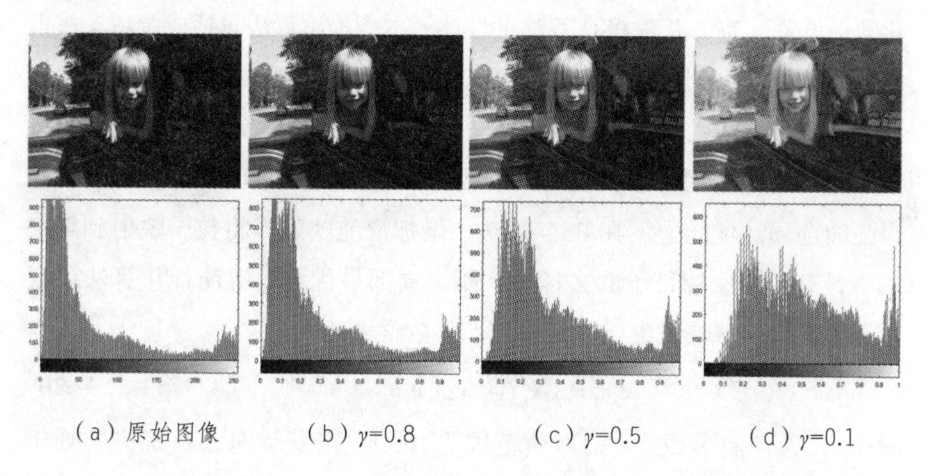

（a）原始图像　（b）γ=0.8　（c）γ=0.5　（d）γ=0.1

图 3-4　不同 γ 值的增强图像结果及相应的直方图

本章所提算法使用 ACPSO 算法来寻找伽马校正的最优参数值 γ。不同的粒子位置对应不同的 γ 候选值。粒子位置的集合（γ 值）定义为 N 个粒子的集合，其中 A 为搜索空间。

$$\gamma = \{\boldsymbol{\gamma}_1, \boldsymbol{\gamma}_2, \cdots \boldsymbol{\gamma}_N\} \tag{3-18}$$

$$\boldsymbol{\gamma}_i = \left(\gamma_{1i}, \gamma_{2i}, \cdots \gamma_{di}\right)^{\mathrm{T}} \in A \tag{3-19}$$

3.3.1.2　改进的 PSO 算法

传统的标准 PSO 算法容易陷入局部最优，也存在许多不完善和互不相关的问题，因此有待改进。许多研究者将各种先进的机制引入标准PSO算法中，研究了各种改进的PSO算法，如自适应粒子群优化[99]、混沌粒子群优化[100]、协同粒子群优化[101]等。尽管改进后的PSO算法比标准PSO算法的性能好很多，但由于粒子在初始化和进化阶段的随机性会使gbest和pbest无目的更新，改进后的PSO算法仍然存在早熟问题。为了避免早熟问题，获得良好的粒子全局搜索能力，提高PSO算法的适应性，本章提出了一种自适应混沌粒子群优化（ACPSO）算法。该算法适当地结合了PSO算法和混沌扰动的良好特性，利用逻辑斯蒂映射生成混沌序列来优化粒子位置。为了提高PSO算法的性能，本章提出算法自适应调整了权重参数 ω，提高了算法的全局搜索能力，加快了算法的收敛速度。

混沌是非线性系统中常见的现象，它具有遍历性和内在随机性的特点，能在一定范围内按其自身的“规律”不重复地遍历所有状态，具有很强的全局寻优能力。在PSO算法中增加混沌映射，将粒子映射到解空间中，有利于保持粒子的多样性，跳出局部最优解。混沌优化算法中通常选择逻辑斯蒂映射生成混沌序列，其数学表达式为：

$$\boldsymbol{x}_{n+1}=\mu\boldsymbol{x}_n(1-\boldsymbol{x}_n),n=1,2,3,\cdots \tag{3-20}$$

式中：μ 为控制参数，μ 的取值范围为[0,4]，当 μ=4时，系统完全处于混沌状态。该算法在[0,1]范围内遍历 $\boldsymbol{x}_n$。

混沌扰动的基本思想是利用混沌函数生成扰动向量 $\Delta\boldsymbol{x}$。在更新粒子 $\boldsymbol{x}_n$ 的位置后，通过对 $\boldsymbol{x}_{n+1}$ 进行扰动，可以得到新的位置 $\boldsymbol{x}'_{n+1}$。若扰动后的位置优于之前的位置，则将 $\boldsymbol{x}_{n+1}$ 替换为 $\boldsymbol{x}'_{n+1}$。利用逻辑斯蒂混沌序列对粒子群进行扰动的步骤如下。

（1）根据式（3-21）将初始粒子映射到[0,1]范围内，当 $\text{gbest}\in[b_i,d_i]$ 时，公式为：

$$y_i^q=\frac{\text{gbest}-b_i}{d_i-b_i} \tag{3-21}$$

式中：q 为迭代次数；b_i 为粒子 i 所在位置的最小值；d_i 为粒子 i 所在位置的最大值。

（2）根据逻辑斯蒂公式生成序列如下：

$$y_i^{q+1} = \mu y_i^q (1 - y_i^q) \tag{3-22}$$

当 μ 接近 4 时，逻辑斯蒂处于混沌状态，使用式（3−22）可以得到 N 个混沌的解空间。

（3）将步骤（2）生成的混沌解空间中的向量，根据式（3−23）映射到原解空间中，得到向量组 $\boldsymbol{X} = (X_1, X_2, \cdots, X_n)$，对应的方程为：

$$X_i = b_i + y_i(d_i - b_i) \tag{3-23}$$

参数 ω 称为惯性权值，用于控制历史速度对当前速度的影响。一方面，当 ω 值较大时，全局搜索粒子的能力较强；另一方面，当 ω 值较小时，局部搜索粒子的能力较强，有利于获得最优精度解。通过动态改变惯性权值 ω，可以动态调整搜索能力，提高算法性能和优化能力。因此，本章采用自适应 ω，根据文献[102]自适应调整改进的 PSO 算法中 ω 的值，每个粒子的惯性权值 ω 是根据每个粒子自身当前的适应度值而变化的。适应度值较好的粒子倾向于在当前最优解附近进行精细搜索，而适应度值较差的粒子则以较大的步长搜索可行区域，从而有机会找到新的更好的解，这样就使得整个群体保持了多样性和良好的收敛特性，增强了粒子全局搜索和局部搜索的平衡性。ω 值可表示为：

$$\omega = \begin{cases} \omega_{\min} + \dfrac{(\omega_{\max} - \omega_{\min})(\text{fitness}_i - \text{fitness}_{\min})}{(\text{fitness}_{\text{mean}} - \text{fitness}_{\min})}, & \text{fitness}_i \leqslant \text{fitness}_{\text{mean}} \\ \omega_{\max}, & \text{fitness}_i > \text{fitness}_{\text{mean}} \end{cases} \tag{3-24}$$

这里将最大的惯性权值记为 $\omega_{\max}$，最小的惯性权值记为 $\omega_{\min}$。在本章所提算法中，将所有粒子的 ω 的最大值和最小值分别设置为 0.9 和 0.4。$\text{fitness}_{\min}$ 是当前粒子群适应度的最小值，$\text{fitness}_{\text{mean}}$ 是当前粒子群适应度值的平均值，fitness_i 为当前 i 粒子的适应度值 $(i = 1, 2, \cdots, N)$。

图 3-5 为标准 PSO 算法、APSO 算法、CPSO 算法和 ACPSO 算法在增强同一图像（图 3-2 中的女孩图像）时，迭代寻优计算过程中目标函数的收敛变化情况。由图 3-5 可知，ACPSO 算法能从较好的初始值开始，且寻优算法的收敛速度和精度都得到了提高。与标准 PSO 算法、APSO 算法和 CPSO 算法相比，ACPSO 算法能在较短时间内获得更好的全局适应度值。

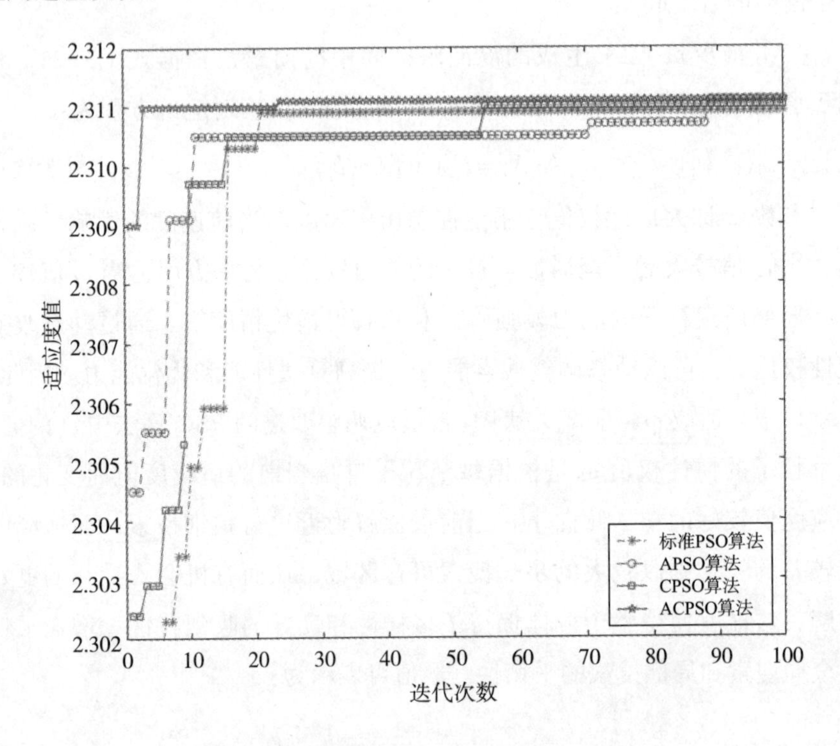

图 3-5　各种优化算法迭代搜索目标函数曲线

3.3.1.3　基于 ACPSO 算法的亮度校正

本章将群体智能技术与经典的亮度增强技术相结合，采用 ACPSO 算法结合伽马校正函数进行全局伽马校正，结合熵、边缘内容和边缘强度构建评价函数，寻找最优 γ 值，以提高 HSV 色彩空间中 V 通道图像的亮度。

图 3-6 是采用 ACPSO 的亮度增强算法的示意图。在本例中，值

147、90、73、110、50、10、80、215、230、100、165、60、30、127、200 和 164 是输入图像的像素值。输入图像的最大强度值为 230。在使用 ACPSO 算法生成的 γ 值（0.8）进行伽马校正后，实际强度值为 147 的第一个像素被映射到增强的强度值为 160 的像素上。具体如下：γ =0.8、l_{max}=230，当 l =147 时，变换后的伽马校正像素值为 $T(l)=230\times\left(\frac{147}{230}\right)^{0.8}\approx 160$。对整个图像重复相同的过程后，计算增强后图像的边缘数、熵和边缘强度之和。对于单次迭代，使用由 ACPSO 算法生成的所有 γ 值（0.8 ～ N）来计算增强图像的新强度值。重复相同的过程，直到达到迭代停止条件。将具有最大边缘数、熵和边缘强度和的粒子（γ 值）视为全局极值（gbest）。最后，将 gbest 值引入伽马校正函数，对 HSV 色彩空间中的 V 通道图像进行处理，得到最终的 V 通道图像。

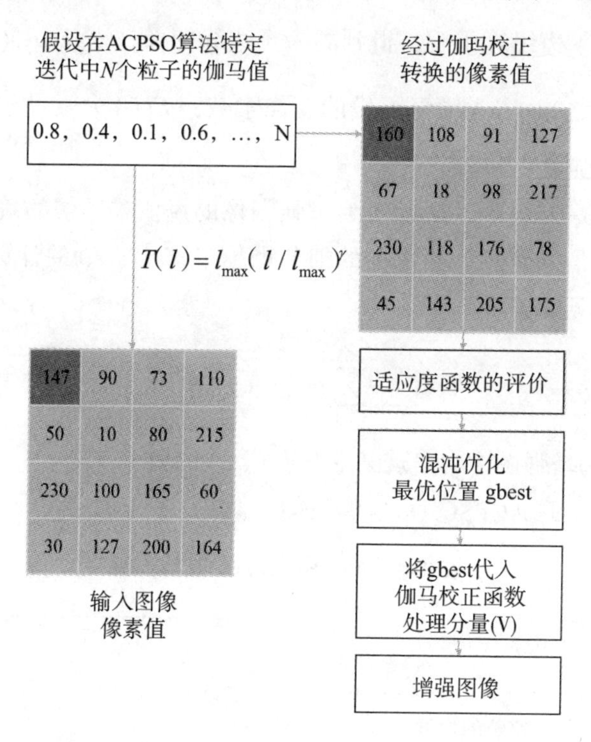

图 3-6　采用 ACPSO 的亮度增强算法的示意图

在ACPSO算法中，选择一个好的评价函数对图像增强非常重要。每个粒子对应的评价函数值是评价增强图像效果的重要参考标准。由于低照度彩色图像同时有亮区和暗区，具有亮度低、纹理细节不清晰的特点，人们很难从原始图像背景中识别出目标物体。因此，在使用ACPSO算法对图像进行亮度增强时，好的增强图像应该具有信息量大、对比度高、纹理清晰的特点。考虑到好识别的增强图像的需要，该算法将边缘数（边缘像素）、熵和边缘强度之和集成到每个粒子的目标函数中。根据文献[43]，本章提出算法中的客观评价函数如式（3-25）所示。

$$\text{fitness} = \log\log\left[\frac{E(I')}{n\_\text{edges}(I')}\right] \cdot \frac{n\_\text{edges}(I')}{T} \cdot H(I) \tag{3-25}$$

式中：I为由式（3-17）定义的变换函数对原图像进行增强后的图像；I'为使用索贝尔边缘算子后，得到的一个边缘图像；$n_\text{edges}(I')$为图像I'的非零像素之和；T为增强图像的总像素数；$E(I')$为索贝尔边缘图像I'的T个像素强度之和。

在式（3-25）中，$H(I)$为增强图像的熵值，图像的熵值越大，图像中包含的信息越多，图像中的细节也越丰富[44]。熵的计算公式[103]如式（3-26）所示。

$$H = -\sum_{t=0}^{255} p(t) \times \log_2(p(t)) \tag{3-26}$$

式中：$p(t)$为增强图像中出现某一灰度值(t)的概率。

本章提出的ACPSO算法的具体步骤如表3-1所示。

表3-1 ACPSO算法的具体步骤

1. 输入：一个V通道图像I
2. 初始化填充并设置初始参数。初始化其相应的速度v_{max}和v_{min}、迭代次数(maxgen)、混沌系数μ、每个粒子的位置x等
3. for i =1 → maxgen do

续　表

4.　for j=1 → swarmSize do
5.　　利用式（3-24）更新惯性权值 ω
6.　　使用式（2-7）更新速度 v
7.　　使用式（2-8）更新位置 x
8.　　使用式（3-17）中的伽马校正产生增强图像
9.　　使用式（3-25）计算目标函数适应度值
10.　end for
11.　for i =1 → maxgen do
12.　　if(fitness (j) >pbest)
13.　　　将当前粒子位置值存储为个体最佳值
14.　　end if
15.　　if(fitness (j) >gbest)
16.　　　将当前粒子位置值存储为全局最佳值
17.　　end if
18.　end for
19.　混沌优化最优位置
20. end for
21. 输出：通过应用最佳 γ 值 gbest 到式（3-17）产生最终增强图像

3.3.2　饱和度增强

色彩增强的目的是使原来不饱和的色彩信息饱和和丰富。当图像的饱和度值增加时，画面会变得更加生动，但若饱和度值过高，则可能会出现颜色溢出等异常现象。文献[104]构造了一个自适应非线性拉伸函数来拉伸图像的饱和度。实验表明，利用该自适应非线性拉伸函数增强低照度彩色图像的饱和度后，会出现颜色过饱和的现象。经过大量的实验，本章对自适应非线性拉伸函数进行了改进，利用改进的函数对 HSV 色彩空间中的 S 通道图像进行处理，可以在增强图像的饱和度的同时，使图像看起来更加自然。改进函数的定义如式（3-27）所示。

$$S' = \frac{1}{2} + \frac{1}{2}\frac{\max(R,G,B) + \min(R,G,B) + 1}{2\text{mean}(R,G,B) + 1}S \tag{3-27}$$

式中：S 为图像在非线性拉伸前的饱和度；S' 为图像经过非线性拉伸函数处理后的饱和度；max（R, G, B）、min（R, G, B）和 mean（R, G, B）分别为对应像素在 RGB 色彩空间中 R、G、B 颜色分量的最大值、最小值和平均值，其中 RGB 图像是经过 CLAHE 算法处理后，由 $L^*a^*b^*$ 色彩空间反转到 RGB 色彩空间而来的。

图 3-7 为非线性拉伸 HSV 色彩空间饱和度分量、调整图像饱和度的效果。原始图像的饱和度偏低，经过非线性拉伸 S 通道图像后，图像饱和度明显提高，画面变得更加鲜艳。

（a）原始图像

（b）原始图像饱和度分量

（c）非线性拉伸结果图像

（d）非线性拉伸结果图像饱和度分量

图 3-7　非线性拉伸 HSV 色彩空间饱和度分量、调整图像饱和度的效果

3.4　实验结果与分析

本节将评估本章所提出的自适应增强算法的性能，包括定性评估、定量评估和用户研究。

3.4.1　参数设置

为了检验算法的有效性，将本章提出的增强算法与现有的以下八种算法进行了比较：HE 算法 [11]、BPDHE 算法 [19]、MSR 算法 [4]、MSRCR 算法 [5]、自然保留增强算法（naturalness-preserving enhancement algorithm, NPEA）[105]、AGCWD 算法 [23]，以及 Kanmani 等 [28] 和 Al-ameen[24] 提出的算法。实验在 MATLAB R2019a 软件平台上完成，计算机配置为 Intel（R）Core（TM）i5，随机存储器为 4.00 GB。对比算法参数设置一致。Al-Ameen 提出的算法参数为统一设置（Lambda=5）。ACPSO 算法选择的相关参数如表 3-2 所示。本章的增强对象是低照度彩色图像。γ 值的取值范围为 0 ～ 1，这可以有效地增强图像。粒子群规模 20 ～ 40 是解决小规模问题的最佳粒径 [80]，因此，本章选择了 20 个粒子组成一个粒子群。

表 3-2　ACPSO 算法的参数设置

参数	数值
种群规模（N）	20
最大迭代次数（maxgen）	100
维数（D）	1
学习因子（c_1）	2
学习因子（c_2）	2
惯性权值（ω）	ω_{max}=0.9、ω_{min}=0.4
控制参数（μ）	4
迭代条件	最大迭代次数

3.4.2 定性评估

在实验评估中，作者已将本章所提算法应用于来自不同场景的大量低照度彩色图像中。由于篇幅限制，本章选择了一些非常有代表性的图像来评估算法的性能。几种算法的图像增强结果如图 3-8 所示。图 3-8 中自上而下的图像名称为女孩 1、悬崖、女孩 2、窗户和游行。

（a）原始图像　（b）HE 算法　（c）BPDHE 算法　（d）MSR 算法　（e）MSRCR 算法

（f）NPEA 算法（g）AGCWD 算法（h）Kanmani 算法（i）Al-Ameen 算法（j）本章提出算法

图 3-8　几种算法的图像增强结果

图 3-8 中的女孩 1 显示了一个户外场景，即在一个单一的阳光方向上拍摄了一个小女孩。在原始图像中，小女孩的左侧区域被强光照亮，小女孩的右侧区域较暗，不利于观察图像局部区域的细节。图 3-8 中的悬崖显示了悬崖边缘附近的场景。原始图像中的悬崖和树木都在背光区，不利于细节观察。图 3-8 中的女孩 2 是黄昏时拍摄的低照度彩色图像，

暗区细节和色彩信息被隐藏。图 3-8 中的窗户是窗口的图像。从原始图像可以看出，窗外景物的细节是通过图像中间的窗户看到的，因此室内光线较暗，图像左右两侧及上下方区域的细节并不清晰可见。图 3-8 中的游行展示了一群人在街上游行的场景。由于建筑物和树木的遮挡，所有人和建筑物等背光面信息不能被清晰地观察，需要同时提高图像的对比度和亮度。

图 3-8（b）为采用 HE 算法增强后的图像，从增强结果图可以看出对比度和亮度明显提高了，过度增强了亮区域，且亮区域扩大了，如图像悬崖中天空与树木交界处的信息被光照区域影响。而且其颜色与原始图像的颜色存在较大差别，画面失真明显，呈现效果较差。图 3-8（c）是采用 BPDHE 算法增强后的图像，由图可知此算法保持了原始图像亮度，这使得增强效果不明显，仍不利于观察暗部细节。图 3-8（d）是采用传统 MSR 算法增强后的图像，由图 3-8（d）可见，画面整体亮度明显增强，但失真状况仍存在，如小女孩脸部发白、车辆颜色变淡、对比度较低。由图 3-8（e）可见，采用 MSRCR 算法增强后的图像的整体画面亮度明显提高了，总体图像对比度和饱和度增强效果较 MSR 算法有所提升，但也存在图中对象交界不明确、边缘不够清晰等问题。用 NPEA 算法处理图像之后［图 3-8（f）］，对比度明显提高了，但增强结果整体偏暗。部分处理后的图像出现颜色失真现象，增强结果不自然。由 AGCWD 算法处理结果［图 3-8（g）］可知，对比度和亮度有所提升，但 AGCWD 算法对暗部细节的增强效果不明显。图 3-8（h）是采用 Kanmani 算法增强后的图像效果，由图 3-8（h）可见，图像亮度大幅度提高，但图像对比度很低，增强结果不自然。图 3-8（i）是采用 Al-Ameen 算法增强后的图像效果，由图 3-8（i）可见，图像亮度大大提高，亮区域存在过度增强情况，严重影响了原始图像的结构信息。图 3-8（j）是采用本章提出算法增强后的图像效果，由图 3-8（j）可见，该算法使图像细节清晰、对比度强、颜色艳丽。在图像亮度提升的同时颜色状态

比原始图像得到了明显改善，无色彩失真，图像中对象交界明显，不同景物的细节能被清晰分辨出。因此，由本章提出算法获取的图像增强效果最优，呈现的画面更舒服。

为了使测试图像尽可能广泛地覆盖各种场景和对象，本章使用了 MIT−5K 数据集，该数据集包括 5 000 张拍摄的照片，每张照片都由五名专业的摄影师进行修图，他们使用 Adobe Lightroom 软件调整了颜色以重新映射曲线。由于本章主要研究低照度彩色图像的增强，因此从 MIT −5K 数据集中仔细选择了一些满足要求的输入和输出图像对（将数据集专家 C 的图像作为增强图像）。图 3−9 展示了五幅有代表性的图像。为了降低计算复杂度，这里将每通道 16 bits 的原始图像转换为 JPEG 格式图像，并且调整图像大小使最长边为 486 像素。图 3−9 中自上而下的图像名称分别是街道、小路、建筑、入口和教堂。

（a）原始图像（b）HE 算法（c）BPDHE 算法（d）MSR 算法（e）MSRCR 算法（f）NPEA 算法

(g) AGCWD 算法 (h) Kanmani 算法 (i) Al-Ameen 算法 (j) 本章提出算法 (k) 专家 C

图 3-9　MIT-5K 数据集上的视觉对比结果

如图 3-9 所示，MSR 算法、MSRCR 算法、Kanmani 算法和 Al-

Ameen 算法会对原始图像造成扭曲，因此得到的图像的对比度较低。BPDHE 算法和专家 C 存在增强效果不明显的问题。HE 算法过度增强了亮部区域。相反，AGCWD 算法对暗部区域的增强效果不佳。NPEA 算法和本章提出算法的增强效果优于其他算法，但由本章提出算法处理后的图像对比度明显高于由 NPEA 算法处理后图像的对比度。此外，NPEA 算法增强了前景，但丢失了背景中的一些细节。本章提出算法能够保留前景物体的细节，同时增强远处草和建筑物的外观。

3.4.3 定量评估

本节进行定量性能评估和比较。通过均值、峰值信噪比（PSNR）、熵、评价函数（evaluation function, EF）值和平均梯度（mean gradient, MG）五个指标，对用本章提出算法与其他算法增强后的图像进行对比评估。

图像亮度是对图像的直观感受，它与彩色图像的灰度值有关。灰度平均值表示图像的平均亮度，数值越高，图像越亮。若图像的灰度平均值较低，则图像太暗，无法从图像中清楚地看到任何东西。若图像过于明亮，往往会让人感到不舒服。若图像的灰度平均值适中（在 127.5 左右），则表示图像的视觉效果较好[106]。其计算公式如式（3-28）所示。

$$\text{Mean}=\frac{\sum_{\alpha=0}^{M-1}\sum_{\beta=0}^{N-1}g(\alpha,\beta)}{MN} \tag{3-28}$$

式中：M 为图像高度；N 为图像宽度；MN 为指定图像的大小；$g(\alpha,\beta)$ 为图像的 α 行和 β 列像素的灰度值。

表 3-3 给出了图像的灰度平均值的定量评估结果。如表 3-3 所示，原始图像的平均亮度较低。经过本章提出算法和 HE 算法的处理，灰度平均值接近 128，亮度得到了很大的提高。用 BPDHE 算法对原始图像进行处理后，增强后的图像的灰度平均值普遍较低，说明 BPDHE 算法对图像亮度的提高并不明显。用 NPEA 算法和 AGCWD 算法增强后的图

像平均亮度高于用 BPDHE 算法增强后的，但用 NPEA 算法和 AGCWD 算法增强后的图像的灰度平均值均小于 128，因此增强图像的整体亮度仍然较低。用 MSR 算法、MSRCR 算法和 AL-Ameen 算法处理后的图像的灰度平均值较大，说明用这些算法增强后的图像过于明亮。利用本章提出算法增强后，增强图像的灰度平均值接近 128。此外，本章提出算法的所有增强图像的平均亮度都低于 HE 算法的，高于 NPEA 算法和 AGCWD 算法的，因此该算法在绝大多数情况下优于其算法。

表 3-3　图像的灰度平均值定量比较

场景	灰度平均值								
	原始图像	HE 算法	BPDHE 算法	MSR 算法	MSRCR 算法	NPEA 算法	AGCWD 算法	Kanmani 算法	Al-Ameen 算法	本章提出算法
女孩 1	65.323	127.295	68.050	216.879	151.214	85.785	92.168	188.254	159.791	97.940
悬崖	81.568	127.771	92.850	173.600	168.734	115.994	108.073	139.910	164.210	141.657
女孩 2	47.522	127.689	53.055	163.786	159.974	107.204	92.070	166.381	161.552	93.836
窗户	67.094	128.902	69.346	165.125	162.649	97.660	100.023	140.618	166.358	90.740
游行	70.444	127.763	74.958	174.377	163.609	102.402	101.815	176.699	171.944	116.150
街道	92.954	129.318	101.185	193.304	187.504	124.895	131.138	193.318	221.208	128.627
小路	93.733	127.452	92.122	199.314	189.553	127.068	128.706	156.738	222.924	118.783
建筑	78.098	127.589	80.391	179.342	172.133	107.063	108.697	161.963	191.802	113.934
入口	63.885	128.403	90.453	141.036	135.095	92.905	87.093	152.457	135.575	120.403
教堂	65.030	127.703	68.976	165.349	157.558	86.818	99.561	162.818	176.058	102.882
平均值	72.565	127.988	79.138	177.211	164.802	104.779 4	104.934	163.915	177.1424	112.495

PSNR 是目前应用较广泛的图像客观评价指标。PSNR 值越大，表明增强图像抑制噪声的能力越强，增强图像的质量越好。PSNR 由式（2-16）计算。

图 3-10 是用不同算法各自处理多幅图像后的 PSNR 值的堆叠直方图。从图 3-10 可以看出，由本章提出算法处理后的所有测试图像的

PSNR 之和仅次于 BPDHE 算法的。实际上，PSNR 表示图像质量退化的程度。如果 PSNR 值过大，可能会同时丢失图像的一些细节[92]。因此，经 BPDHE 算法处理后的增强图像实际上不利于对图像细节的观察。此外，本章提出算法的 PSNR 的总值略大于 NPEA 算法和 AGCWD 算法的，该算法在保留细节和较大的 PSNR（大于 NPEA 算法和 AGCWD 算法的）之间保持了良好的平衡。实验结果表明，该算法抑制噪声的能力强，它对低照度彩色图像起到了有效的增强作用。

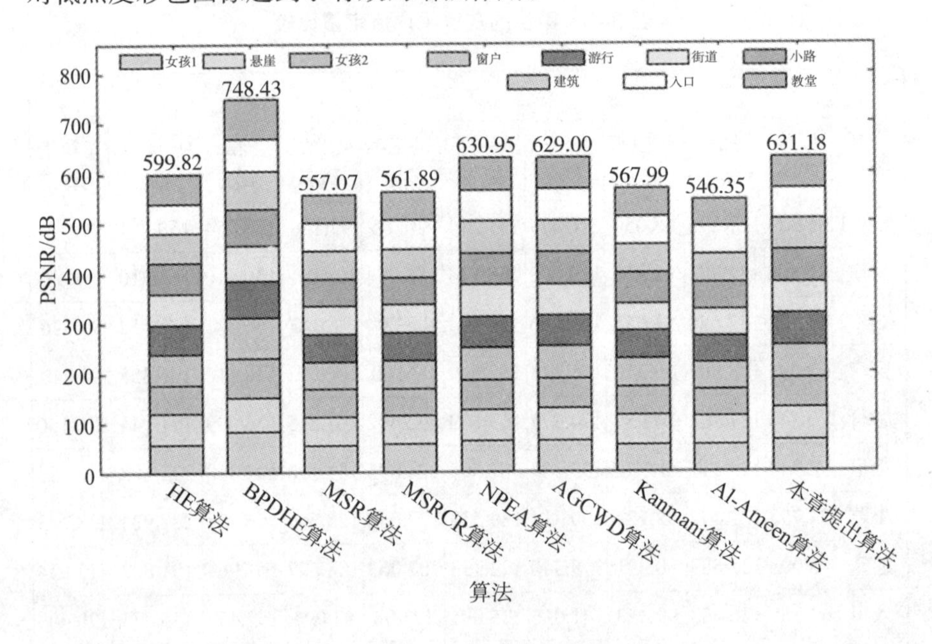

图 3-10　PSNR 定量指标的堆叠直方图

熵用于测量输出图像中细节的丰富程度。熵越高，代表图像包含的信息量越大，细节越丰富，计算公式如式（3-26）所示。EF 值由增强图像的熵、边缘强度平均值和边缘数三个性能指标综合而得，值越大表明图像的增强效果越好。EF 值具体由式（3-29）计算而得。MG 反映了图像的清晰度和纹理变化，它是图像清晰度的重要表征，值越大表明图像越清晰。MG 由式（3-30）计算而来。

$$\mathrm{EF}=\log\log\left[\frac{E(I')}{n\_\mathrm{edges}(I')}\right]\cdot\frac{n\_\mathrm{edges}(I')}{T}\cdot H(I) \tag{3-29}$$

$$\mathrm{MG}=\frac{1}{MN}\sum_{\alpha=1}^{M}\sum_{\beta=1}^{N}\sqrt{\frac{\left(\frac{\partial f}{\partial x}\right)^2+\left(\frac{\partial f}{\partial y}\right)^2}{2}} \tag{3-30}$$

式中：$\frac{\partial f}{\partial x}$ 为水平方向梯度；$\frac{\partial f}{\partial y}$ 为垂直方向梯度。

用上述指标来评估本章提出算法和其他算法在图像增强方面的有效性。定量评估结果如表 3-4、表 3-5 和表 3-6 所示。

表 3-4　不同算法增强结果的熵值定量比较

场景	熵值								
	HE 算法	BPDHE 算法	MSR 算法	MSRCR 算法	NPEA 算法	AGCWD 算法	Kanmani 算法	Al-Ameen 算法	本章提出算法
女孩 1	3.473 4	4.070 8	4.078 8	4.299 3	4.204 5	4.148 9	3.710 8	3.596 3	4.261 8
悬崖	4.878 0	5.926 6	5.403 0	5.811 6	5.857 8	5.713 4	5.667 8	4.616 9	5.949 6
女孩 2	4.721 4	5.479 3	5.359 0	5.659 6	5.665 6	5.836 5	5.314 0	5.116 2	5.889 6
窗户	4.196 4	5.036 6	4.988 7	5.156 5	5.185 9	5.138 7	5.008 9	4.461 5	5.194 8
游行	4.086 0	4.809 1	4.825 6	4.924 6	4.840 8	4.935 2	4.500 3	4.148 7	5.079 2
街道	5.634 5	7.063 5	6.417 1	6.622 6	6.745 0	7.219 3	6.235 7	5.824 8	7.442 4
小路	5.990 9	7.588 2	6.770 5	6.826 1	7.454 6	7.699 8	7.148 0	5.919 1	7.817 7
建筑	5.953 8	7.342 5	7.009 2	7.439 1	7.576 2	7.640 3	7.170 6	6.053 5	7.882 7
入口	5.817 1	7.277 7	6.826 6	7.583 6	7.541 3	7.113 8	7.000 8	5.439 1	7.642 3
教堂	5.936 9	7.356 7	7.227 9	7.671 3	7.636 9	7.697 3	7.433 0	6.335 6	7.876 8

表 3-5 不同算法增强结果的 EF 值定量比较

场景	EF值								
	HE 算法	BPDHE 算法	MSR 算法	MSRCR 算法	NPEA 算法	AGCWD 算法	Kanmani 算法	Al-Ameen 算法	本章提出算法
女孩 1	2.475 4	1.633 3	2.547 1	2.532 4	2.087 4	1.902 1	2.165 4	2.208 1	2.311 1
悬崖	2.274 5	2.074 4	2.040 2	2.109 9	2.157 1	1.87 8	1.967 2	2.043 4	2.399 5
女孩 2	1.913 2	1.568 5	1.664 9	1.550 8	1.889 7	1.821 8	1.557 6	1.687 7	1.973 0
窗户	1.824 6	1.571 9	1.610 9	1.593 4	1.729 0	1.699 0	1.596 6	1.462 1	1.894 2
游行	2.725 9	2.495 8	2.404 6	2.373 6	2.661 8	2.634 1	2.419 8	2.521 4	2.880 8
街道	1.949 5	1.810 0	1.821 1	1.769 2	1.844 5	1.996 6	1739 0	1.634 0	2.079 5
小路	2.250 1	2.297 3	1.787 6	1.793 9	2.114 5	2.221 3	1.948 0	1.548 2	2.515 0
建筑	2.515 5	2.377 2	2.349 7	2.340 0	2.476 4	2.321 1	2.289 1	2.310 7	2.558 8
入口	2.358 1	2.389 1	2.211 1	2.232 2	2.586 4	1.711 7	1.891 2	2.053 1	2.661 4
教堂	2.187 1	1.834 2	2.235 1	2.251 0	2.060 3	1.972 4	1.915 5	2.054 7	2.387 9

表 3-6 不同算法增强结果的 MG 的定量比较

场景	MG								
	HE 算法	BPDHE 算法	MSR 算法	MSRCR 算法	NPEA 算法	AGCWD 算法	Kanmani 算法	Al-Ameen 算法	本章提出算法
女孩 1	4.989 1	3.980 1	3.783 8	3.778 1	4.629 3	4.539 4	2.321 6	4.824 9	6.089 3
悬崖	5.877 6	4.426 0	3.843 1	3.930 6	5.050 3	4.908 3	3.851 6	5.610 7	5.617 5
女孩 2	5.059 3	2.843 1	3.035 9	3.028 2	3.981 8	4.185 2	2.117 4	4.320 1	5.082 0
窗户	5.037 8	4.122 2	3.694 7	3.603 2	4.560 8	4.940 3	3.431 6	4.422 4	5.871 5
游行	7.083 1	5.910 4	3.976 5	4.190 9	6.318 0	6.492 8	3.763 8	5.631 6	8.343 1
街道	10.833 8	8.117 5	3.901 5	3.903 8	6.421 1	9.166 8	3.945 5	5.070 5	12.132 8
小路	8.036 2	5.408 1	3.528 2	3.529 7	5.982 1	6.788 6	4.324 8	4.599 4	10.729 7
建筑	11.838 9	7.085 4	6.811 2	7.241 9	8.180 2	9.637 5	6.605 2	10.728 9	13.520 0
入口	7.416 6	6.135 2	7.211 5	6.918 5	6.923 2	5.215 5	5.278 8	7.559 2	8.084 4
教堂	11.040 4	8.151 4	9.006 6	8.983 9	9.098 6	9.628 0	6.648 6	10.383 7	11.906 5

如表 3-4 所示，本章提出算法的熵值在九幅图像中排名第一，在一幅图像中排名第二，平均排名第一。熵值最大的情况是图像中每个像素的灰度值不同。在本章提出算法的增强结果中，图像女孩 1 窗口部分的灰度值分布变化不大，因此图像的熵值相对低于 MSRCR 算法的。但是，在十幅图像的熵指标综合比较中，本章提出算法仍然是最好的。结果表明，与其他算法相比，用该算法增强的图像的细节更加丰富。如表 3-5 所示，在十幅测试图像的定量指标中，除了个别非最优外，本章提出算法的 EF 值均为最优的，这充分说明经过该算法处理的图像可以呈现出更多的图像细节，其对比度更高，增强效果最好。表 3-6 给出了 MG 的定量评估结果。由表 3-6 可以看到，在清晰度的对比中，本章提出算法的 MG 在九幅图像中排名第一，在悬崖图像中的排名仅次于 HE 算法的，整体排名第一，这表明 HE 算法和本章提出算法可以显著提高图像的清晰度。虽然 HE 算法的 EF 值部分高于该算法的，但其熵值较低。此外，从主观评估结果可以看出，HE 算法在高亮度区域存在过度增强和色彩失真的问题，因此 HE 算法的高清晰度是基于过度增强的，HE 算法无法与本章提出算法进行比较。

上述指标的对比结果表明，本章提出算法对真实低照度彩色图像有更好的增强效果。用该算法增强后的图像具有更高的对比度和更丰富的细节。此外，该算法在保持增强结果的自然性的同时，对光照不均匀情况下的低照度彩色图像的亮度有更好的提升能力。从图 3-11 中各输入测试图像与相应增强图像直方图的强度值分布的差异可以看出，增强图像的强度值变化更大。图 3-12 显示了本章提出算法寻找每个测试图像的适应度值的迭代过程。图 3-12 验证了该算法的稳定性。综上所述，该算法可以在低照度彩色图像增强中实现更好的亮度提升和对比度增强，增强后的图像的细节丰富、对比度高。

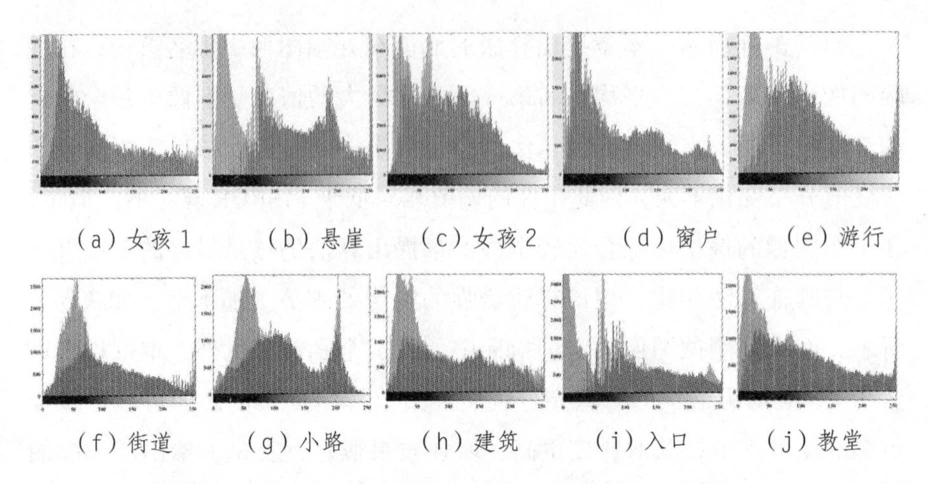

（a）女孩 1　（b）悬崖　（c）女孩 2　（d）窗户　（e）游行

（f）街道　（g）小路　（h）建筑　（i）入口　（j）教堂

图 3-11　不同测试图像与相应增强图像的直方图的差异

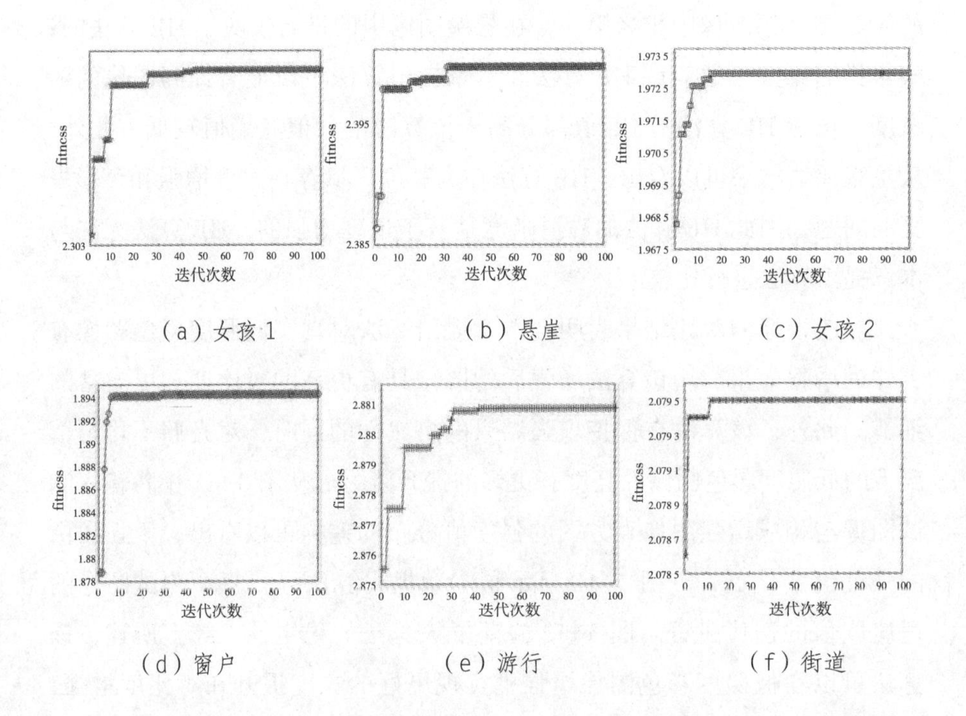

（a）女孩 1　（b）悬崖　（c）女孩 2

（d）窗户　（e）游行　（f）街道

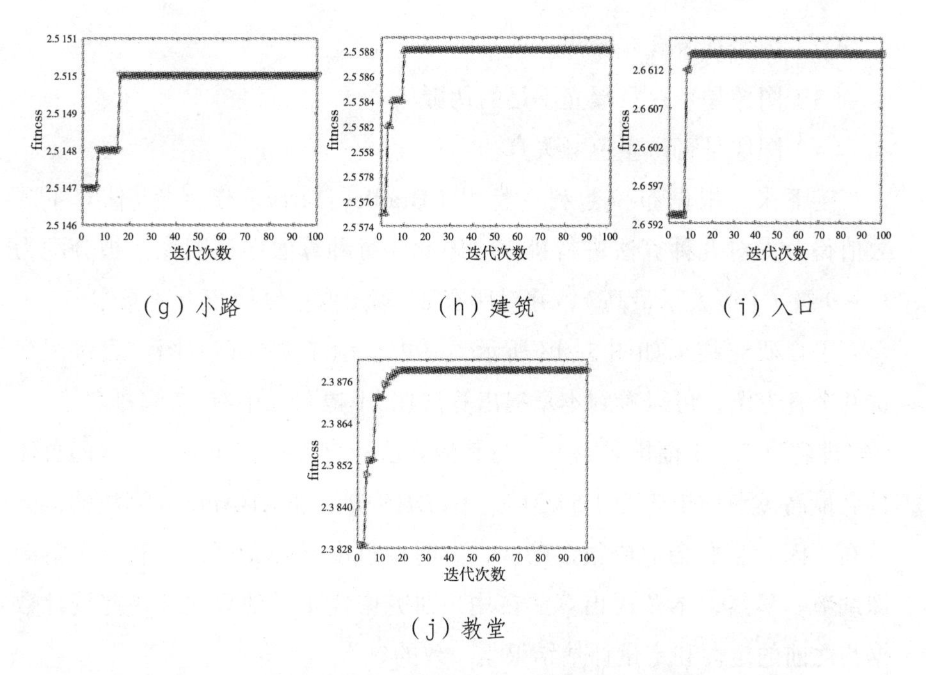

图 3-12　本章提出算法寻找每个测试图像的适应度值的迭代过程

3.4.4　用户研究

图像增强结果定性评估也可以通过人们的评测来验证。本章通过用户研究，比较了本章提出算法与 HE 算法、BPDHE 算法、MSR 算法、MSRCR 算法、NPEA 算法、AGCWD 算法，以及 Kanmani 等提出算法和 Al-Ameen 提出算法的性能。从所有的测试图像中选择了 21 幅图像，并邀请了 26 名参与者参与问卷评测，其中包含 13 名女性和 13 名男性，年龄均在 21 ～ 30 岁，他们大多数是学生，他们的视力都很正常。要求 26 名参与者以成对方式独立比较 9 个输出结果。具体而言，每次向一名参与者展示从 9 个输出结果中随机抽取的一对图像，要求参与者评价该对图像中哪一幅增强效果更好，并以原始图像为参考进行比较。参与者在评价时需要考虑以下标准。

（1）图像是否被过度增强。

（2）图像是否含有噪声。

（3）图像是否存在曝光不足的伪影。

（4）图像是否产生色彩失真。

接下来，根据布拉德利 – 特里（Bradley-Terry）模型[107]估算主观数值得分，对九种算法进行排序。因此，每种算法在该图像上被分配为1～9级（1级表示最高），并对所有21幅图像重复执行上述操作。

用户研究结果如图3–13所示，其中显示了9个直方图。通过观察这9个直方图，可以看到本章提出算法在21幅图像中有12幅排名第一、6幅排名第二、3幅排名第三。与其他算法的直方图相比，该算法的总体排名最高（平均排名为1.57/21）。BPDHE算法和Al-Ameen算法的得分不高，因为它们会造成很多暗区，有时会过度增强亮区，不利于观察图像细节。显然，本章提出算法在用户研究中优于其他算法，这些统计数据与之前的定性和定量评估结果是一致的。

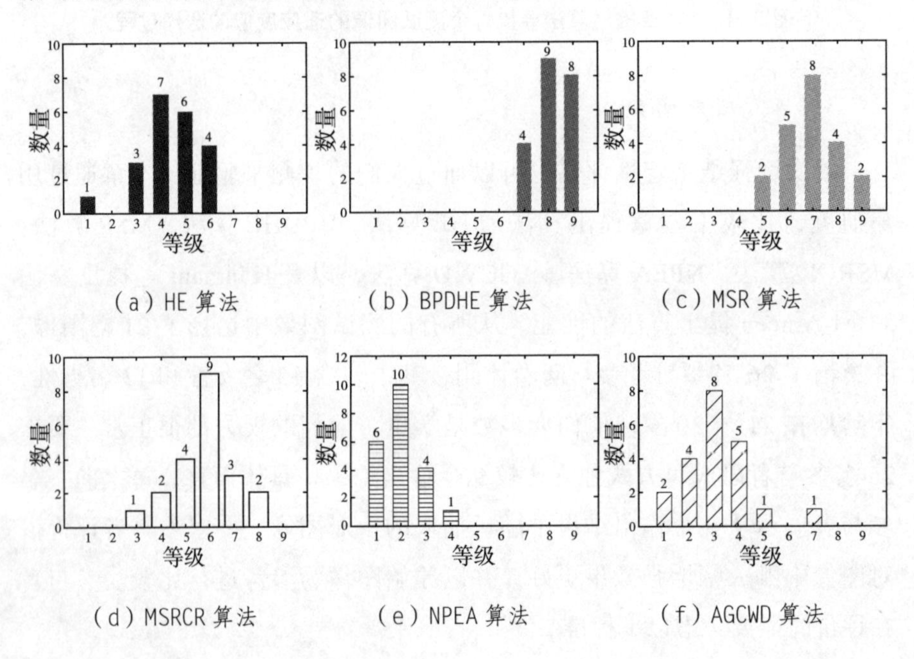

（a）HE 算法　（b）BPDHE 算法　（c）MSR 算法

（d）MSRCR 算法　（e）NPEA 算法　（f）AGCWD 算法

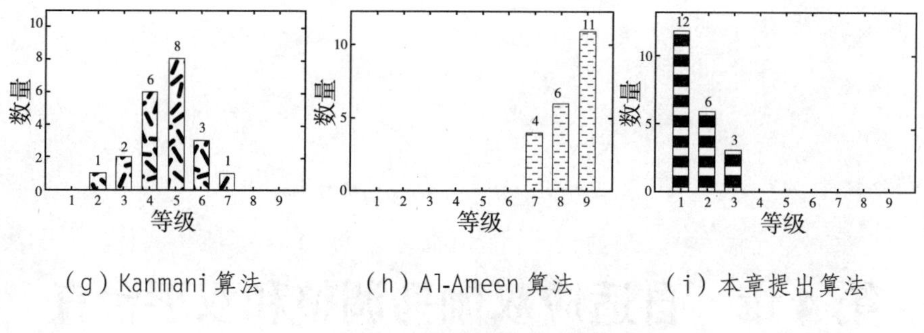

（g）Kanmani 算法　　（h）Al-Ameen 算法　　（i）本章提出算法

图 3-13　用户研究结果

3.5　本章小结

为了解决低照度彩色图像对比度低的问题，本章提出了一种结合伽马校正的 ACPSO 算法来迭代寻找全局亮度校正的最佳图像。同时，本章采用改进的自适应非线性拉伸函数来提高图像的饱和度。实验结果表明，该算法经人眼观察具有明显的优势，用它增强后的图像的清晰度高，增强结果自然。将本章提出算法与 HE 算法、BPDHE 算法、MSR 算法、MSRCR 算法、NPEA 算法、AGCWD 算法、Kanmani 算法和 Al-Ameen 算法进行比较，本章提出算法具有更好的性能，有效改善了低照度彩色图像亮度和对比度低、饱和度低、图像细节不清晰等问题。

第4章　自适应双伽马调整和双平台直方图均衡的矿井图像增强

4.1　引言

长期以来，煤矿安全生产的监管工作都非常重要，但近年来，煤矿事故频发。每一起煤矿事故都意味着一定程度的人员伤亡和财产损失。造成这些事故的原因是多方面的，其中之一就是煤矿环境管理措施使用不当。因此，当环境条件发生变化时，相关工作人员无法从视频监控系统捕捉到的图像中及时、正确地评估和发现危险，并迅速向现场报告情况，最终导致灾难的发生[108]。所以，在煤矿生产中，有必要对来自煤矿的图像进行增强，以提高这些图像的视觉效果和图像质量。

图像增强是指需要突出显示特定图像中的一些信息，并削弱或消除一些不必要的信息的处理方法，其目的是提高图像的对比度、亮度和细节，以更好地表达图像的视觉信息[109]。

近年来，研究人员开发了各种元启发式算法，主要是进化算法，用于图像增强领域，如粒子群优化（PSO）算法[28]、遗传算法（GA）[30]、布谷鸟搜索（CS）算法[31, 110]、模拟退火（SA）算法[32]等。在所有的元启发式算法中，CS算法因其结构简单、全局寻优能力强、耗时短而受

到学者的关注[39]。此外，CS 算法中的参数数量远少于 PSO、GA 和 SA 算法，因此适用于大量的优化问题。于是，人们可以考虑采用 CS 算法对传统转换函数的参数进行优化。

针对光照不均匀、灰度和对比度低、饱和度低的矿井图像，以及现有图像增强算法对暗区细节增强效果差、局部较亮区域增强过度的问题，本章提出了一种新的低质量矿井图像自适应增强算法。首先，将 RGB 色彩空间的原始矿井图像转换到 HSV 色彩空间。其次，为了提高矿井图像的亮度和对比度，将双平台直方图均衡化与双侧伽马调整函数相结合，以提高矿井图像的整体质量。不同的 α、β 和 γ 参数值会对转换函数增强后的图像产生很大的影响，因此，为了提高所提算法的稳定性，本章采用 CS 算法[110] 对参数 α、β 和 γ 进行了优化，并提出了新的转换函数。同时，为了更好地衡量 CS 算法的性能，本章将熵、亮度差和灰度标准方差三个因素引入能全面反映图像信息的目标评价函数中。评价函数是评价增强图像质量的关键，它指导 CS 算法的搜索运动，决定图像增强的最终效果。最后，针对矿井图像颜色信息不足的问题，本章提出了一种自适应拉伸函数，对 HSV 色彩空间的 S 分量进行了拉伸，提高了图像饱和度。

4.2　布谷鸟搜索算法

2009 年，Yang 等[110] 基于布谷鸟的寄生繁殖行为开发了 CS 算法。CS 算法主要模拟寄生布谷鸟的筑巢和某些鸟类的飞行机制[111]，以有效解决优化问题。布谷鸟依靠其他宿主的巢来产卵。寄主鸟把这些蛋当成自己的蛋，如果寄主鸟认出了外来的蛋，要么扔掉这些蛋，要么离开巢，在新的位置重新筑巢。假设每个巢中都有一个鸟蛋，每个鸟蛋代表一个解决方案，新的解决方案由鸟蛋代表。CS 算法的基本目标是通过随机行走的方法找到孵卵的最佳巢。要考虑形成布谷鸟搜索理论的三个理想化规则。

（1）每只布谷鸟一次下一个蛋，然后把它放在一个随机选择的巢里。

（2）在随机选择的一组巢中，那些有优质蛋的巢将被传递给下一代。

（3）可用寄主巢的数量固定，布谷鸟产下的蛋被寄主鸟发现的概率为 $P_a \in [0,1]$。

基于以上三条理想化规则，布谷鸟优化搜索使用式（4-1）更新下一代巢的位置：

$$x_i^{t+1} = x_i^t + \alpha \otimes \text{Levy}(\lambda)(i = 1, 2, \cdots, n) \tag{4-1}$$

式中：x_i^t 表示第 t 代中的第 i 个巢位；$\otimes$ 表示点对点乘法；α 表示步长因子，用于控制步长，其值通常设为 1；$\text{Levy}(\lambda)$ 是服从参数 λ 的 Levy 飞行生成的随机搜索路径，其移动步长服从 Levy 的稳定分布：

$$\text{Levy} \sim \mu = t^{-\lambda}, 1 < \lambda \leqslant 3 \tag{4-2}$$

式中：μ 服从正态分布；λ 为功率系数。由式（4-2）可以看出，CS 算法的寻优路径由两部分组成，即频繁的短跳跃和偶尔的长跳跃，这种寻优方式可以使算法更容易跳出局部最优。

4.3 亮度和饱和度增强

本章的主要工作是考虑矿井图像的特点，通过对 HSV 色彩空间分量的处理来提高图像的对比度、亮度和饱和度。为了有效调节图像的亮度和对比度，达到最佳的增强效果，本章提出了一种基于双平台直方图均衡化的双侧伽马校正函数的转换函数。该算法利用 CS 算法选择的新转换函数的自适应参数校正因子来改善熵值，增强矿井图像的细节。CS 算法将图像的平均亮度集成到评价函数中。为了解决提升图像整体亮度和对比度同时抑制局部亮区灰度值的问题，本章采用图像熵、灰度标准差和亮度差信息作为各巢的目标函数，对矿井图像增强效果进行评价。此外，本章使用改进的自适应拉伸函数来提高图像的饱和度。图 4-1 展示了本章提出算法的流程图。下一节将详细描述本章提出算法的具体实施步骤。

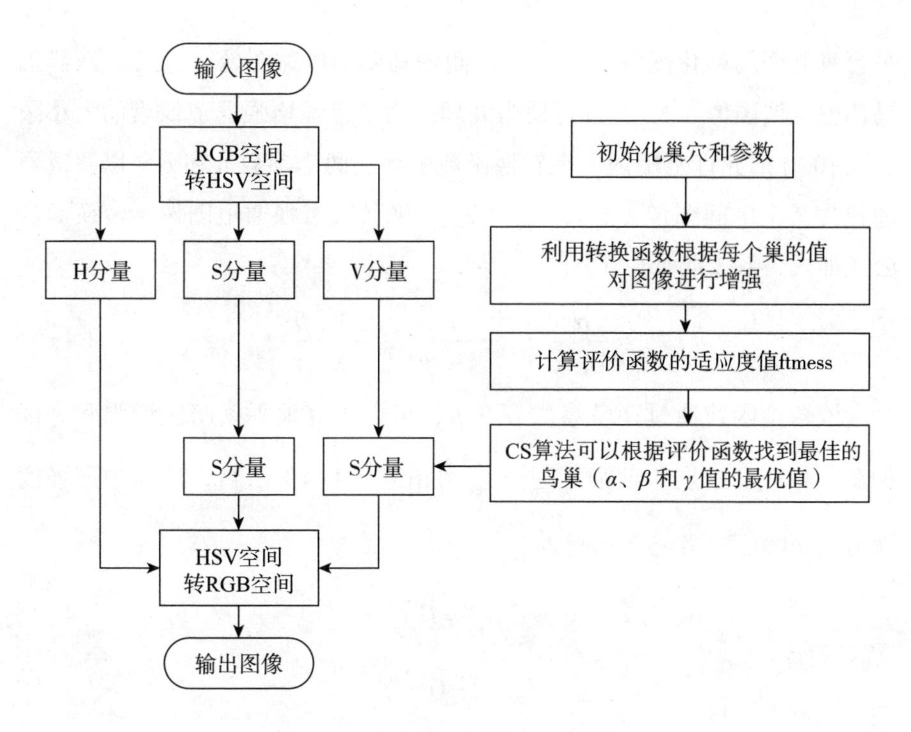

图 4-1　本章提出算法的流程图

4.3.1　转换函数

双侧伽马调整（BiGA）算法[79]可以有效提高图像的整体亮度，防止过度增强。然而，图像的灰度值通常被限制在一个相对狭窄的范围内，使对比度大大降低，并且容易使图像的一些详细信息丢失。双平台直方图均衡（DPHE）算法[68]可以实现对比度增强，同时消除过度增强。因此，DPHE 算法适用于灰度值的自适应重分配或扩展。因此，在综合考虑这些问题的基础上，本章结合 BiGA 算法和 DPHE 算法的优点，提出了一种新的转换函数，它通过适当的评价函数来提高矿井图像的整体质量。在这里，双侧伽马调整以分段的方式进行，将输入图像分别转换为压缩图像和扩展图像，适当地利用参数值可以得到两个中间图像。然后，结合经双平台直方图均衡化处理得到的中间图像，采用加权和对全局双平台直方图均衡化图像（I_{he}）、双侧伽马调整压缩图像（I_{gc}）、双侧伽马调整扩展图像（I_{ge}）进行适当处理。为了保证增强通道像素的大小限制在 [0,1] 的允许范围内，在转换函数中增加两个参数 α 和 β，以便适当地包含三个中间图像（I_{he}、I_{gc} 和 I_{ge}）来获得增强通道图像。转换函数公式如式（4-3）所示。

$$I_{en}=\frac{\alpha}{1+\alpha}\cdot I_{he}+\frac{\beta}{1+\alpha}\cdot I_{ge}-\frac{1-\beta}{1+\alpha}\cdot I_{gc} \tag{4-3}$$

该转换函数通过调整参数 α 和 β，可以更好地平衡暗区增强和亮区抑制。相应的扩展中期强度通道 I_{ge} 可由式（4-4）求得，压缩中期强度通道 I_{gc} 可由式（4-5）求得。

$$I_{ge}=l^{\gamma} \tag{4-4}$$

$$I_{gc}=1-(1-l)^{\gamma} \tag{4-5}$$

式中：l 为原始 V 通道图像的灰度值；γ 为参数变量，可以控制 V 通道图像的增强程度；I_{ge} 是增强暗区的凸函数；I_{gc} 是一个凹函数，用于抑制图像的明亮区域。然后，通过对 I_{he}、I_{ge} 和 I_{gc} 的加权平均得到新的转换函数。参数 α、β 和 γ 决定了图像增强的质量。

在式（4-3）中，可以采用双平台直方图均衡化对第三个中期强度通道进行评估。双平台直方图均衡化是对直方图的修改，通过选择两个合适的平台阈值 T_1 和 T_2（其中 $T_1>T_2$）分别作为上平台和下平台来修改统计直方图。HSV 色彩空间 V 分量的双平台直方图均衡化的具体步骤如下。

（1）修改统计直方图，公式如下：

$$H(r_k)=\begin{cases}T_1 & (h(r_k)\geqslant T_1)\\ h(r_k) & (T_2<h(r_k)<T_1)\\ T_2 & (h(r_k)\leqslant T_2)\end{cases}\quad (k=0,1,\cdots,L-1) \tag{4-6}$$

式中：$H(r_k)$ 为图像的双平台直方图值；$h(r_k)$ 为图像的统计直方图值，即在 HSV 色彩空间中的 V 通道图像的每个灰度级的像素数；r_k 为第 k 个灰度值；L 为图像的灰度；T_1 为上平台；T_2 为下平台。

（2）由修改后的统计直方图值得到图像的累积直方图值 $F(r_k)$。$F(r_k)$ 由式（4-7）计算：

$$F(r_k)=\sum_{j=0}^{k}H(r_k)\ \ (k=0,1,\cdots,L-1) \tag{4-7}$$

（3）通过累积直方图对图像的灰度级进行调整，得到一个均匀的灰度值 $D(r_k)$：

$$D(r_k)=[(L-1)F(r_k)/F(r_{L-1})] \tag{4-8}$$

式中：[ ] 表示四舍五入。

（4）统计双平台直方图均衡化后的灰度级个数：

$$M_0=0,M_k=\begin{cases}M_{k-1} & (D_k=D_{k-1})\\ M_{k-1}+1 & (D_k\neq D_{k-1})\end{cases}\ (k=0,1,\cdots,L-1) \tag{4-9}$$

式中：M_{k-1} 是经过双平台直方图均衡化后的图像的实际有效灰度。

（5）进行直方图灰度空间均衡处理，得到增强后的 V 通道图像 I_{he}。变换函数 [29] 如式（4-10）所示：

$$V_k=\left[M_k\cdot\frac{L-1}{M_{k-1}}\right](k=0,1,\cdots,L-1) \tag{4-10}$$

式中：V_k 为等间隔排列灰度后的第 k 级灰度值。

在使用转换函数对 V 通道图像进行处理之前，本章使用式（4-11）对 V 通道图像进行归一化处理，使图像的灰度值调整为 0 ～ 1。接下来，利用式（4-12）对图像进行增强。最后，利用式（4-13）对转换函数处理后的图像进行反归一化处理。

$$I_1(x,y)=I(x,y)/256 \tag{4-11}$$

$$I_2(x,y)=I_{en}(I_1(x,y)) \tag{4-12}$$

$$I(x,y)=I_2(x,y)*256 \tag{4-13}$$

4.3.2 评价函数

由于原始矿井图像存在对比度差、整体灰度值低、纹理细节模糊等问题，人眼很难观察到感兴趣区域的细节。因此，在使用CS算法对矿井图像进行增强时，一个效果好的图像应该包含尽可能多的信息，且亮度要适中、对比度要高。因此，为了兼顾结果图像的三个方面，本章设计了一个能更全面反映图像信息的评价函数，并采用了熵值、亮度差和灰度标准方差增强图像。评价函数决定了CS算法中个体寻优进化的能力，评价函数的适应度值越高，结果图像的视觉效果越好。CS算法可以根据适应度函数找到最优参数α、β和γ。本章提出的评价函数的具体计算过程如图4–2所示。

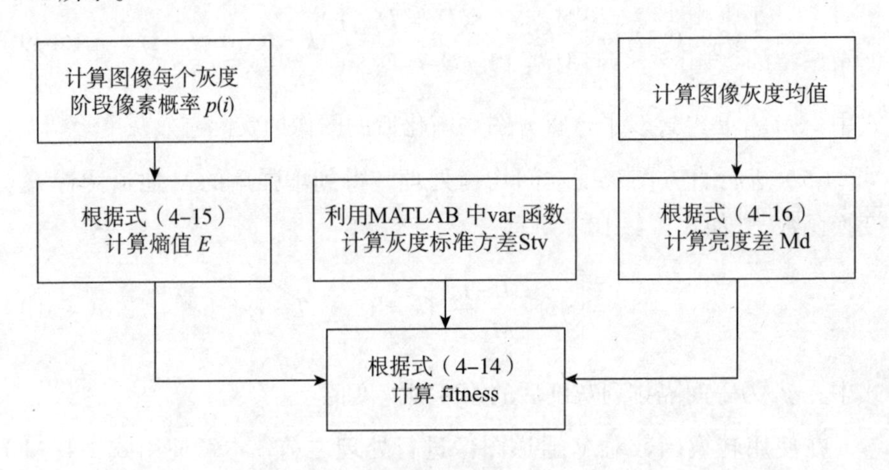

图 4–2　评价函数的具体计算过程图

本章利用帕累托（Pareto）最优原理将熵值E、亮度差Md和灰度标准方差Stv三个目标函数综合为一个线性函数[81]，提出了评价函数适应

度值的如下表达式：

$$\text{fitness} = \alpha_1 \cdot E + \alpha_2 \cdot \text{Stv} + \alpha_3 \cdot \text{Md} \tag{4-14}$$

式中: fitness 是巢的适应度值； α_1、α_2 和 α_3 为评价函数的参数值，可以反映目标函数的相对重要性，这里考虑三个目标函数 E、Md 和 Stv 具有相同的重要性，设 $\alpha_1 = \alpha_2 = \alpha_3 = 1/3$。

式（4−14）中的熵值 E 是图像所含信息量的反映，表示图像灰度分布的聚集特征。熵值的定义由式（4−15）给出。

$$E = -\sum_{k=0}^{255} p(k) \times \log_2 \left[p(k) \right] \tag{4-15}$$

式中：$p(k)$ 为增强图像中出现某一灰度值（k）的概率。

在式（4−14）中，灰度标准方差 Stv 可以反映被测图像的对比度。一般来说，Stv 值越高，被测图像的对比度增强效果越好。

图像的平均亮度越高，图像越亮。若图像的平均亮度适中（在 128 左右），则被测图像的视觉效果不错[87]。如图 4−3 所示，通过改变双侧伽马调整的控制因子，可以得到大量具有不同平均亮度值的图像。由于篇幅限制，此处选择了三幅具有代表性的图像进行放大展示。从图 4−3 可以看出，图像的平均亮度值过高或过低，都会影响图像的视觉效果（细节不清晰）。当平均亮度值约为 128 时，图像的视觉效果较好。因此，本章设计了亮度差 Md 来评价增强图像的质量。在式（4−14）中，Md 为增强图像的平均亮度与 128 之间的差值。其计算公式如式（4−16）所示。

$$\text{Md} = -\left| \frac{\sum_{j=0}^{M-1} \sum_{i=0}^{N-1} u(i,j)}{MN} - 128 \right| \tag{4-16}$$

式中: M 为图像高度; N 为图像宽度; MN 为增强图像的大小； $u(i,j)$ 为

增强图像第 i 行、第 j 列像素的灰度值。

图 4–3 图像不同平均亮度值的对比

4.3.3 饱和度增强

饱和度反映颜色的强度，对于同一种颜色，饱和度值越高，颜色越浓、越亮。由于井下光照条件较差，获得的原始矿井图像较暗，饱和度较低。在 HSV 色彩空间中，色调分量 H、饱和度分量 S 和亮度分量 V 是独立存在的。仅对输入图像的 V 通道图像进行处理，并不能丰富图像的色彩信息，因此有必要对这类图像进行色彩增强。需要注意的是，饱和度值适中，图像视觉效果会变得更加生动。但是，如果饱和度值过高，那么可能发生颜色溢出情况。在文献 [104] 中，作者构造了一个调节饱和度的函数。如果用这个函数来提高矿井图像的饱和度，就会出现颜色过饱和的问题，增强结果也不自然。因此，根据本章处理的矿井图像的特点，经过大量的实验，本章对上面的饱和度调节函数进行了改进。改进的自适应非线性拉伸函数计算公式如式（4–17）所示。采用改进的自适应非线性拉伸函数对 HSV 色彩空间中的 S 通道图像进行处理，提高了图像的饱和度。

$$S' = \left[\frac{1}{2} + \frac{1}{10}\frac{\max(R,G,B) + \min(R,G,B) + 1}{2\mathrm{Mean}(R,G,B) + 1}\right]S \tag{4–17}$$

式中：S 为原始 S 通道图像的饱和度；S' 为增强后 S 通道图像的饱和度；$\mathrm{Mean}(R,G,B)$、$\max(R,G,B)$ 和 $\min(R,G,B)$ 分别为 RGB 色彩空间中 R、G、B 色彩分量的平均值、最大值和最小值。

图 4-4 为采用文献 [104] 中算法和本章提出算法（式（4-17））处理 HSV 色彩空间中饱和度分量 S 前后的效果对比。由图 4-4 可以看到，原始矿井图像缺乏颜色信息。采用文献 [104] 中算法对矿井图像 S 分量进行处理，会造成图像过饱和的问题。利用改进的非线性拉伸函数对 HSV 色彩空间中 S 通道的饱和度进行调整后，图像的饱和度明显提高了，图像更加逼真了。

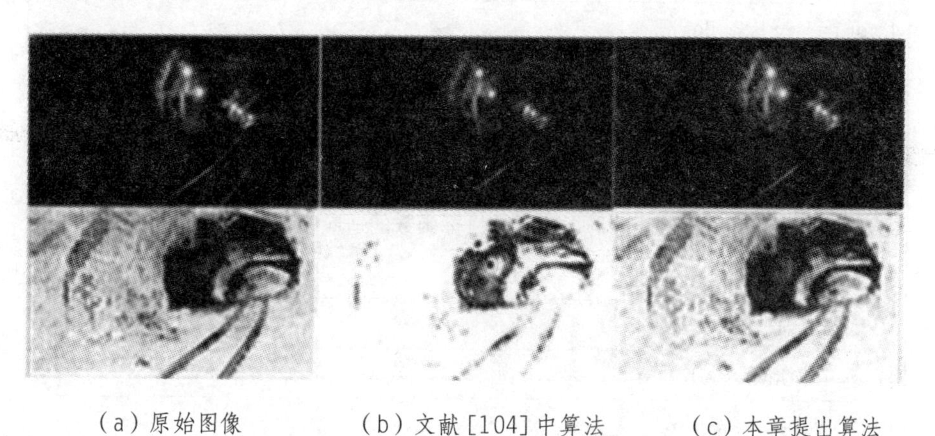

（a）原始图像　　（b）文献 [104] 中算法　　（c）本章提出算法

图 4-4　用不同算法处理饱和度分量 S 的影响

4.3.4　基于布谷鸟搜索的图像增强

本章提出算法是基于 HSV 色彩空间的。首先，将 RGB 色彩空间的原始矿井图像转换到 HSV 色彩空间。为了提高矿井图像的亮度和对比度，将 CS 算法与 4.3.1 节提出的转换函数相结合，对 HSV 色彩空间中的 V 通道图像进行处理，并利用本章提出的 CS 算法对转换函数中的参数（α、β 和 γ）的值进行优化。同时，利用改进的自适应非线性拉伸函数增强 HSV 色彩空间 S 通道的饱和度。然后，将处理后的 HSV 色彩空间的图像转换回 RGB 色彩空间，得到增强后的彩色图像。鸟巢值的集合（α、β和γ值）被定义为粒子的集合。本章提出算法的具体步骤如表 4-1 所示。

表 4-1　本章提出算法的具体步骤

1. 输入：一幅矿井图像 I
2. 将 RGB 色彩空间图像 I 转换到 HSV 色彩空间
3. 初始化种群和参数。初始化其对应的一个宿主可以发现一个异卵的概率 P_a，迭代次数 t_{max}，鸟巢的个数 N，每个鸟巢的位置 x，每个宿主的巢 α、β 和 γ 等
4. for i =1 → t_{max} do
5. for j=1 → N do
6. 利用式（4-3）对 HSV 色彩空间中的 V 通道图像进行处理，得到增强图像
7: 利用式（4-14）计算目标评价函数适应度值
8. 通过 Lévy 飞行更新种群，评价其目标函数的适应度
9. end for
10. for i =1 → t_{max} do
11. if($fitness_q > fitness_p$)
12: 用新解替换 p
13. end if
14. end for
15. 一小部分（P_a）较差的巢被抛弃，并建造新的巢
16. 得到包含 α_g、β_g 和 γ_g 值的全局最优解 g
17. end for
18. 通过应用最优的 α、β 和 γ 值 g，利用式（4-3）得到最终的增强 V 通道图像
19. 利用式（4-17）增强 HSV 色彩空间 S 通道的饱和度
20. 将处理后的 HSV 色彩空间的图像转换回 RGB 色彩空间
21. 输出：最终增强的矿井图像 O

在 CS 算法中，参数 P_a 代表外来鸟蛋被宿主发现的概率。参数 P_a 控制局部随机搜索和全局随机搜索的平衡，发现概率 P_a 通常设置为 0.75[112]。本章也将发现概率 P_a 设为 0.75。参数 t_{max} 表示最大迭代次数，t_{max} 的值越大，CS 算法越容易跳出局部最优，但消耗的资源也越多。一般来说，CS 算法大约在迭代 50 次后达到稳定状态。在本章中，最大迭代次数 t_{max} 设置为 100。种群规模 20 ～ 40 是优化问题的最优规模 [113]，因此，为了避免所提算法过早收敛，本章中种群大小 N 设置为 30。D 表示解的维数。CS 算法的目标是找到最优参数 α、β 和 γ，因此，D 设为 3。参数 α 的取值范围为 [0,4]，参数 β 和 γ 的取值范围为 [0,1]。

4.4　实验结果与分析

为合理评价本章提出算法，使用操作系统为 Windows10、内存为 4.0 GB、CPU 为 Core（TM）i5 的计算机进行实验，对矿井图像在 MATLAB R2019a 上进行增强处理。

为合理评价本章提出算法，选取有代表性的直方图均衡（HE）算法、自适应对比度增强（ACE）算法 [114]、多尺度 Retinex（MSR）算法 [4]、带色彩恢复的多尺度 Retinex（MSRCR）算法 [5]、具有色度保存的多尺度 Retinex（multi-scale Retinex with chromacity preservation, MSRCP）算法 [115]、文献 [28] 提出算法、文献 [24] 提出算法与本章提出算法进行对比，文献 [114] 中参数 α 值设置为 5，其他对比算法参数与原始文章参数设置一致。在此基础上，从定性评价和定量评价两个方面对这些不同的图像增强算法进行比较分析。

4.4.1　定性评价

在实验中，将所提算法应用于不同场景下的矿井图像。由于篇幅限制，此处只展示了九幅具有代表性的测试图像及其实验结果。几种算法的图像增强结果如图 4-5 所示。

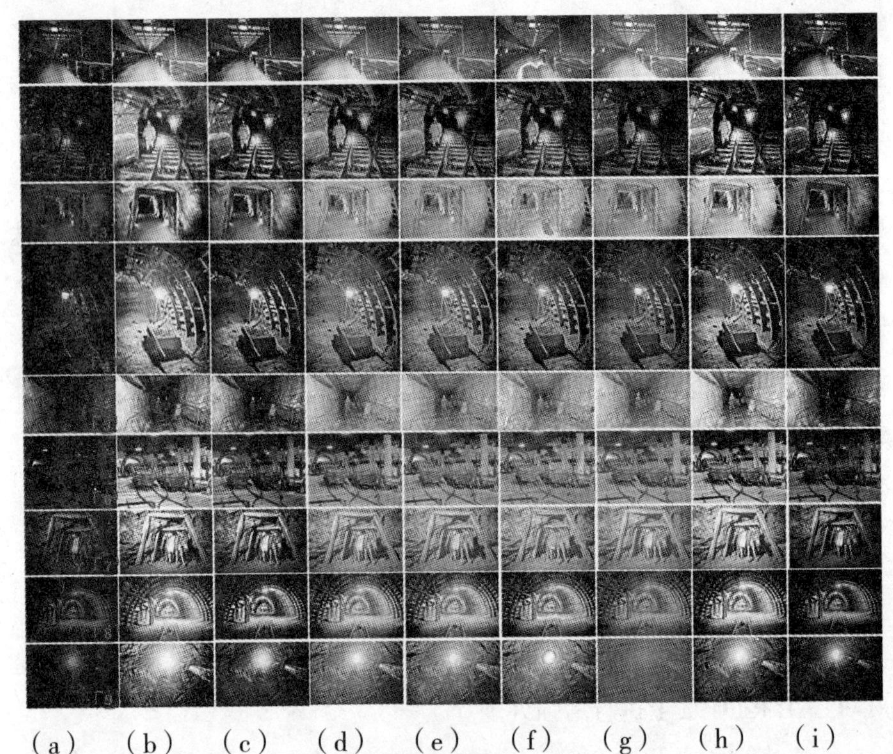

(a) 原始图像　(b) HE 算法　(c) ACE 算法　(d) MSR 算法　(e) MSRCR 算法　(f) MSRCP 算法　(g) 文献[28]　(h) 文献[24]　(i) 本章提出算法

图 4–5　几种算法的图像增强结果

图 4–5（a）为原始图像。从原始图像中可以看出，由于光线不足，矿井图像中黑暗部分的细节和颜色信息被隐藏了，所有人和建筑物的背光信息都无法被清晰地观察到。因此，提高矿井图像的对比度、饱和度和亮度是十分必要的。图 4–5（b）为 HE 算法的增强结果，从 HE 算法的增强结果可以看出，图像的整体亮度和对比度都有了明显的提高。然而，HE 算法存在对较亮的局部区域过度增强和放大的现象，这对图像中光源周围区域的观察产生了有害的影响。此外，增强图像的颜色与原始图像的颜色有明显差异，图像失真明显，因此生成的图像视觉效果较差。图 4–5（c）为由 ACE 算法得到的增强图像，从增强图像中可以看出，ACE 算法对亮区的抑制效果较好，但增强图像与原始图像的颜色信

息仍然存在偏差，并且由 ACE 算法得到的图像纹理不够清晰。图 4-5（d）、图 4-5（e）、图 4-5（f）分别显示了使用 MSR 算法、MSRCR 算法、MSRCP 算法对矿井图像进行增强的结果。原始图像经过 MSR 算法、MSRCR 算法和 MSRCP 算法处理后，整体亮度明显提高了，但图像对比度极低，特别是经过 MSR 算法处理后，图像呈现灰度化，视觉效果不清晰。经过 MSRCR 算法和 MSRCP 算法处理后，图像颜色失真严重。例如，测试图像 1 和测试图像 5 经过 MSRCR 算法处理后的整体色调为蓝色，而测试图像 4 和测试图像 6 经过 MSRCP 算法处理后的整体色调为红色，因此增强结果不自然。从图 4-5（g）中可以看出，采用文献 [28] 提出算法处理后的增强图像的整体亮度得到了明显提高，但图像对比度很低，增强效果不自然。图 4-5（h）为由文献 [24] 提出算法得到的增强图像。从图 4-5（h）中可以看出，图像的整体亮度得到了有效的提高，但明亮区域增强过度，明显改变了原始图像的结构信息。图 4-5（i）是由本章提出算法得到的增强图像。从图 4-5（i）中可以看出，用该算法增强后的图像具有细节清晰、对比度高、色彩鲜艳的特点，在亮度提高的同时，图像的颜色信息得到了明显改善，并且没有颜色失真，物体的边界明显，可以清晰区分不同场景的细节。因此，由本章提出算法得到的图像的结构信息与原始图像的最接近，其图像增强效果最好。

4.4.2　定量评价

为了进一步验证本章提出算法的有效性，通过特征相似度指数度量（FSIM）、峰值信噪比（PSNR）、熵值、对比度改善指数（contrast improvement index, CII）四个指标对用本章算法增强后的图像与用其他算法增强后的图像进行对比评价：

FSIM 表示原始输入图像与经过处理的输出图像之间的特征相似度。FSIM 值越大，表示输入图像与输出图像越相似，输出图像的质量越高。反之，处理后的输出图像质量越差 [91]。

PSNR 是衡量图像质量的常用客观评价指标，也是图像增强领域常用的性能指标之一。原始图像与增强图像之间的 PSNR 值越大，表明图像越相似。

熵值用于测量输出图像中细节的丰富程度。图像熵值越高，表示矿井图像中包含的信息量越大，细节越丰富，计算公式如式（4-13）所示。

CII 是一种常规的图像增强测量指标。为了评价本章提出算法的增强效果，此处使用 CII 作为评价指标来衡量对比度的提高程度。

用上述评价指标来评价本章提出算法和其他算法在图像处理上的性能。测试结果如表 4-2 ～表 4-5 所示。

表 4-2　增强图像的 FSIM 定量比较

场景	FSIM							
	HE 算法	ACE 算法	MSR 算法	MSRCR 算法	MSRCP 算法	文献[28]提出算法	文献[24]提出算法	本章提出算法
测试图像 1	0.715 3	0.866 9	0.826 0	0.832 3	0.735 8	0.841 5	0.744 5	0.947 6
测试图像 2	0.639 6	0.741 8	0.626 1	0.640 4	0.661 0	0.786 3	0.640 3	0.827 9
测试图像 3	0.742 6	0.838 9	0.858 4	0.862 6	0.687 3	0.891 5	0.816 6	0.909 4
测试图像 4	0.621 7	0.723 3	0.686 3	0.691 3	0.679 0	0.762 2	0.668 9	0.796 9
测试图像 5	0.760 3	0.849 4	0.845 9	0.842 3	0.768 4	0.883 0	0.745 0	0.900 0
测试图像 6	0.662 3	0.781 5	0.746 3	0.750 9	0.673 7	0.831 6	0.704 1	0.862 8
测试图像 7	0.742 0	0.837 4	0.825 9	0.820 0	0.764 4	0.860 4	0.731 9	0.910 3
测试图像 8	0.717 1	0.810 0	0.692 9	0.693 2	0.693 5	0.721 4	0.687 0	0.916 0
测试图像 9	0.546 0	0.717 7	0.700 2	0.696 7	0.676 4	0.832 2	0.642 5	0.843 3

表 4-3　增强图像的 PSNR 定量比较

场景	PSNR							
	HE 算法	ACE 算法	MSR 算法	MSRCR 算法	MSRCP 算法	文献[28]提出算法	文献[24]提出算法	本章提出算法
测试图像 1	56.863 6	62.161 3	55.857 6	57.770 7	58.138 7	55.262 8	56.965 5	68.266 2
测试图像 2	54.578 6	60.044 5	57.587 7	58.372 9	59.356 9	63.254 4	58.044 8	64.796 3
测试图像 3	57.572 8	59.835 9	54.562 6	55.285 7	54.230 9	55.223 9	53.770 7	62.628 8
测试图像 4	54.738 4	59.912 3	56.182 6	56.415 9	57.910 7	58.535 4	57.312 4	63.025 9
测试图像 5	58.432 5	60.849 0	54.735 6	55.639 5	54.616 3	55.554 0	54.167 9	62.645 2
测试图像 6	55.487 5	59.424 6	55.552 7	55.748 9	55.343 4	55.064 3	55.933 2	63.213 1
测试图像 7	56.960 6	59.755 4	54.858 6	55.194 4	54.670 0	54.700 1	54.845 1	64.710 5
测试图像 8	55.743 7	59.911 0	55.731 9	55.866 2	57.287 2	57.114 1	56.623 1	65.661 0
测试图像 9	54.881 7	60.408 0	54.764 2	54.950 7	54.744 4	55.586 2	57.105 6	64.059 3

表 4-4 增强图像的熵值定量比较

场景	熵值							
	HE 算法	ACE 算法	MSR 算法	MSRCR 算法	MSRCP 算法	文献[28]提出算法	文献[24]提出算法	本章提出算法
测试图像 1	5.947 9	7.287 5	5.315 9	6.286 6	6.520 7	6.729 9	6.062 6	6.762 3
测试图像 2	4.989 6	7.284 8	2.597 3	3.500 7	5.337 9	5.938 8	5.329 5	6.067 0
测试图像 3	5.984 1	7.751 1	6.681 7	7.053 5	6.722 2	6.872 3	6.509 3	7.295 1
测试图像 4	5.678 0	7.446 5	5.063 7	6.158 4	6.204 0	6.718 6	5.765 6	6.881 7
测试图像 5	5.978 8	7.767 4	6.939 7	7.181 4	6.523 9	7.098 9	6.647 8	7.626 1
测试图像 6	5.758 8	7.606 3	6.540 9	7.015 5	6.839 1	7.005 1	6.152 6	7.030 6
测试图像 7	5.969 4	7.750 7	7.093 7	7.363 0	6.765 5	7.101 2	6.562 8	7.425 5
测试图像 8	5.835 8	7.505 7	6.120 7	6.448 3	6.366 3	6.637 6	6.139 9	6.862 7
测试图像 9	5.736 9	7.312 9	6.760 5	6.793 4	6.505 5	5.737 8	5.877 7	6.795 1

表 4-5 增强图像的 CII 定量比较

场景	CII							
	HE 算法	ACE 算法	MSR 算法	MSRCR 算法	MSRCP 算法	文献[28]提出算法	文献[24]提出算法	本章提出算法
测试图像 1	1.130 9	0.690 4	0.313 8	0.304 7	0.559 4	0.208 8	0.604 9	0.865 0
测试图像 2	0.180 3	0.539 5	0.812 6	0.707 4	0.743 4	0.698 9	0.857 4	0.965 9
测试图像 3	1.537 9	0.667 8	0.367 4	0.360 4	0.331 3	0.221 5	0.687 7	0.942 6
测试图像 4	0.458 0	0.566 0	0.532 8	0.526 9	0.662 5	0.396 4	0.806 4	0.923 7
测试图像 5	2.141 2	0.949 1	0.083 8	0.083 9	0.082 3	0.019 8	0.426 6	0.993 3
测试图像 6	0.850 8	0.485 5	0.293 2	0.304 1	0.228 9	0.129 0	0.766 5	0.936 5
测试图像 7	1.121 2	0.775 5	0.218 6	0.220 4	0.173 1	0.047 5	0.625 3	1.034 7
测试图像 8	0.393 4	0.410 0	0.479 2	0.488 6	0.699 6	0.400 2	0.774 6	0.923 9
测试图像 9	1.091 5	0.455 1	0.136 7	0.150 3	0.125 7	0.090 7	0.606 0	0.801 8

如表 4-2 所示，本章提出算法的 FSIM 明显大于其他算法的。结果表明，该算法的增强图像失真较小，增强后的图像与原始图像更接近，增强结果自然。如表 4-3 所示，本章提出算法的 PSNR 要大于其他算法的，说明该算法的增强结果更接近原始图像。然而，HE 算法和 MSR 算法的 PSNR 都很低，这表明 HE 算法和 MSR 算法对噪声的抑制性能很差。从表 4-4 可以看出，ACE 算法和本章提出算法的图像熵值都高于其他算法的。熵值的增加表明增强图像中包含的信息量增加了，从而可以从增强图像中提取更多的信息。如表 4-5 所示，本章提出算法的 CII 在四幅测试图像中排名第一，在其他五幅测试图像中排名第二，仅次于 HE 算法的，这表明 HE 算法和本章提出算法可以显著提高图像的对比度。然而，在非均匀照度图像中，HE 算法存在对较亮局部区域过度增强的通病，导致高亮度区域扩散，影响原始图像的结构信息。不同算法的执行时间如表 4-6 所示。ACE 算法在增

强图像时速度最快。ACE 算法采用两种方式加速计算：①利用斜率函数的多项式将复杂的迭代计算分解为卷积运算；②采用插值强度等级法减少卷积计算量。本章提出算法依赖于个体和种群的迭代寻优过程。因此，与 HE 算法、MSR 算法、MSRCR 算法、MSRCP 算法及文献[24]提出算法等相比，基于本章提出算法的矿井图像增强计算成本更高。当然，计算开销是大多数基于迭代的算法中普遍存在的问题。本章提出算法的平均运行时间明显短于文献[28]的提出算法的，这是因为本章提出算法设置了迭代停止条件。当布谷鸟找到最优参数 α、β 和 γ 时，算法终止计算。

表 4-6　不同算法的执行时间

场景	执行时间/s							
	HE 算法	ACE 算法	MSR 算法	MSRCR 算法	MSRCP 算法	文献[28]提出算法	文献[24]提出算法	本章提出算法
测试图像 1	0.368 8	0.078 2	1.455 7	1.498 3	3.579 7	16.411 6	0.493 7	7.560 1
测试图像 2	0.342 3	0.081 6	1.988 6	2.009 1	3.266 0	8.425 5	0.324 8	4.209 3
测试图像 3	0.468 5	0.065 7	0.803 9	0.816 7	2.253 8	9.799 8	0.385 2	5.662 7
测试图像 4	0.389 6	0.153 4	1.269 5	1.302 7	2.954 0	10.774 7	0.498 3	5.601 1
测试图像 5	0.337 0	0.131 9	1.458 5	1.469 9	3.408 4	12.643 5	0.579 7	6.927 0
测试图像 6	0.405 8	0.085 4	0.896 4	0.902 4	2.882 3	13.040 2	0.553 4	7.391 2
测试图像 7	0.427 3	0.111 0	1.374 0	1.381 3	4.375 8	20.278 3	0.407 3	11.741 1
测试图像 8	0.488 9	0.091 0	1.796 9	1.843 7	4.634 8	17.739 5	0.457 5	10.567 4
测试图像 9	0.399 4	0.088 0	1.189 0	1.204 0	3.831 0	17.745 0	0.598 1	9.988 4

上述指标的对比结果表明，本章提出算法对矿井图像有较好的增强效果，用本章提出算法增强后的图像具有更高的对比度和更丰富的细节。此外，本章提出算法在保持增强图像的自然性的同时，对光照不均匀情况下的低照度彩色图像的亮度有更高的提高能力。此外，本章提出算

法可以提高图像的亮度和对比度，同时防止过度增强和噪声问题。综上所述，该算法在不同矿井场景下都优于其他算法，并取得了更好的增强效果。

4.5 本章小结

为了解决现有图像增强算法对暗部细节增强效果不佳及对较亮局部区域增强过度的问题，本章提出了一种新的低质量矿井图像自适应增强算法。首先，将 RGB 色彩空间的原始图像转换到 HSV 色彩空间；其次，为了提高矿井图像的亮度和对比度，将 BiGA 函数与双平台直方图均衡化相结合，这提高了矿井图像的整体质量。本章提出的转换函数参数的不同取值对增强后的图像有很大的影响。因此，为了提高本章提出算法的稳定性，采用 CS 算法对转换函数中的参数进行优化。最后，针对矿井图像颜色信息匮乏的问题，本章提出了一种自适应拉伸函数，对 HSV 色彩空间的 S 通道图像进行拉伸，以提高图像饱和度。与现有的图像增强算法相比，本章提出算法在增强矿井图像时的定性评价和定量评价方面具有更好的性能，有效地抑制了噪声的产生，改善了矿井图像亮度和对比度低、饱和度低、细节不清晰等问题。

第 5 章　均衡亮度和保持细节的低照度图像增强

5.1　引言

由于地理环境和时间的复杂性，人们在图像采集过程中常常会得到一些质量较差的图像。例如，由于光源不足，低照度图像往往存在对比度低、亮度不均匀和图像可见性差等缺点，这对于图像的后续处理（如特征提取和图像分割）极为不利。然而，低照度图像在现实生活中经常出现。一般来说，低光的原因大致可以分为以下几种情况：一是夜间，由于光源不足或没有光源，图像非常暗；二是建筑物遮挡等导致光照不均匀，图像中存在暗区；三是在一些特殊场所，如地下矿井、室内和其他较暗的地方，人们难以捕捉到满意的图像。这一问题已经影响到人们的日常生活，包括摄影、取证、交通监控甚至工程安全监控[116]。因此，低照度图像增强已成为一项具有挑战性且非常重要的任务[117]。低照度图像增强的目的是提高图像的亮度和清晰度，使人们能够从中获取更多有用和准确的信息。近年来，这一问题已成为热门研究课题，许多学者对此进行了研究和讨论。

对于低照度图像的增强，保持图像细节和提高图像对比度在理论上是对立的，在同一算法中很难保持两者的平衡。不过也有研究人员提出了一些新的算法，试图同时达到提高图像对比度和保留图像细节的目的。为了实现增强细节、提高局部对比度和保持图像自然感觉之间的平衡，文献[118]采用加权融合策略来平衡不同技术的优势。文献[119]将图像分为结构层和纹理层进行处理，以保留图像细节。文献[120]采用离散小波变换（DWT）将图像分解为包含边缘信息的细节系数（图像细节）和包含光照信息的近似系数，并对近似系数进行增强以保护图像细节。

在低照度图像增强问题上，融合策略能在提高图像对比度的同时保留图像细节，这在理论上是有效的。现有的算法大致可以分为两种思路。一种是通过空间变换将原始图像细节分离，达到细节保留的效果，在这种算法中，很少有人考虑到细节分量中会存在噪声，在逆变换过程中可能存在噪声放大问题，导致效果不理想。另一种是通过对每种算法处理的具有不同优势的图像进行加权融合来达到目的，但这种模型的适应性相对较弱，不能适用于不同的自然图像，不同特征的图像处理结果可能会有很大的差异。本章提出的算法类似于图像融合策略，但没有采用加权融合方法。所提算法的目的是在保留原始图像细节的同时，提高图像对比度，平衡图像亮度。对于提高图像的对比度和增强图像的亮度，直方图均衡（HE）算法已经取得非常显著的效果。本章采用基于改进的布谷鸟搜索（CS）算法的带自动双平台的双直方图均衡（double histogram equalization with a double automatic platform, DHEDAPL）算法对图像进行处理，得到亮度均衡、对比度良好的图像 A。文献[121]提出了使用双平台极限值的双直方图均衡（bi-histogram equalization using two plateau limits, BHE2PL）算法，但平台极限值在该算法中仅是通过直方图的统计信息来计算的，单一平台计算方法无法最大限度地发挥该算法的优势。本章通过直方图统计信息得到平台极限值的范围，并使用改进的 CS 算法在该范围内选择最优值。在保留图像细节方面，参考文献[122]使用基于总变分模型的方法，提取图像的主要结构，然后得到纹理细节掩膜 B，

它包含所有图像的纹理细节，这种方法通过提取图像的纹理可以获得图像细节，具有良好的抗噪性能。与此同时，该方法不需要逆变换过程，因此可以避免噪声放大的问题。最后，将纹理细节掩膜 B 直接添加到图像 A 中，得到最终增强的图像 C。

5.2　均衡亮度和保持细节的增强

5.2.1　算法概要

从低照度图像的特点出发，本章提出的算法旨在提高低照度图像的对比度，在保持其亮度平衡的同时保留其细节特征。为了获得对比度好、图像亮度均衡的图像，本章采用了基于改进 CS 算法的 DHEDAPL 算法。首先对图像直方图进行分割，然后利用直方图的统计信息和改进的 CS 算法确定各子直方图平台的极限值，使用相应的平台极限值分别对各子直方图进行剪辑，得到校正后的直方图后，对子直方图进行传统的直方图均衡化。这里将原始图像的直方图分成两部分，有四个平台极限值和八个对应的极限值。采用改进的 CS 优化算法，在一定范围内选择各平台极限值，通过评价函数选择最优值，这种方法比其他以固定方式计算平台极限值的方法适应性更强。图像细节纹理特征是一种全局特征，不同于颜色特征，纹理特征不是基于像素的特征，而是需要在包含多个像素的区域内进行统计计算。一幅图像可以用“结构 + 纹理”来表达，但通常提取图像结构会强调纹理的规律性。本章使用基于总变分模型的方法来提取图像的主体结构，该模型不需要纹理规则或对称，具有通用性和随机性。通过去除图像的主要结构，可以得到包含图像所有细节的纹理，与用其他变换提取的图像细节不同，由纹理提取得到的图像细节具有良好的抗噪性能。最后，将纹理添加到基于改进 CS 算法优化的 DHEDAPL 算法处理后的图像中，得到最终的增强图像。图 5-1 是本章提出的低照度图像增强算法流程图。接下来将详细介绍每个环节的具体步骤。

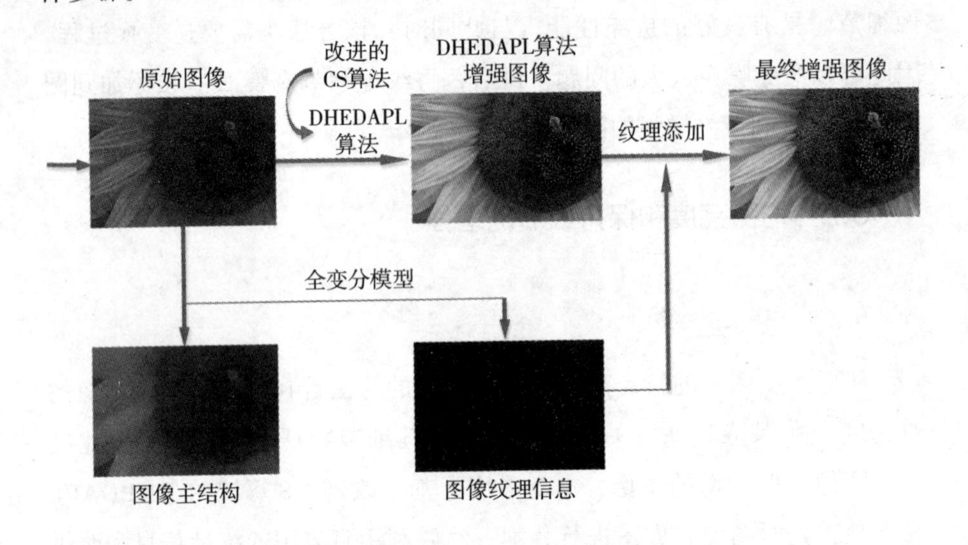

图 5-1　本章提出的低照度图像增强算法流程图

5.2.2　改进的 CS 算法

标准的粒子群优化（PSO）算法和 CS 算法这两种群体智能优化算法被广泛应用于各个领域，并在图像增强的方向上得到了验证。但是，这两种算法仍存在一定的不足。PSO 算法明显的特点是容易陷入局部最优。此外，CS 算法在优化过程中使用频繁的短跳和偶尔的长跳，这种优化方法可以使算法更容易跳出局部最优。同时，CS 算法在后期搜索中存在收敛速度慢、缺乏活力的缺点 [123]，原因是 CS 算法在更新种群时采用随机选择的方式，使得局部更新无法快速找到真正最优的鸟巢位置。受 PSO 算法的启发，通过遍历种群位置更容易找到最佳鸟巢位置。改进的 CS 算法在 CS 算法的框架下，利用 PSO 算法的遍历思想，设计了一种新的优化搜索方法。该算法易于跳出局部最优，且收敛速度快，其流程如表 5-1 所示。然后，本章对改进的 CS 算法、PSO 算法、CS 算法进行了对比实验，实验结果如图 5-2 所示，由图 5-2 可以看出改进 CS 算法的收

敛速度明显优于 PSO 算法和 CS 算法的，粒子在中后期仍能保持探索活力，其优化结果也优于 PSO 算法和 CS 算法的。

表 5-1　改进的 CS 算法

1. 开始
2. 设计评价函数 f(x)
3. 初始化种群数 X 和相关参数
4.for t=1 to tmax
5.for 计算种群 X 中每一个巢穴 x_i 的适应度值 $fitness_i$
6. $fitness_i = f(x_i)$
7.end for
8. 找到最大适应度值 $ftiness_{max}$ 和对应位置 x_{max}
9. 通过 Levy 飞行产生新的种群 X'
10.for 计算种群 X' 中每一个巢穴 x_i' 的适应度值 $fitness_i'$
11. $fitness_i' = f(x_i')$
12.end for
13. 找到最大适应度值 $fitness_{max}'$ 和对应位置 x_{max}'
14.if $f(x_i') > f(x_i)$
15.X= X'
16. $ftiness_{max} = fitness_{max}'$
17. $x_{max} = x_{max}'$
18.end if
19.if 在概率 P_a 内被宿主鸟发现
20. 抛弃被发现的巢穴生成新的巢穴赋给 X
21.end if
22.end for
23. 保存最大的适应度值 $ftiness_{max}$ 和对应位置 x_{max}
24. 结束

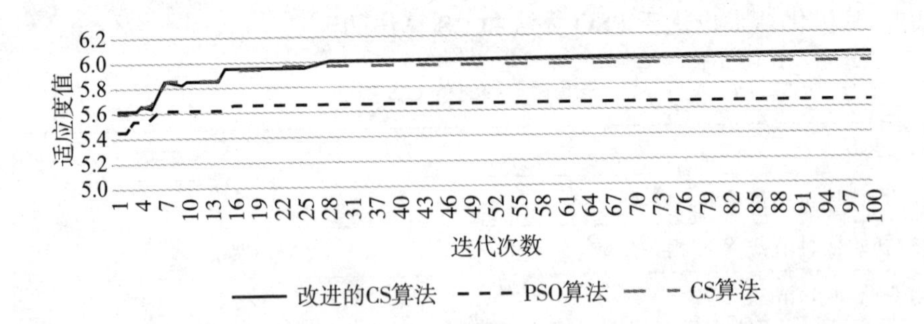

图 5-2 改进的 CS 算法、PSO 算法、CS 算法的收敛结果比较图

5.2.3 双直方图均衡化与双自动平台

本章提出的 DHEDAPL 算法，首先将原直方图进行分割，得到上下两个子直方图，每个子直方图使用两个极限值，即需要使用四个平台极限值。不同于其他算法，本章算法对于平台极限值的选取，不再只是根据直方图的统计信息而求得，而是针对每个平台极限值根据直方图统计信息设置上下界，再采用改进的 CS 算法在该上下界区间内游走评估，平台极限的选取会在该范围内进行自适应的选择。

首先，计算出全局直方图的平均强度，公式如式（5-1）所示。

$$M = \sum_{k=0}^{L-1} p(k) \times k \tag{5-1}$$

式中：$p(k)$ 表示 k 的概率密度函数。

计算得到 M 值后，如图 5-3 所示，根据 M 值将原直方图进行分割，得到两个子直方图，分别为下直方图 H_D 和上直方图 H_U，H_D 包含 [$I_{\min}$,M] 的所有强度值，而 H_U 包含 $\left[M+1, I_{\max}\right]$ 的所有强度值，其中 $I_{\min}$ 表示图像最小强度值，$I_{\max}$ 表示图像最大强度值。

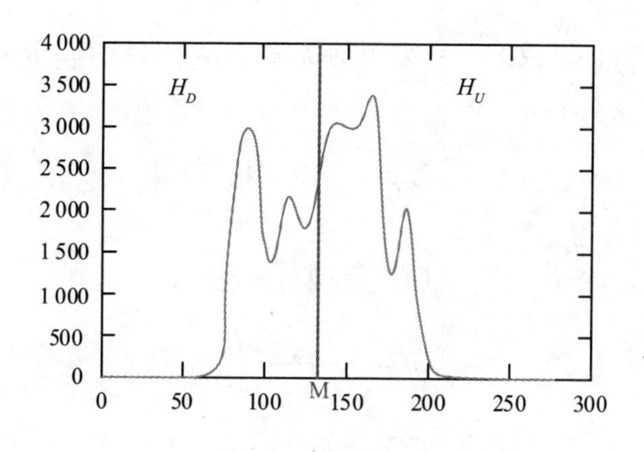

图 5-3　直方图分割

在对全局直方图进行分割之后，接下来计算每个子直方图的平台极限值 L，经典的平台极限值计算方法如式（5-2）所示。

$$L = C \times Pk \tag{5-2}$$

式中：C 是介于 0 和 1 之间的系数；Pk 表示直方图中的峰值，为

$$Pk = \max\{H(k) \mid k = 0, \cdots, L-1\} \tag{5-3}$$

本章将使用从输入直方图中获得的局部信息来预先确定平台极限值 L 的范围。这里通过计算子直方图的灰度比 GC 来代替公式中的 C，以 GC 为系数，计算各个平台极限的基础值，分别如式（5-4）～式（5-7）所示。

$$L_{D1} = GC_{D1} \times Pk_D \tag{5-4}$$

$$L_{D2} = GC_{D2} \times Pk_D \tag{5-5}$$

$$L_{U1} = GC_{U1} \times Pk_U \tag{5-6}$$

$$L_{U2} = GC_{U2} \times Pk_U \tag{5-7}$$

式中：Pk_D 和 Pk_U 分别为下子直方图和上子直方图的最大强度峰值；L_{D1} 和 L_{D2} 分别为下子直方图低平台和高平台的基础值；L_{U1} 和 L_{U2} 分别为上子直方图低平台和高平台的基础值。而下子直方图的灰度比

GC_{D1} 和 GC_{D2}，以及上子直方图的灰度比 GC_{U1} 和 GC_{U2} 分别定义为式（5-8）～式（5-11）。

$$GC_{D1}=\frac{M-M_D}{M-I_{\min}} \tag{5-8}$$

$$GC_{D2}=GC_{D1}+\lambda_D \tag{5-9}$$

$$GC_{U1}=\frac{I_{\max}-M_U}{I_{\max}-M} \tag{5-10}$$

$$GC_{U2}=GC_{U1}+\lambda_U \tag{5-11}$$

式中：M_D 和 M_U 分别是下子直方图和上子直方图的平均强度；λ_D 和 λ_U 分别是下子直方图和上子直方图的灰度比例差值，其计算方法分别如式（5-12）～式（5-15）所示。

$$M_D=\frac{\sum_{k=I_{\min}}^{M}k\times H(k)}{N_D} \tag{5-12}$$

$$M_U=\frac{\sum_{k=M+1}^{I_{\max}}k\times H(k)}{N_U} \tag{5-13}$$

$$\lambda_D=\begin{cases}\dfrac{1-GC_{D1}}{2},GC_{D1}>0.5\\ \dfrac{GC_{D1}}{2},GC_{D1}\leqslant 0.5\end{cases} \tag{5-14}$$

$$\lambda_U=\begin{cases}\dfrac{1-GC_{U1}}{2},GC_{U1}>0.5\\ \dfrac{GC_{U1}}{2},GC_{U1}\leqslant 0.5\end{cases} \tag{5-15}$$

式中：N_D 和 N_U 分别是下子直方图和上子直方图的像素总数。

此时已经得到各平台极限的基础值 L_{D1}、L_{D2}、L_{U1} 和 L_{U2}，最终将各平

台极限值的范围设置为式（5-16）～式（5-19）。

$$\frac{L_{D1}}{4} < L_{D1}^{'} \leqslant \frac{L_{D1}+L_{D2}}{2} \tag{5-16}$$

$$\frac{L_{D1}+L_{D2}}{2} < L_{D2}^{'} \leqslant Pk_D \tag{5-17}$$

$$\frac{L_{U1}}{4} < L_{U1}^{'} \leqslant \frac{L_{U1}+L_{U2}}{2} \tag{5-18}$$

$$\frac{L_{U1}+L_{U2}}{2} < L_{U2}^{'} \leqslant Pk_U \tag{5-19}$$

在此范围内，利用改进的 CS 算法寻优选值，得到最终的平台极限值 $L_{D1}^{'}$、$L_{D2}^{'}$、$L_{U1}^{'}$、$L_{U2}^{'}$，对直方图进行裁剪。改进的 CS 算法在本章算法中的应用，将在下一节进行详细的描述。对于下子直方图（$I_{\min} < k \leqslant M$）中小于或等于 $L_{D1}^{'}$ 的值，使用 $L_{D1}^{'}$ 的值修改子直方图，如果该值大于 $L_{D2}^{'}$ 的值，那么使用 $L_{D2}^{'}$ 的值对直方图进行修改。同样地，对于上子直方图中（$M+1 < k \leqslant I_{\min}$）小于或等于 $L_{U1}^{'}$ 的值，使用 $L_{U1}^{'}$ 的值修改子直方图，如果该值大于 $L_{U2}^{'}$ 的值，那么使用 $L_{U2}^{'}$ 的值对直方图进行修改。具体规则如式（5-20）～式（5-21）所示。

$$H_D(k)=\begin{cases} L_{D1}^{'}, H_D(k) \leqslant L_{D1}^{'} \\ H_D(k), L_{D1}^{'} < H_D(k) \leqslant L_{D2}^{'} \\ L_{D2}^{'}, H_D(k) > L_{D2}^{'} \end{cases} \tag{5-20}$$

$$H_U(k)=\begin{cases} L_{U1}, H_U(k) \leqslant L_{U1} \\ H_U(k), L_{U1} < H_U(k) \leqslant PL_{U2} \\ L_{U2}, H_U(k) > PL_{U2} \end{cases} \tag{5-21}$$

修改直方图的过程如图 5-4 所示，直方图修改完成后，即可对子直方图独立地进行均衡化操作，得到增强图像。这个过程可以用以下式子来表示：

$$I_E = \Gamma(I) \tag{5-22}$$

式中：I 表示输入的原始图像；Γ 表示双直方图双自适应平台处理的过程；I_E 表示经过增强处理后的输出图像。

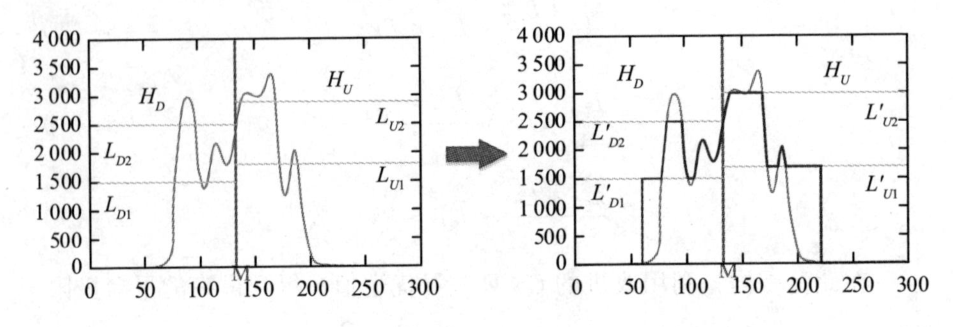

图 5-4　直方图修改

5.2.4　用改进的 CS 算法优化平台极限值

如 5.2.3 节所述确定各平台极限值范围后，本章采用改进的 CS 算法在该空间范围内进行探索，通过评价函数来判断平台极限值的好坏，平台极限值的优化过程可以分为以下步骤。

（1）设置鸟巢个数 N、维度 D，在平台基础值范围内初始化鸟巢位置 X，发现概率 P_a 和最大迭代次数 T 及适应度值集 fitness。

（2）遍历种群中的位置 $X(i,:)$，使用相应位置的参数作为平台值，对图像进行 DHEBAPL 算法增强，使用评价函数评估相应增强图像，存储相应适应度值 fitness_i，比较得出其中最大的适应度值 $\text{fitness}_{\max}$，并保存该鸟巢位置为 $X(\max,:)$。

（3）通过 Levy 飞行更新种群，得到新的种群 X′，遍历该种群位置 $X'(i,:)$，重复（2）的操作，得到相应图像增强结果和适应度值 $\text{fitness}'_i$、相应最大的适应度值 $\text{fitness}'_{\max}$ 及其位置 $X'(max,:)$。

（4）判断是否更换种群，若 $\text{fitness}_{\max} < \text{fitness}'_{\max}$，则将原种群更换为通过 Levy 飞行更新后的种群，同时更新最大的适应度值 $\text{fitness}_{\max}$ 及位置 $X(\max,:)$。

（5）判断现有鸟巢位置的鸟蛋是否被发现，若被发现则抛弃该位置，进行位置更新；若没有被发现，则保持鸟巢位置。

（6）判断是否达到跳出迭代的条件，若否，则跳转到（2）；若达到迭代停止条件，则退出循环。将最后保留的具有最大适应度值的位置所携带的参数作为最终 DHEDAPL 算法对应的平台极限值。

适应度函数作为评判位置好坏的标准，是判断最终算法是否有效的关键一点。本章适应度值的设计考虑了图像全局与局部信息，具体形式如下：

$$\text{fitness}_i = \log(\log(\text{sum}(I_{ei}))) * \frac{n\_\text{edge}(I_{ei})}{M_i \times N_i} * H(I_i) - \log(\log(\text{MSE}(I_i))) \quad (5-23)$$

式中：I_i 表示带有相应位置参数的增强图像；I_{ei} 为索贝尔边缘图像；sum（I_{ei}）为所有像素点强度值的总和；n_edge（I_{ei}）为比某个固定强度值更大的强度值的此类边缘像素的数目；$M_i \times N_i$ 为 I_i 的尺寸大小即像素点的个数；H（I_i）为图像的熵值，其值越大，表明图像所含信息越多，其计算方法如式（5-38）所示；MSE（I_i）则为图像均方误差，其值越小表明图像失真程度越低，其计算方法如式（5-24）所示。

$$\text{MSE} = \frac{1}{MN}\sum_{i=1}^{M}\sum_{j=1}^{N}\left|g(i,j) - h(i,j)\right|^2 \quad (5-24)$$

式中：$g(i,j)$ 为输入图像第 i 行、第 j 列像素的灰度值；$H(i,j)$ 为增强图像的第 i 行、第 j 列像素的灰度值。

5.2.5　提取图像纹理

如图 5-1 的流程所示，另一个方向是提取图像的纹理。一幅图像通常可以分解为“结构+纹理”的形式，如式（5–25）所示，文献[124]和文献[125]通过全变分正则化的方式来提取图像的主结构，即式（5–26）。

$$I = I_S + I_T \tag{5–25}$$

$$\min_{I_S} \sum_x \left(I_{Sx} - I_x\right)^2 + \beta \sum_x \left|\nabla\left(I_{Sx}\right)\right| \tag{5–26}$$

式中：I 是输入图像，可以是亮度通道；x 是图像像素索引；I_s 是提取的结构图像；数据项 $\left(I_{S_x} - I_x\right)^2$ 是为了使提取的结构与输入图像的结构相似；β 为一个权重；$\sum_x \left|\nabla\left(I_{Sx}\right)\right|$ 是全变分正则化器，写为

$$\sum_x \left|\nabla\left(I_{Sx}\right)\right| = \sum_x \left|\partial_h I_{Sx}\right| + \left|\partial_v I_{Sx}\right| \tag{5–27}$$

在二维各向异性表达式中，∂_h 和 ∂_v 是两个方向的偏导数。通过实验，发现这种全变分正则化器在区分强结构边缘和纹理方面能力有限。对于自然界的不同图像，其纹理特征通常是变化的，没有一定的规则，为了进一步突出纹理与结构元素，这里引入一个通用的像素级加窗总变化量 $D(X)$ 和一个新的窗口固有变化量 $L(X)$，来构成新的正则化器，如式（5–28）所示。

$$\frac{D_h(x)}{L_h(x) + \varepsilon} + \frac{D_v(x)}{L_v(x) + \varepsilon} \tag{5–28}$$

$$D_h(x) = \sum_{y \in R(x)} g_{x,y} \cdot \left|\left(\partial_h I_S\right)_y\right| \tag{5–29}$$

$$D_v(x) = \sum_{y \in R(x)} g_{x,y} \cdot \left|\left(\partial_v I_S\right)_y\right| \tag{5–30}$$

$$L_h(x) = \left|\sum_{y \in R(x)} g_{x,y} \cdot \left(\partial_h I_S\right)_y\right| \tag{5–31}$$

$$L_v(x)=\left|\sum_{y\in R(x)} g_{x,y}\cdot(\partial_v I_S)_y\right| \tag{5-32}$$

式中：$y\in R(x)$，$R(x)$是以像素 x 为中心的矩形区域；$D_h(x)$和$D_v(x)$是像素 x 在 h 和 v 方向上的总窗口变化；$L_h(x)$和$L_v(x)$是一种新的窗口固有变化量，它们与$D_h(x)$和$D_v(x)$的不同在于不包含模数，只有绝对变化量的位置有变化，从梯度的绝对变化量变成总的绝对变化量，因为梯度变化量有正有负，所以这个窗口固有变化量在起伏均匀的背景区域几乎为零，只有在比较大的边缘处非常大，它们更多地关注图像的整体空间变化；ε是一个极小的正数，用于避免分母为 0；$g_{(x,y)}$是根据空间亲和力定义的加权函数，是高斯核函数，表示为

$$g_{x,y}=\exp\left[-\frac{(h_x-h_y)^2+(v_x-v_y)^2}{2\sigma^2}\right] \tag{5-33}$$

式中：σ是控制窗口的空间比，这在一定程度上会影响图像的平滑度。综上所述，新的结构提取方法如下：

$$\min_{I_S}\sum_x\left(I_{Sx}-I_x\right)^2+\beta\left[\frac{D_h(x)}{L_h(x)+\varepsilon}+\frac{D_v(x)}{L_v(x)+\varepsilon}\right] \tag{5-34}$$

式（5-34）和式（5-26）之间的区别在于正则化器。式（5-34）的正则化器是式（5-28），它添加了一种新的固有变化窗口即式（5-31）和式（5-32）。$\min\limits_{I_s}\sum\limits_x\left(I_{s_x}-I_x\right)^2$的功能与之前相同，$\beta$是一个权重，它还用于控制图像的平滑度。通过调整$\beta$和$\sigma$的值，可以在一定程度上控制图像纹理的分离量。通常，β值范围为（0,0.05），σ值范围为(0,6)。通过实验发现，当β缓慢增加时，图像的纹理分离量也随之增加，当β设置为 0.02 时，纹理分离尤为明显；类似地，当σ增加时，纹理分离量也会增加，当σ设置为 3 时，纹理和结构的分离相对干净。综合考虑这两个参数，如表 5-2 所示，本章最终决定设置 $\beta = 0.015$ 和 $\sigma = 3$ ，效果如图 5-5 所示。

表 5-2　不同参数处理后的图像指标

	输入图像	(a)	(b)	(c)	(d)	(e)	(f)	(g)	(h)	(i)	(j)	(k)
PSNR	Inf	36.240	34.760	34.061	33.378	33.355	36.240	35.684	34.882	34.264	33.738	32.826
SSIM	1.000	0.977	0.972	0.970	0.968	0.967	0.977	0.975	0.971	0.969	0.968	0.967
Entropy	7.462	7.426	7.415	7.415	7.408	7.412	7.426	7.414	7.412	7.415	7.420	7.402

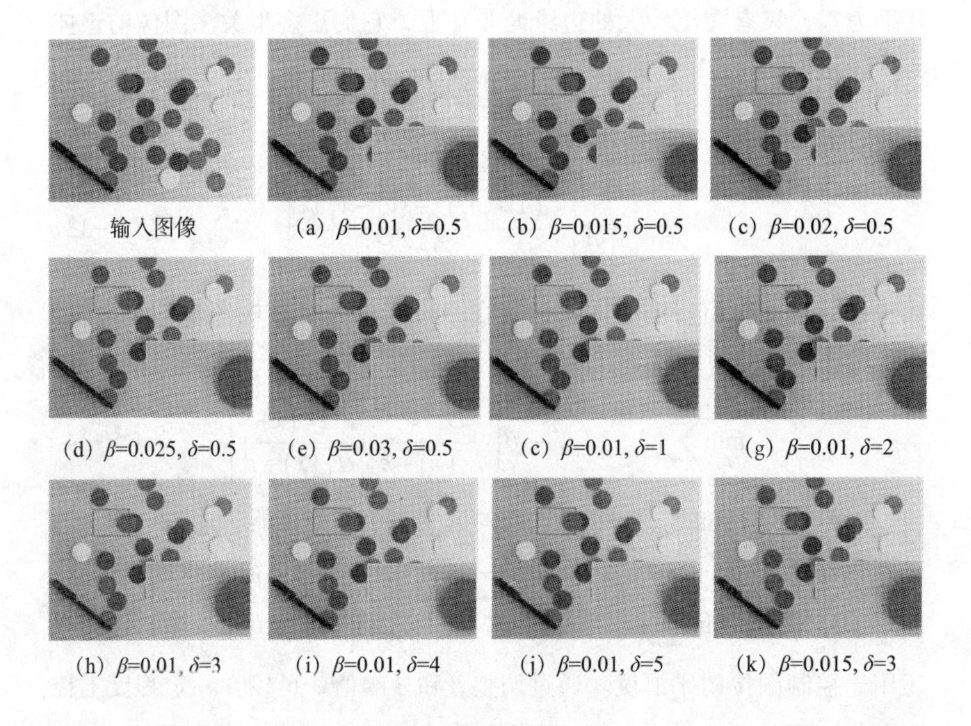

图 5-5　参数选择实验

最后，当提取出结构 I_S 后，可以得到图像的纹理 I_T，如式（5-35）所示。

$$I_T = I - I_S \tag{5-35}$$

5.2.6　增强图像纹理的添加

在 5.2.1 节中增强框架的最后，通过基于改进 CS 算法的 DHEDAPL 算法对图像进行增强处理得到了亮度适宜、对比度良好的图像 I_E，但其存在的缺点是图像细节不够明显，而本章通过 5.2.5 节描述的新的全变分正则化方法可以将原始图像中的细节信息 I_T 剥离出来，此时将 I_T 添加到 I_E 上能使图像细节更丰富，同时对 I_E 的亮度特性和对比度特性影响不大，图 5–6 为一幅图像进行单独的 DHEDAPL 算法处理，以及经过 DHEDAPL 算法处理后添加原始图像纹理细节的效果对比。从图中可以看出，原始图像经过 DHEDAPL 算法处理后亮度和对比度改善较为明显，但图像细节较为平滑。而在此基础上添加原始图像纹理细节后，图像整体视觉效果良好，亮度、对比度适宜人眼观察，且从细节放大图来看，图像的纹理细节较为清楚。因此，本章提出算法最终的输出图像由以下定义式（5–36）表示。

$$I_O = I_E + I_T \tag{5-36}$$

式中：I_O 为所求的最终的输出图像；I_E 为原始图像经过 DHEDAPL 算法处理后得到的图像；I_T 为原始图像的纹理细节。

（a）原始图像　（b）DHEDAPL 算法处理的图像　（c）DHEDAPL 算法处理后添加纹理细节的图像

图 5–6　图像纹理添加效果比较

5.3 实验结果与分析

本节展示了本章所提算法在低照度图像上的实验结果。该方法中的所有代码均在 MATLABR 2019a 中运行，所有实验均在操作系统为 Windows10、内存为 4GB、CPU 为 3.20GHz 的 PC 机上进行。基于本章篇幅因素，选择以下测试图像为代表进行展示。本章选取的测试图像均为低照度图像，可分为三组：①来自 MIT-5K 数据集[126]的 20 幅随机图像；② MIT-5K 数据集的前 100 幅图像；③来自 DICM 数据集的 64 幅图像[127]。前两组图像是成对图像，第三组图像不是成对图像。这些图像都具有亮度低、图像细节不清晰、对比度低的特点。本章首先验证了新的全变分模型在制作图像纹理掩膜时的抗噪性能，并将其与制作掩膜的经典算法反锐化掩膜算法[128]进行了比较。此外，本章还将该算法与其他主流算法进行了比较。对比算法包括自适应伽马校正加权分布（AGCWD）算法[23]、Al-Ameen 提出的新的亮度增强算法[24]、双平台极限的双直方图均衡化算法[129]、仿生多曝光融合框架（biologically inspired multi-exposure fusion framework, BIMEF）算法[130]、保持亮度的动态直方图均衡（BPDHE）算法[19]、简单有效的低照度图像增强算法——局部可解释的模型诊断解释（local interpretable model-agnostic explanations, LIME）算法[131]、带色彩恢复的多尺度 Retinex（MSRCR）算法[132]、自然保留增强算法（NPEA）[105]、同时估计反射率和照度的（simultaneous reflectance and illumination estimation, SRIE）算法[133]。因此，本节主要分为三部分来阐述。

（1）基于新的全变分模型的纹理掩模抗噪性能分析。

（2）对实验结果的主观评价。

（3）对所提出算法的实验结果进行客观评价。

5.3.1　抗噪性能分析

在 5.2 节中，已经详细介绍了本章制作纹理掩膜的算法，为了丰富经过 DHEDAPL 算法处理后的图像纹理细节，本章尝试使用一种新的全变分模型来提取图像纹理信息，并尽可能避免噪声。在这一部分中，通过实验对该算法进行了验证，并对添加纹理信息前后图像中包含的信息进行了分析。同时，将其与经典的反锐化掩模算法 [128] 进行了比较。图 5–8 展示了添加纹理信息前后两幅图像的变化。虽然经过 DHEDAPL 算法处理的图像在对比度和亮度方面得到了人眼满意的评价，但图像细节不够清晰，图像细节很少；使用反锐化掩模的图像的对比度有所提高，但没有增加太多的图像细节；将新的全变分模型提取的纹理细节加入经过 DHEDAPL 算法处理后的图像中，可以明显地感受到细节的丰富性，如图 5–7 所示的几个细节，有蜜蜂和雄蕊。

（a）经过 DHEDAPL 算法处理的图像　（b）经过 DHEDAPL 算法处理后添加反锐化掩膜的图像　（c）经过 DHEDAPL 算法处理后添加本章算法提取的纹理掩膜的图像

图 5–7　图像纹理添加效果比较

此外，在 MIT–5K 数据集中随机选择了 20 幅图像进行对比实验。从如表 5–3 所示的数据结果来看，添加纹理信息前后 20 幅图像的四个评估值的平均值，分别为峰值信噪比（PSNR）、结构相似性（structural similarity, SSIM）、平均梯度（average gradient, AG）和自然图像质量评估器（natural image quality evaluator, NIQE）。PSNR 和 SSIM 是完整的参考指标。PSNR 是图像峰值信号能量与噪声平均能量之比，可用于评价图像噪声含量，值越大，图像噪声越小，图像质量越好；SSIM 是衡量两幅图像之间相似性的指标，其取值范围为 (0,1)，取值越接近 1，图像结构越完整，图像质量越好。AG 和 NIQE 是非参考量，其中 AG 的值反映图像中包含的梯度细节，其值越大，图像细节信息越多；NIQE 是一个比较全面的图像评价指标，其值越小，图像的视觉感受越好。从表 5-3 中的数据可以看出，使用反锐化掩模的图像和使用纹理掩模的图像与之前的图像相比，AG 值有所提高，尤其是使用纹理掩模的图像；但增加反锐化掩模会增加噪声的概率。从 20 幅图像的 PSNR 平均值可以看出，加反锐化掩模后的图像 PSNR 有所下降，但加上新的全变分模型提取的纹理信息后，图像的 PSNR 没有下降，甚至有所提高；对于 SSIM 指数，有相同的评估。此外，对于 NIQE 指数，采用新的全变分模型提取纹理信息的图像也得到了较好的评价。因此，本章的模型不但增加了图像的纹理信息，而且没有引入太多的噪声来破坏图像的质量和结构，达到了丰富图像细节的目的。

表 5-3　MIT-5K 数据集中 20 幅随机图像四项评价指标的平均值

	DHEDAPL算法	反锐化掩模算法	本章算法
PSNR	22.232 6	21.649 9	22.417 5
SSIM	0.830 1	0.818 1	0.831 3
AG	6.364 6	6.787 2	7.297 8
NIQE	2.963 6	2.983 7	2.856 2

5.3.2　主观评价

图像的视觉感知是评价图像质量的一个方面，人们对图像的感知包括颜色、亮度和清晰度等各个方面。不同的算法在低照度图像的各个方面都有不同程度的改善，如图 5-8 ～图 5-27 所示，这是通过各种算法处理的每个测试图像的效果，从这些实验结果来看，与其他算法相比，本章所提算法作为一个整体在图像视觉效果方面有最大的改善。

AGCWD 算法是一种基于调整图像亮度的伽马校正算法衍生的算法。当调整普通图像的亮度时，它的效果非常突出。然而，在本节中，AGCWD 算法在处理低照度图像时显示出极其不稳定的效果。对于一些图像，它可以得到很好的效果，但对于另一些图像，结果则不令人满意。此外，整体输出图像的亮度较暗，图像中明显包含暗区，如图 5-9（b）中的树木和河流、图 5-10（b）和图 5-11（b）中的地面、图 5-17（b）中的灯、图 5-23（b）中的汽车等。

Al-Ameen 的算法也旨在提高图像的亮度，但在本章的实验部分可以清楚地看到，Al-Ameen 的算法对低照度图像有过度的增强效果，如图 5-8（c）、图 5-12（c）、图 5-13（c）、图 5-15（c）、图 5-17（c）和图 5-20（c）。总体而言，输出图像是白色的，并且图像细节过于平滑。

BHE2PL 算法的效果与 Al-Ameen 的算法的效果相似，即过度增强，甚至严重曝光，如图 5-10（d）、图 5-11（d）、图 5-14（d）、图 5-15（d）、图 5-18（d）、图 5-21（d）和图 5-27（d），尤其是图 5-11（d）、图 5-14（d）、图 5-15（d）和图 5-21（d）的天空区域图像。

BIMEF 算法是一种基于融合的算法。BIMEF 算法增强后的图像结构保存完好，图像亮度有一定程度的提高，图像信息含量有所增加，但对比度不明显。从图像实验结果来看，BIMEF 算法处理后的图像颜色总是暗淡的，甚至有一种朦胧的感觉。

BPDHE 算法在颜色输出方面相对稳定，但在处理图像时，图像的亮度改善不均匀，图像中的许多暗区没有得到很好的校正，如图 5-12（f）中的救生圈、图 5-14（f）中的草坪、图 5-15（f）中的汽车、图 5-17（f）中的灯泡、图 5-23（f）中的汽车、图 5-24（f）中的树等，图像中这些对象依旧不清晰。其次，一些图像中天空区域的颜色是灰色的，如图 5-14（f）、图 5-15（f）、图 5-20（f）、图 5-21（f）和图 5-25（f）中天空中的云朵呈现出比较奇怪的感觉。

LIME 算法基于 Retinex 理论，主要是对低照度图像的光照图进行估计，然后实现增强。该算法增强效果较稳定，也常用作图像增强算法的对比实验。在本章的实验结果中，它也显示了良好的处理效果。LIME 算法处理的图像整体视觉感觉较舒适，但个别图像的纹理细节不够丰富，如图 5-10（g）中的墙壁和木椅、图 5-14（g）中的建筑、图 5-16（g）中的文字、图 5-19（g）中的木板、图 5-22（g）中的消火栓。此外，图 5-10（g）、图 5-14（g）、图 5-16（g）、图 5-20（g）、图 5-26（g）和图 5-27（g）的颜色稍暗。

MSRCR 算法是一种经典的多尺度 Retinex 算法。从实验结果来看，其处理低照度图像与处理其他图像一样存在严重的伪影。

NPEA 算法在自然图像增强方面取得了良好的效果。该算法在色彩稳定性和整体结构维护方面都比较好，但处理后图像对比度不明显。此外，图像光影的恢复非常不自然，不符合正常的自然现象，如图 5-17（i）和图 5-24（i）所示，光影处有明显的气泡感。

SRIE 算法处理的图像大部分接近 NPEA 算法处理的图像，处理后的图像颜色相对稳定，但输出图像的整体亮度比 NPEA 算法的暗，如图 5-9（j）、图 5-10（j）、图 5-11（j）、图 5-14（j）、图 5-16（j）、图 5-19（j）、图 5-26（j）等，由于亮度问题，这些图像整体上有一种朦胧感，视觉效果不是很好，与正常光照图像相比，还有一定的视觉差距。

本章提出的算法在本实验中具有较好的综合性能。通过观察每幅图像中每种算法的效果，该算法显示了最适合人类观察的效果。与其他算

法相比，该算法处理后的图像最接近在正常光照下拍摄的图像。在图 5-8 中，图像内容包括花瓣、雄蕊和蜜蜂。其他算法难以同时增强图像对比度、保持图像颜色和恢复图像细节，该算法很好地完成了这些任务。通过观察，图像中的小细节得到了很好的保留，一个是雄蕊，另一个是蜜蜂。此外，在雄蕊部分，该算法不仅可以恢复细节，还可以保持颜色层次感，让人可以清楚地看到蜜蜂的细毛。对于其他图像，效果也很好。整体图像对比度和亮度适合人眼观察，色彩自然，细节丰富。从这些实验结果来看，与其他算法相比，本章所提算法在图像视觉效果方面有最好的评价。

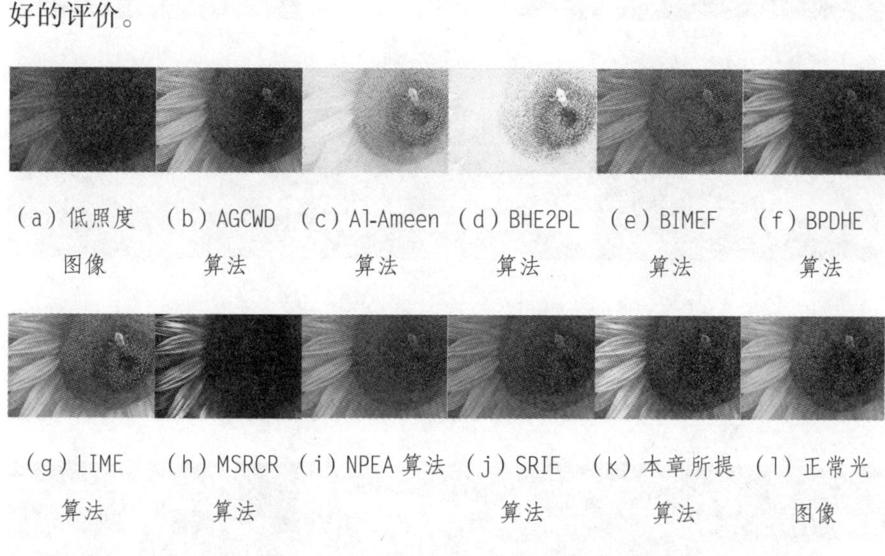

(a) 低照度图像　(b) AGCWD 算法　(c) Al-Ameen 算法　(d) BHE2PL 算法　(e) BIMEF 算法　(f) BPDHE 算法

(g) LIME 算法　(h) MSRCR 算法　(i) NPEA 算法　(j) SRIE 算法　(k) 本章所提算法　(l) 正常光图像

图 5-8　低照度图像 1 实验结果比较

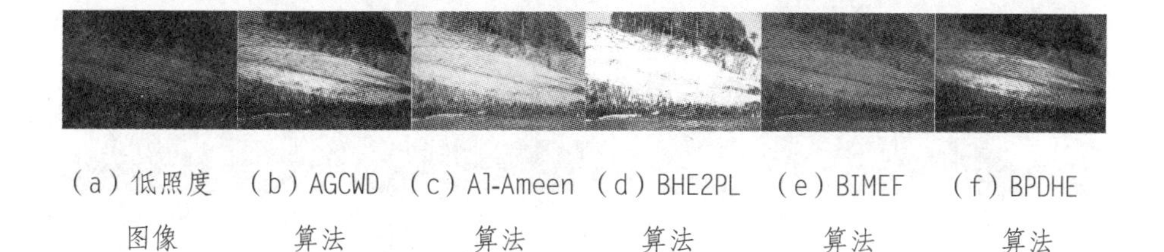

(a) 低照度图像　(b) AGCWD 算法　(c) Al-Ameen 算法　(d) BHE2PL 算法　(e) BIMEF 算法　(f) BPDHE 算法

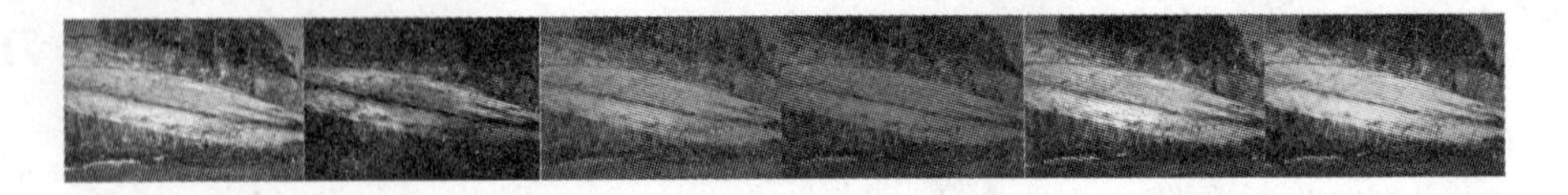

（g）LIME 算法　（h）MSRCR 算法　（i）NPEA 算法　（j）SRIE 算法　（k）本章所提算法　（l）正常光图像

图 5-9　低照度图像 2 实验结果比较

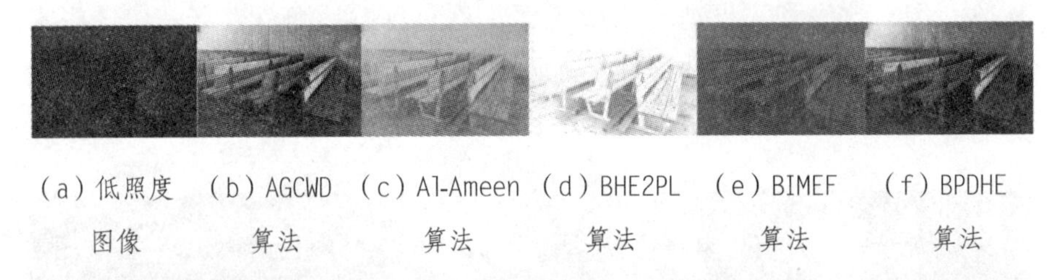

（a）低照度图像　（b）AGCWD 算法　（c）Al-Ameen 算法　（d）BHE2PL 算法　（e）BIMEF 算法　（f）BPDHE 算法

（g）LIME 算法　（h）MSRCR 算法　（i）NPEA 算法　（j）SRIE 算法　（k）本章所提算法　（l）正常光图像

图 5-10　低照度图像 3 实验结果比较

（a）低照度图像　（b）AGCWD 算法　（c）Al-Ameen 算法　（d）BHE2PL 算法　（e）BIMEF 算法　（f）BPDHE 算法

（g）LIME 算法　（h）MSRCR 算法　（i）NPEA 算法　（j）SRIE 算法　（k）本章所提算法　（l）正常光图像

图 5-11　低照度图像 4 实验结果比较

（a）低照度图像　（b）AGCWD 算法　（c）Al-Ameen 算法　（d）BHE2PL 算法　（e）BIMEF 算法　（f）BPDHE 算法

（g）LIME 算法　（h）MSRCR 算法　（i）NPEA 算法　（j）SRIE 算法　（k）本章所提算法　（l）正常光图像

图 5-12　低照度图像 5 实验结果比较

（a）低照度图像　（b）AGCWD 算法　（c）Al-Ameen 算法　（d）BHE2PL 算法　（e）BIMEF 算法　（f）BPDHE 算法

（g）LIME 算法　（h）MSRCR 算法　（i）NPEA 算法　（j）SRIE 算法　（k）本章所提算法　（l）正常光图像

图 5-13　低照度图像 6 实验结果比较

（a）低照度图像　（b）AGCWD算法　（c）Al-Ameen算法　（d）BHE2PL算法　（e）BIMEF算法　（f）BPDHE算法

（g）LIME算法　（h）MSRCR算法　（i）NPEA算法　（j）SRIE算法　（k）本章所提算法　（l）正常光图像

图5-14　低照度图像7实验结果比较

（a）低照度图像　（b）AGCWD算法　（c）Al-Ameen算法　（d）BHE2PL算法　（e）BIMEF算法　（f）BPDHE算法

（g）LIME算法　（h）MSRCR算法　（i）NPEA算法　（j）SRIE算法　（k）本章所提算法　（l）正常光图像

图5-15　低照度图像8实验结果比较

(a) 低照度图像　(b) AGCWD 算法　(c) Al-Ameen 算法　(d) BHE2PL 算法　(e) BIMEF 算法　(f) BPDHE 算法

(g) LIME 算法　(h) MSRCR 算法　(i) NPEA 算法　(j) SRIE 算法　(k) 本章所提算法　(l) 正常光图像

图 5-16　低照度图像 9 实验结果比较

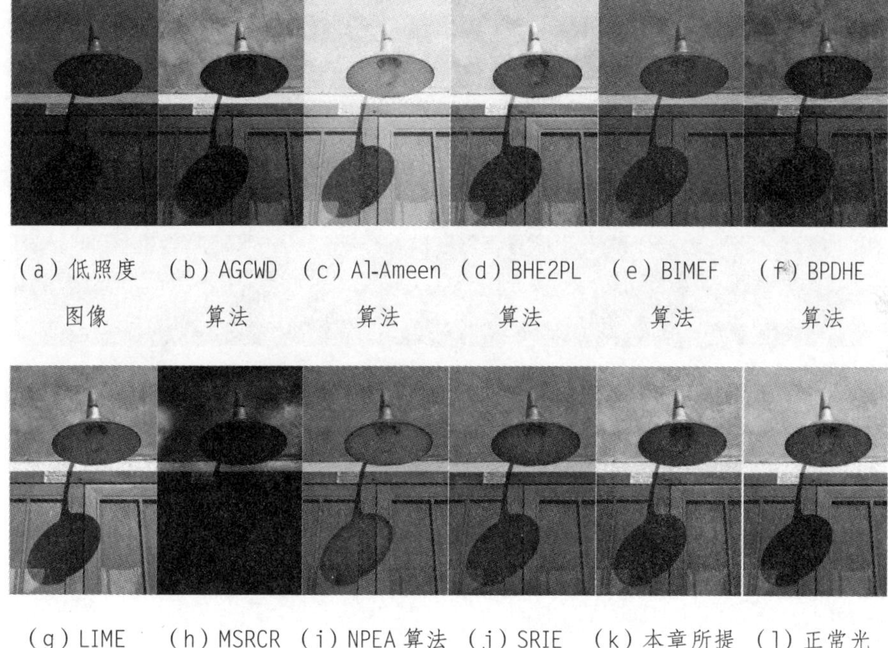

(a) 低照度图像　(b) AGCWD 算法　(c) Al-Ameen 算法　(d) BHE2PL 算法　(e) BIMEF 算法　(f) BPDHE 算法

(g) LIME 算法　(h) MSRCR 算法　(i) NPEA 算法　(j) SRIE 算法　(k) 本章所提算法　(l) 正常光图像

图 5-17　低照度图像 10 实验结果比较

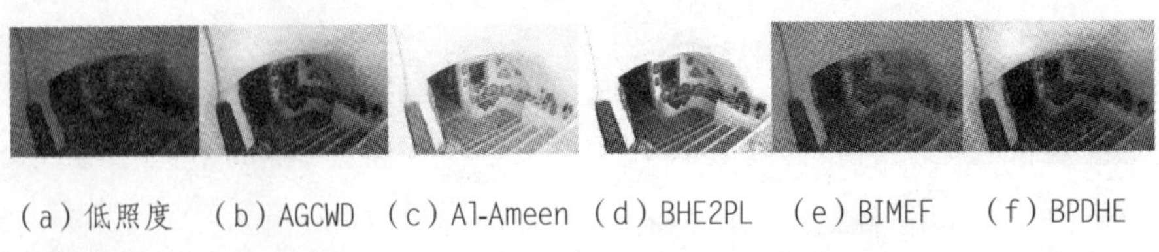

（a）低照度图像　（b）AGCWD算法　（c）Al-Ameen算法　（d）BHE2PL算法　（e）BIMEF算法　（f）BPDHE算法

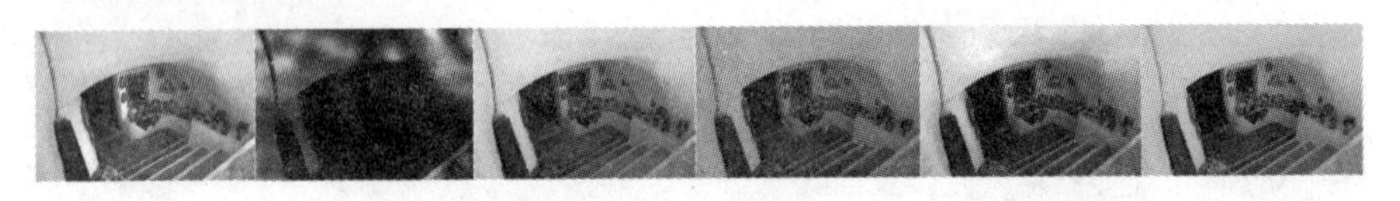

（g）LIME算法　（h）MSRCR算法　（i）NPEA算法　（j）SRIE算法　（k）本章所提算法　（l）正常光图像

图 5-18　低照度图像 11 实验结果比较

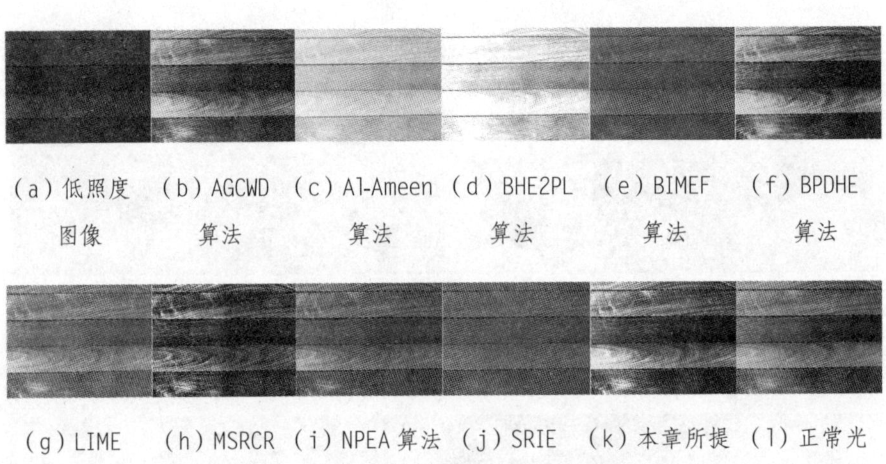

（a）低照度图像　（b）AGCWD算法　（c）Al-Ameen算法　（d）BHE2PL算法　（e）BIMEF算法　（f）BPDHE算法

（g）LIME算法　（h）MSRCR算法　（i）NPEA算法　（j）SRIE算法　（k）本章所提算法　（l）正常光图像

图 5-19　低照度图像 12 实验结果比较

(a) 低照度图像　(b) AGCWD 算法　(c) Al-Ameen 算法　(d) BHE2PL 算法　(e) BIMEF 算法　(f) BPDHE 算法

(g) LIME 算法　(h) MSRCR 算法　(i) NPEA 算法　(j) SRIE 算法　(k) 本章所提算法　(l) 正常光图像

图 5-20 低照度图像 13 实验结果比较

(a) 低照度图像　(b) AGCWD 算法　(c) Al-Ameen 算法　(d) BHE2PL 算法　(e) BIMEF 算法　(f) BPDHE 算法

(g) LIME 算法　(h) MSRCR 算法　(i) NPEA 算法　(j) SRIE 算法　(k) 本章所提算法　(l) 正常光图像

图 5-21　低照度图像 14 实验结果比较

(a) 低照度图像　(b) AGCWD 算法　(c) Al-Ameen 算法　(d) BHE2PL 算法　(e) BIMEF 算法　(f) BPDHE 算法

(g) LIME 算法　(h) MSRCR 算法　(i) NPEA 算法　(j) SRIE 算法　(k) 本章所提算法　(l) 正常光图像

图 5-22　低照度图像 15 实验结果比较

（a）低照度图像　（b）AGCWD 算法　（c）Al-Ameen 算法　（d）BHE2PL 算法　（e）BIMEF 算法　（f）BPDHE 算法

（g）LIME 算法　（h）MSRCR 算法　（i）NPEA 算法　（j）SRIE 算法　（k）本章所提算法　（l）正常光图像

图 5-23　低照度图像 16 实验结果比较

（a）低照度图像　（b）AGCWD 算法　（c）Al-Ameen 算法　（d）BHE2PL 算法　（e）BIMEF 算法　（f）BPDHE 算法

（g）LIME算法　（h）MSRCR算法　（i）NPEA算法　（j）SRIE算法　（k）本章所提算法　（l）正常光图像

图 5-24　低照度图像 17 实验结果比较

（a）低照度图像　（b）AGCWD算法　（c）Al-Ameen算法　（d）BHE2PL算法　（e）BIMEF算法　（f）BPDHE算法

（g）LIME算法　（h）MSRCR算法　（i）NPEA算法　（j）SRIE算法　（k）本章所提算法　（l）正常光图像

图 5-25　低照度图像 18 实验结果比较

(a) 低照度图像　(b) AGCWD 算法　(c) Al-Ameen 算法　(d) BHE2PL 算法　(e) BIMEF 算法　(f) BPDHE 算法

(g) LIME 算法　(h) MSRCR 算法　(i) NPEA 算法　(j) SRIE 算法　(k) 本章所提算法　(l) 正常光图像

图 5-26　低照度图像 19 实验结果比较

(a) 低照度图像　(b) AGCWD 算法　(c) Al-Ameen 算法　(d) BHE2PL 算法　(e) BIMEF 算法　(f) BPDHE 算法

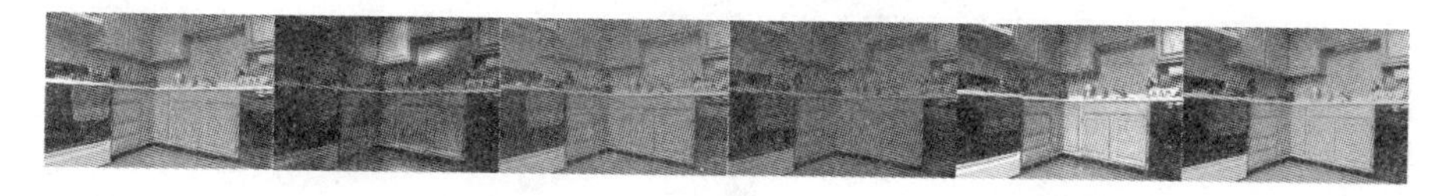

(g) LIME 算法　(h) MSRCR 算法　(i) NPEA 算法　(j) SRIE 算法　(k) 本章所提算法　(l) 正常光图像

图 5-27　低照度图像 20 实验结果比较

5.3.3 客观指标评价

为了更客观地评价增强图像的质量，本章采用图像峰值信噪比（PSNR）、图像结构相似性（SSIM）、图像信息熵（Entropy）、图像平均梯度（AG）、图像对比度（contrast ratio, CR）、图像亮度差（brightness difference, BD）、图像标准差（standard deviation, STD）和自然图像质量评估器（NIQE）从不同角度对实验图像进行了评价。接下来，将详细阐述这些指标的评价结果。

5.3.3.1 图像峰值信噪比（PSNR）

峰值信噪比（PSNR）是衡量图像较常用的客观评价方法。PSNR 值越大，图像噪声含量越小，图像质量越好。PSNR 的具体计算方法如式（2-16）所示。

从表 5-4 中的 PSNR 值来看，本章所提算法在 MIT-5K 数据集中的 20 幅随机图像的实验中表现最好，其次是 AGCWD 算法和 LIME 算法。在本章的算法中，每幅图像的 PSNR 值可以排在前三位，并且大多数是第一位的。如表 5-5 所示，在 MIT-5K 数据集中的前 100 幅图像的实验中，本章算法的性能并不弱，仅次于 AGCWD 算法。结果表明，本章的算法在提高图像质量方面具有良好的效果。

表 5-4 MIT-5K 数据集中 20 幅随机图像不同算法处理的 PSNR 值

名称	PSNR平均值									
	AGCWD算法	Al-Ameen的算法	BHE2PL算法	BIMEF算法	BPDHE算法	LIME算法	MSRCR算法	NPEA算法	SRIE算法	本章算法
图像 1	24.905	10.037	7.809	17.732	18.970	18.421	10.955	21.436	19.252	22.597
图像 2	24.193	11.709	9.372	15.501	17.946	18.603	11.952	17.531	15.103	24.917
图像 3	25.382	9.881	4.887	14.052	20.439	13.101	10.996	12.868	14.492	24.973
图像 4	16.925	14.320	8.749	13.277	14.907	17.757	10.829	15.740	12.167	20.723
图像 5	15.500	11.666	20.299	16.166	10.019	22.389	7.388	16.514	15.239	20.386

续　表

名称	PSNR平均值									
	AGCWD算法	Al-Ameen的算法	BHE2PL算法	BIMEF算法	BPDHE算法	LIME算法	MSRCR算法	NPEA算法	SRIE算法	本章算法
图像 6	24.170	8.987	15.856	15.810	17.157	15.728	10.132	17.282	17.007	20.399
图像 7	20.939	9.320	8.474	16.201	18.376	17.080	14.121	19.111	17.197	21.153
图像 8	23.146	7.962	21.591	20.053	16.358	14.465	9.633	18.615	20.233	22.005
图像 9	18.221	11.243	10.413	12.630	18.900	16.191	11.803	19.167	13.865	21.994
图像 10	19.649	10.342	16.401	16.329	12.749	16.384	7.357	14.844	16.257	22.978
图像 11	20.233	10.832	15.117	15.399	18.494	20.081	8.386	21.681	19.094	20.562
图像 12	18.292	7.383	6.569	16.037	17.283	14.765	13.705	20.402	16.716	20.018
图像 13	19.407	9.600	15.969	16.923	12.082	18.322	8.620	15.642	16.364	22.060
图像 14	22.080	9.758	9.744	16.778	16.677	18.019	12.688	20.009	18.477	25.291
图像 15	19.098	9.377	8.097	14.005	18.146	16.901	11.593	15.848	14.165	20.544
图像 16	18.317	12.510	18.999	13.508	11.512	17.790	7.151	13.618	13.849	24.290
图像 17	22.489	9.448	21.741	15.868	14.099	17.275	8.407	16.287	17.540	23.411
图像 18	23.664	10.217	15.224	14.615	12.703	17.613	9.708	16.968	15.447	26.951
图像 19	20.465	9.651	20.935	16.003	13.337	18.303	8.521	16.300	15.838	21.191
图像 20	18.721	12.028	9.209	15.156	17.349	20.096	10.723	16.869	14.501	21.910

表 5-5　两组实验图像不同算法处理的 PSNR 平均值

名称	PSNR									
	AGCWD算法	Al-Ameen的算法	BHE2PL算法	BIMEF算法	BPDHE算法	LIME算法	MSRCR算法	NPEA算法	SRIE算法	本章算法
MIT-5K 数据集中随机选取的 20 幅图像	20.790	10.314	13.273	15.602	15.875	17.464	10.233	17.337	16.140	22.417

续 表

名称	PSNR									
	AGCWD算法	Al-Ameen的算法	BHE2PL算法	BIMEF算法	BPDHE算法	LIME算法	MSRCR算法	NPEA算法	SRIE算法	本章算法
MIT-5K 数据集中前 100 幅图像	20.733	9.670	12.502	17.417	19.117	15.973	12.379	17.197	18.367	20.034

5.3.3.2　图像结构相似性（SSIM）

除了从数学角度分析输入和输出图像之间的差异外，一些研究人员发现，自然图像显示出一些特殊的结构特征，例如像素之间的强相关性，这些特征捕获了图像的大部分重要结构信息。因此，Wang 等人在文献[134]中提出了一种基于结构相似性（SSIM）的图像质量评价方法，SSIM 根据两幅图像亮度 $l(x,y)$、对比度 $c(x,y)$ 和结构 $s(x,y)$ 的比较来评价处理后图像相对于参考图像的质量。将这三个值组合起来得到总体相似性度量 SSIM(x,y)。

$$\mathrm{SSIM}(x,y)=f\left(l(x,y)\cdot c(x,y)\cdot s(x,y)\right) \tag{5-37}$$

从表 5-6 中的 SSIM 值来看，采用本章算法在 MIT-5K 数据集中的 20 幅随机图像中获得的平均 SSIM 值最高，其次是 LIME 算法和 AGCWD 算法，NPEA 算法排名第四。总的来说，本章算法具有绝对优势。20 幅随机图像中只有一幅图像的 SSIM 值排名第六，其他 20 幅随机图像的 SSIM 值排名均在前三。此外，如表 5-7 所示，MIT-5K 数据集中前 100 幅图像的 SSIM 平均值中本章算法排名第二，AGCWD 算法排名第一，SRIE 算法排名第三。结果表明，本章所提算法能较好地保持图像的结构。

表 5-6　MIT-5K 数据集中 20 幅随机图像不同算法处理的 SSIM 值

名称	SSIM									
	AGCWD算法	Al-Ameen的算法	BHE2PL算法	BIMEF算法	BPDHE算法	LIME算法	MSRCR算法	NPEA算法	SRIE算法	本章算法
图像 1	0.928	0.687	0.610	0.847	0.857	0.869	0.317	0.909	0.899	0.901
图像 2	0.837	0.595	0.428	0.678	0.760	0.800	0.414	0.772	0.768	0.849
图像 3	0.839	0.562	0.310	0.554	0.765	0.696	0.151	0.696	0.638	0.859
图像 4	0.710	0.647	0.338	0.550	0.662	0.725	0.451	0.679	0.603	0.749
图像 5	0.760	0.619	0.848	0.766	0.515	0.915	0.146	0.862	0.821	0.880
图像 6	0.854	0.422	0.659	0.701	0.803	0.798	0.480	0.779	0.795	0.824
图像 7	0.766	0.468	0.347	0.586	0.691	0.803	0.577	0.826	0.722	0.917
图像 8	0.806	0.516	0.812	0.753	0.673	0.778	0.284	0.779	0.792	0.818
图像 9	0.728	0.738	0.755	0.664	0.740	0.792	0.476	0.835	0.744	0.861
图像 10	0.793	0.473	0.716	0.641	0.633	0.783	0.224	0.736	0.718	0.806
图像 11	0.821	0.729	0.826	0.783	0.783	0.854	0.295	0.848	0.843	0.814
图像 12	0.648	0.344	0.360	0.488	0.625	0.692	0.216	0.814	0.614	0.869
图像 13	0.748	0.519	0.785	0.611	0.559	0.784	0.348	0.661	0.675	0.804
图像 14	0.801	0.572	0.578	0.701	0.740	0.844	0.567	0.817	0.797	0.872
图像 15	0.706	0.511	0.484	0.541	0.672	0.703	0.536	0.676	0.618	0.752
图像 16	0.717	0.642	0.802	0.688	0.585	0.742	0.199	0.694	0.735	0.791
图像 17	0.787	0.590	0.778	0.692	0.682	0.767	0.336	0.726	0.748	0.794
图像 18	0.886	0.631	0.835	0.792	0.648	0.874	0.380	0.848	0.849	0.889
图像 19	0.728	0.500	0.735	0.569	0.528	0.749	0.297	0.711	0.661	0.772
图像 20	0.734	0.565	0.415	0.579	0.708	0.779	0.401	0.740	0.679	0.805

表 5-7　两组实验图像不同算法处理的 SSIM 平均值

名称	SSIM平均值									
	AGCWD算法	Al-Ameen的算法	BHE2PL算法	BIMEF算法	BPDHE算法	LIME算法	MSRCR算法	NPEA算法	SRIE算法	本章算法
MIT-5K 数据集中随机选取的 20 幅图像	0.780	0.566	0.621	0.659	0.681	0.787	0.355	0.770	0.736	0.831
MIT-5K 数据集中前 100 幅图像	0.815	0.549	0.591	0.720	0.753	0.764	0.398	0.767	0.794	0.804

5.3.3.3　图像信息熵（Entropy）

图像的信息熵表示图像的每个灰度像素传递的平均信息量，用于测量图像中目标的重要性。其值越大，图像细节越丰富，图像质量越好。图像信息熵的计算方式如式（5-38）所示。如表 5-8 和表 5-9 所示，其是每种算法处理的图像的信息熵值表。从表中的数据可以看出，本章方法在 MIT-5K 数据集中的 20 幅随机图像中取得了优异的效果，这里每幅图像的熵值都是优秀的，本章算法的平均值是三组图像中最高的。在 MIT-5K 数据集中的 20 幅随机图像中，本章算法排名第一，AGCWD 算法第二，BPDHE 算法第三；在 MIT-5K 数据集中的前 100 幅图像中，AGCWD 算法是第一位的，本章算法是第二位的，LIME 算法是第三位的；在 DICM 数据集中，本章算法排名第一，BPDHE 算法第二，NPEA 算法第三。结果表明，本章提出的算法在增加图像信息量方面具有明显的优势。

$$H=-\sum_{i=0}^{255}p(i)\times\log_2\left[p(i)\right] \tag{5-38}$$

表 5-8　MIT-5K 数据集中 20 幅随机图像不同算法处理的 Entropy 值

名称	Entropy									
	AGCWD算法	Al-Ameen的算法	BHE2PL算法	BIMEF算法	BPDHE算法	LIME算法	MSRCR算法	NPEA算法	SRIE算法	本章算法
图像 1	7.393	7.369	5.152	7.513	7.231	7.534	6.327	7.411	7.270	7.380
图像 2	7.829	7.580	6.034	7.076	7.725	7.875	6.955	7.512	7.204	7.852
图像 3	7.745	6.814	4.137	6.025	7.549	6.912	6.784	7.189	6.192	7.804
图像 4	7.655	7.779	6.274	6.958	7.547	7.762	6.936	7.742	7.045	7.876
图像 5	7.775	6.943	7.528	7.117	7.303	7.539	6.798	7.091	7.342	7.740
图像 6	7.915	6.973	7.104	7.108	7.660	7.752	7.160	7.431	7.346	7.473
图像 7	7.783	6.587	4.821	6.431	7.755	7.222	7.633	7.196	6.747	7.916
图像 8	7.688	6.542	6.912	7.345	7.588	7.551	6.751	7.237	7.417	7.753
图像 9	7.716	6.532	4.882	6.244	7.727	6.850	7.655	7.271	6.395	7.616
图像 10	7.756	6.940	7.306	7.038	7.454	7.515	6.101	6.975	7.278	7.867
图像 11	7.797	6.048	5.376	6.867	7.940	7.453	7.329	7.397	7.038	7.863
图像 12	7.694	6.297	5.395	6.329	7.809	7.098	7.604	7.312	6.549	7.848
图像 13	7.773	6.461	7.210	7.063	7.419	7.466	7.145	7.079	7.340	7.752
图像 14	7.812	6.895	5.609	6.946	7.630	7.627	7.590	7.249	7.172	7.857
图像 15	7.865	7.078	5.433	6.831	7.838	7.677	7.442	7.430	6.995	7.901
图像 16	7.679	6.859	6.230	7.020	7.452	7.718	6.233	7.272	7.200	7.626
图像 17	7.903	7.008	7.476	7.122	7.523	7.748	6.565	7.237	7.350	7.952
图像 18	7.915	6.743	7.193	7.100	7.637	7.680	7.396	7.417	7.330	7.958
图像 19	7.848	7.057	7.623	6.867	7.394	7.601	6.418	7.099	7.098	7.906
图像 20	7.859	7.220	5.316	6.842	7.687	7.646	7.271	7.254	7.042	7.929

表 5-9　三组实验图像不同算法处理的 ENTROPY 平均值

名称	Entropy									
	AGCWD 算法	Al-Ameen 的算法	BHE2PL 算法	BIMEF 算法	BPDHE 算法	LIME 算法	MSRCR 算法	NPEA 算法	SRIE 算法	本章算法
MIT-5K 数据集中随机选取的 20 幅图像	7.770	6.886	6.151	6.892	7.593	7.511	7.005	7.290	7.068	7.793
MIT-5K 数据集中前 100 幅图像	7.691	7.063	6.388	6.895	7.481	7.502	6.550	7.317	7.056	7.589
DICM 数据集	7.215	6.269	6.517	7.323	7.375	7.247	5.417	7.366	7.213	7.453

5.3.3.4　图像平均梯度（AG）

图像的平均梯度是指图像梯度图上所有像素的平均值，它反映了图像细节纹理变化的特征及图像的清晰度。平均梯度值越大，图像级别越丰富，图像越清晰。平均梯度 AG 的计算公式如式（5-39）所示。

$$AG=\frac{1}{M\times N}\sum_{i=1}^{M}\sum_{j=1}^{N}\sqrt{\frac{\left(\frac{\partial f}{\partial x}\right)^2+\left(\frac{\partial f}{\partial y}\right)^2}{2}} \tag{5-39}$$

式中：$M\times N$ 表示图像大小；$\frac{\partial f}{\partial x}$ 和 $\frac{\partial f}{\partial y}$ 分别表示水平方向和垂直方向的梯度。

表 5-10 是各算法增强 MIT-5K 数据集中 20 幅随机图像后图像的 AG 值。从表 5-10 中的数据来看，本章算法处理的图像获得的 AG 值大部分排在前三位，只有一幅图像的 AG 值和 BHE2PL 算法的 AG 值并列排在第三位，一幅图像的排在第四位。此外，如表 5-11 所示，在 MIT-5K 数据集中的 20 幅随机图像中，本章算法的 AG 平均值排名第一，LIME 算法第二，AGCWD 算法第三；在 MIT-5K 数据集中的前 100 幅图像中，LIME 算法是第一位的，本章中的算法是第二位的，AGCWD

算法是第三位的；在 DICM 数据集中，LIME 算法是第一位的，本章中的算法是第二位的，BHE2PL 算法是第三位的。本章的算法在三组实验图像上表现良好，表明本章的算法在提高图像清晰度方面具有突出的性能。

表 5-10 MIT-5K 数据集中 20 幅随机图像不同算法处理的 AG 值

名称	AG									
	AGCWD算法	Al-Amee的算法	BHE2PL算法	BIMEF算法	BPDHE算法	LIME算法	MSRCR算法	NPEA算法	SRIE算法	本章算法
图像 1	6.084	7.195	7.662	5.445	5.338	8.269	3.686	5.746	5.486	7.163
图像 2	9.372	8.547	10.201	5.934	8.846	11.381	7.964	8.905	7.053	10.242
图像 3	6.343	3.357	2.897	2.063	6.005	4.274	3.508	6.917	2.693	7.370
图像 4	6.185	6.989	8.869	3.992	5.410	7.431	4.689	6.864	4.166	7.526
图像 5	3.719	3.506	4.166	2.754	2.663	4.371	2.099	3.281	3.169	4.197
图像 6	5.610	5.256	3.919	4.159	4.660	7.447	3.838	5.107	4.816	7.244
图像 7	5.537	3.145	4.595	2.399	6.755	4.373	5.752	3.681	2.941	6.407
图像 8	7.110	4.759	6.749	5.693	5.585	9.057	3.938	5.917	6.202	7.802
图像 9	4.715	4.449	4.738	2.278	5.445	4.020	5.404	4.889	2.889	5.959
图像 10	5.870	4.041	5.142	3.529	6.078	6.663	2.456	5.463	4.176	6.301
图像 11	3.406	2.790	3.906	2.244	3.479	4.113	2.674	3.359	2.904	3.906
图像 12	8.575	3.433	4.773	3.419	9.812	6.187	13.321	7.040	4.208	11.049
图像 13	9.444	4.495	8.347	5.293	7.245	8.910	5.864	6.071	6.163	9.512
图像 14	6.234	4.018	6.154	3.383	5.212	6.389	6.688	4.652	4.328	6.815
图像 15	5.528	3.768	4.737	2.733	5.615	4.961	5.437	4.339	3.303	6.601
图像 16	6.309	4.449	5.581	4.284	5.381	8.036	4.064	6.223	4.920	7.012
图像 17	5.339	3.571	4.760	3.139	3.905	5.829	2.467	4.316	3.935	6.207

续 表

名称	AG									
	AGCWD算法	Al-Amee的算法	BHE2PL算法	BIMEF算法	BPDHE算法	LIME算法	MSRCR算法	NPEA算法	SRIE算法	本章算法
图像 18	9.205	6.875	5.974	5.531	7.852	10.117	5.660	7.052	6.497	10.546
图像 19	8.786	4.994	6.672	4.268	7.264	7.622	3.655	6.471	5.097	10.033
图像 20	5.609	3.895	4.559	2.750	4.809	5.041	4.851	4.272	3.273	6.065

表 5-11　三组实验图像不同算法处理的 AG 平均值

名称	AG									
	AGCWD算法	Al-Ameen的算法	BHE2PL算法	BIMEF算法	BPDHE算法	LIME算法	MSRCR算法	NPEA算法	SRIE算法	本章算法
MIT-5K 数据集中随机选取的 20 幅图像	6.449	4.676	5.720	3.764	5.868	6.724	4.901	5.528	4.411	7.398
MIT-5K 数据集中前 100 幅图像	6.984	5.114	5.996	4.268	6.322	7.475	4.641	6.054	4.880	7.195
DICM 数据集	5.750	5.891	7.318	5.885	5.690	8.371	2.969	6.579	5.579	7.455

5.3.3.5　图像对比度（CR）

对比度是指测试图像中最亮的白色和最暗的黑色之间的不同亮度级别。差值范围越大，对比度越高；差值范围越小，对比度越低。一般来说，对比度越高，图像越清晰、越醒目，颜色越鲜艳，而对比度越低，整个图像将是灰色的。图像对比度的计算公式如式（5-40）所示。

$$\mathrm{CR}=\sum_{\delta}\delta\left(i,j\right)^{2}P_{\delta}\left(i,j\right) \tag{5-40}$$

式中：$\delta\left(i,j\right)=\left|i-j\right|$为相邻像素间灰度差；$P_{\delta}\left(i,j\right)$为相邻像素间灰度差为$\delta$的像素的概率分布。如表 5-12 所示，它是每种算法处理 MIT-5K

数据集中 20 幅随机图像的 CR 值。在所有测试图像中，采用本章提出的算法处理的图像有 9 幅对比度排名第一，7 幅排名第二，3 幅排名第三，只有 1 幅排名第四。其中，Al-Ameen 的算法、BHE2PL 算法、LIME 算法和 MSRCR 算法有时处理图像能得到比本章算法更好的 CR 值。然而，从表 5-13 的总体平均值来看，在最后两组图像实验中，只有 LIME 算法和 BHE2PL 算法比本章算法略有优势。除 LIME 算法和 BHE2PL 算法外，本章提出的算法得到了最优值。本章所提算法在对比度增强方面具有相对优势，虽然不是所有图像中表现最好的算法，但总体排名较高。同时，可以从前面章节的图像视觉感知中得出一些原因，本章算法偶尔缺少对比度是为了保持更好的视觉效果，同时保留更自然的外观和图像细节。

表 5-12　MIT-5K 数据集中 20 幅随机图像不同算法处理的 CR 值

名称	CR									
	AGCWD 算法	Al-Ameen 的算法	BHE2PL 算法	BIMEF 算法	BPDHE 算法	LIME 算法	MSRCR 算法	NPEA 算法	SRIE 算法	本章算法
图像 1	134.173	208.039	332.810	95.136	90.031	250.145	53.509	106.158	98.541	196.560
图像 2	270.253	241.423	474.457	95.757	253.451	372.712	275.492	216.547	134.559	309.588
图像 3	179.182	51.412	68.995	17.396	177.768	77.980	52.242	188.250	28.858	259.207
图像 4	189.490	235.788	472.179	71.904	131.144	267.031	124.562	201.927	77.950	273.905
图像 5	87.769	91.907	115.036	47.011	45.123	117.639	29.328	62.421	61.453	109.633
图像 6	180.586	169.329	86.252	94.076	117.678	310.385	89.694	136.068	126.592	349.665
图像 7	178.853	85.230	202.281	45.668	246.500	154.601	165.409	97.995	64.897	317.198
图像 8	263.401	141.072	256.308	180.053	177.067	412.557	134.963	177.319	206.484	317.343
图像 9	104.817	112.683	147.365	28.735	139.824	93.010	104.119	126.797	48.122	191.564
图像 10	245.936	160.159	239.990	95.374	238.703	335.635	57.411	202.191	130.228	285.792
图像 11	68.677	59.145	118.389	30.129	56.017	104.480	31.849	62.422	51.274	80.986
图像 12	274.346	90.183	180.112	48.150	373.442	147.744	640.117	184.517	71.621	460.509

续 表

名称	CR									
	AGCWD 算法	Al-Ameen 的算法	BHE2PL 算法	BIMEF 算法	BPDHE 算法	LIME 算法	MSRCR 算法	NPEA 算法	SRIE 算法	本章算法
图像 13	376.866	100.447	298.765	133.116	234.299	335.479	182.807	164.370	173.102	357.201
图像 14	172.027	76.849	203.695	46.899	113.132	167.299	167.577	86.698	76.656	193.035
图像 15	107.517	58.101	116.484	24.093	114.198	77.223	91.579	56.857	35.377	161.384
图像 16	203.458	125.929	237.409	95.161	137.895	326.603	113.267	157.644	123.354	266.446
图像 17	129.151	71.260	108.199	43.640	69.883	144.718	30.741	72.964	66.617	167.846
图像 18	412.579	255.022	176.199	151.890	290.490	502.766	169.054	232.147	207.042	545.416
图像 19	300.079	124.523	182.543	84.327	246.517	227.285	62.213	168.725	111.032	409.665
图像 20	172.806	100.640	185.382	41.572	117.099	137.642	116.637	88.249	57.432	198.325

表 5-13 三组实验图像不同算法处理的 CR 平均值

名称	CR平均值									
	AGCWD 算法	Al-Ameen 的算法	BHE2PL 算法	BIMEF 算法	BPDHE 算法	LIME 算法	MSRCR 算法	NPEA 算法	SRIE 算法	本章算法
MIT-5K 数据集中随机选取的 20 幅图像	202.60	127.96	210.14	73.50	168.51	228.15	134.63	139.51	97.56	272.56
MIT-5K 数据集中前 100 幅图像	246.41	134.61	200.99	97.24	204.98	283.85	131.38	159.41	119.35	262.29
DICM 数据集	205.75	259.95	374.24	193.26	174.56	413.15	70.30	219.02	175.20	317.26

5.3.3.6 图像亮度差（BD）

图像的平均值 Mean 反映图像的亮度。平均值越大，图像的亮度越高，反之亦然。它的值可以用式（5-41）来计算：

$$\text{Mean}=\frac{\sum_{x=1}^{M}\sum_{y=1}^{N}g(x,y)}{M\times N} \tag{5-41}$$

式中：$M\times N$ 为图像大小，$g(x,y)$ 是图像第 x 行、第 y 列像素的灰度值。在正常情况下，亮度是评价图像质量的重要指标。

一张图像需要足够的亮度才能给人带来良好的视觉体验，但并不是亮度值越大，视觉效果就越好。参考文献 [87] 指出，当图像灰度值在 128 左右时，说明视觉效果较好。式（5–42）中：BD 表示测试图像平均亮度与 128 的差值，BD 值越小，测试图像增强结果的视觉效果越好。其定义如下：

$$\text{BD}=\left|\text{Mean}-128\right| \tag{5-42}$$

如表 5–14 所示，它是每种算法处理的 MIT–5K 数据集中 20 幅随机图像的 BD 值。在所有的测试图像中，本章提出的算法处理的图像大部分亮度接近 128。从表 5–15 中三组图像的 BD 平均值来看，本章提出的算法在维持图像的视觉舒适亮度方面相对稳定，它在不同环境下的低照度图像上保持一致的性能。NPEA 算法不如本章提出的算法，AGCWD 算法、BHE2PL 算法和 LIME 算法的性能也不稳定，虽然这几种算法在单个图像中显示了良好的结果，但它们的适应性不强，并且在其他低照度图像中也没有显示一致的良好结果。

表 5–14　MIT–5K 数据集中 20 幅随机图像不同算法处理的 BD 值

名称	BD									
	AGCWD 算法	Al-Ameen 的算法	BHE2PL 算法	BIMEF 算法	BPDHE 算法	LIME 算法	MSRCR 算法	NPEA 算法	SRIE 算法	本章算法
图像 1	44.095	26.435	44.417	33.239	57.385	21.670	90.502	42.096	48.542	45.955
图像 2	28.750	39.265	58.202	25.728	41.561	1.774	73.097	18.750	42.877	21.019
图像 3	15.674	47.635	111.178	12.774	34.268	16.522	80.288	13.898	21.510	17.171

续 表

名称	BD									
	AGCWD 算法	Al-Ameen 的算法	BHE2PL 算法	BIMEF 算法	BPDHE 算法	LIME 算法	MSRCR 算法	NPEA 算法	SRIE 算法	本章算法
图像 4	47.489	14.278	59.029	41.697	51.964	22.746	79.778	12.424	63.824	19.575
图像 5	21.439	75.363	31.029	15.003	60.591	12.131	84.476	13.100	23.303	4.376
图像 6	10.723	75.408	28.169	12.842	30.832	16.437	73.159	6.731	22.640	4.578
图像 7	1.207	78.148	88.724	5.144	15.226	19.951	38.955	12.615	15.568	7.611
图像 8	4.297	85.016	7.895	1.861	36.863	32.461	79.261	5.005	11.785	8.768
图像 9	6.356	71.581	80.650	5.265	17.919	26.260	36.377	30.037	7.742	22.724
图像 10	19.237	70.832	33.501	16.627	49.732	17.638	96.381	13.020	21.351	4.723
图像 11	15.278	90.520	66.576	8.599	6.113	41.422	62.026	34.586	6.251	13.406
图像 12	5.518	88.342	101.247	9.045	7.755	23.525	31.897	8.598	9.435	13.827
图像 13	3.242	88.157	49.365	0.834	42.118	34.807	71.604	11.019	10.029	6.469
图像 14	9.666	79.678	81.550	20.467	31.615	26.468	47.977	3.869	14.847	2.777
图像 15	17.515	68.725	86.144	15.791	17.881	14.077	57.631	8.688	25.362	11.138
图像 16	16.130	59.789	33.101	26.566	48.923	15.261	88.667	6.568	29.396	7.268
图像 17	13.360	73.342	2.882	26.392	47.116	22.989	90.378	1.950	19.697	4.576
图像 18	1.092	77.652	21.383	15.379	39.423	24.582	62.764	2.638	20.118	8.883
图像 19	21.829	65.453	7.617	19.904	55.297	7.984	94.278	0.396	32.957	9.343
图像 20	20.256	52.887	78.140	21.506	28.688	2.551	63.038	6.870	35.059	5.796

表 5–15　三组实验图像不同算法处理的 BD 平均值

名称	BD平均值									
	AGCWD 算法	Al-Ameen 的算法	BHE2PL 算法	BIMEF 算法	BPDHE 算法	LIME 算法	MSRCR 算法	NPEA 算法	SRIE 算法	本章算法
MIT–5K 数据集中随机选取的 20 幅图像	16.158	66.425	53.540	16.733	36.064	20.063	70.127	12.643	24.115	11.999
MIT–5K 数据集中前 100 幅图像	25.671	59.087	49.663	23.984	45.027	15.893	79.230	16.859	33.693	23.660
DICM 数据集	38.110	68.576	29.264	35.582	44.370	37.745	89.450	34.082	41.028	26.615

5.3.3.7　图像标准差（STD）

图像标准差（STD）反映了图像像素值和图像平均值之间的分散程度。标准差越大，图像质量越好。图像标准差的计算公式如下：

$$\mathrm{STD}=\sqrt{\frac{1}{M\times N}\sum_{x=1}^{M}\sum_{y=1}^{N}\left[g(x,y)-\mathrm{Mean}\right]^{2}} \tag{5-43}$$

如表 5–16 所示，它是每种算法处理 MIT–5K 数据集中 20 幅随机图像后的 STD 值。在所有的测试图像中，本章提出的算法有 10 幅测试图像 STD 值排名第一，5 幅测试图像 STD 值排名第二，3 幅测试图像 STD 值排名第三，2 幅测试图像 STD 值排名第四，但从图 5–28 可以直观地看出，虽然用该算法处理的图像的 STD 值不是绝对最优的，但其整体性能更好更稳定。此外，如表 5–17 所示，本章提出的算法及 AGCWD 算法和 BHE2PL 算法在 STD 数据上表现出良好的性能。在三组测试图像中，AGCWD 算法分别排名第二、第一和第三，BHE2PL 算法分别排名第三、第三和第一，而本章的算法分别排名第一、第二和第二。与其他算法相比，本章提出的算法在不同环境下的低照度图像上相对稳定，表明本章提出的算法在提高图像质量方面具有一定的优势。

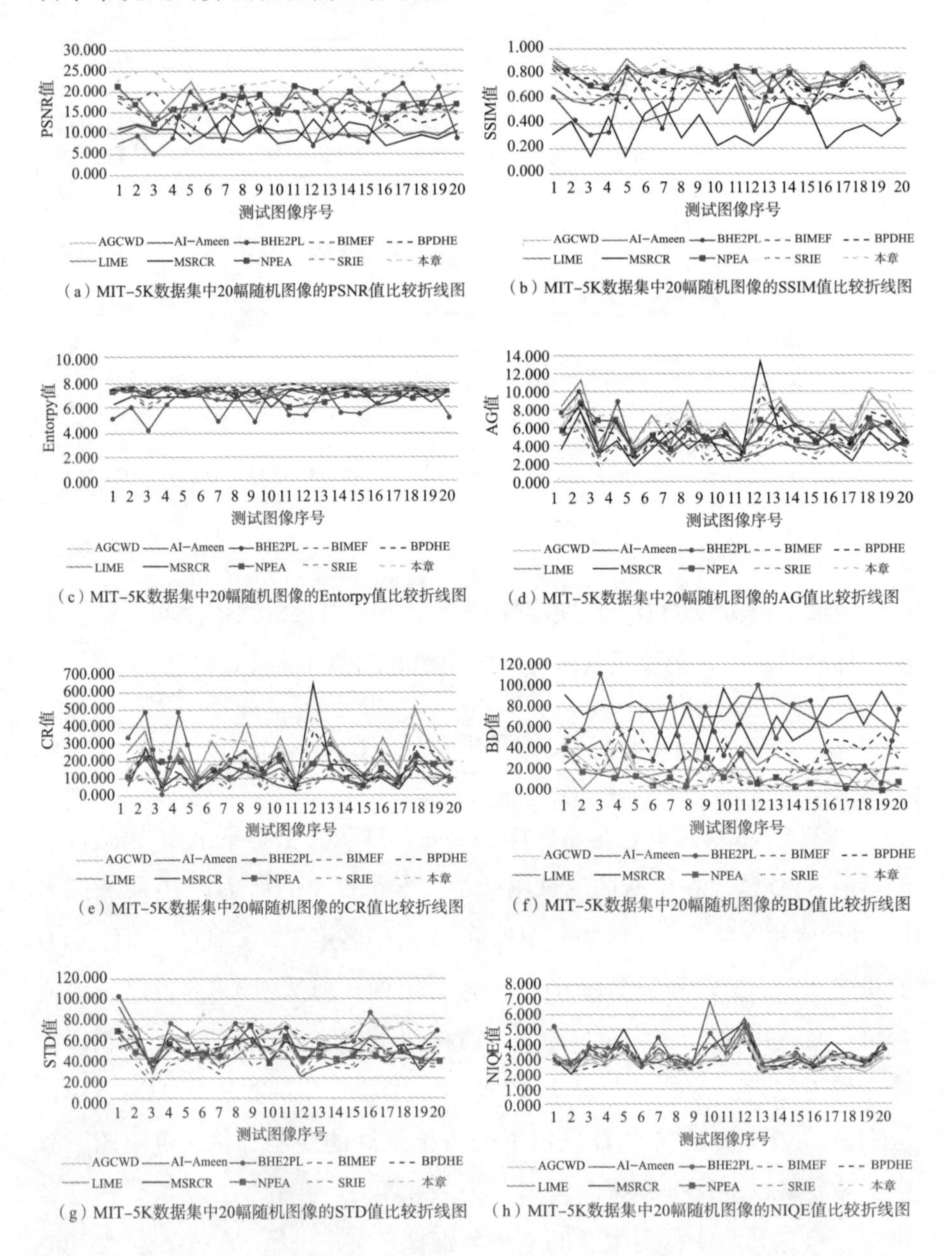

（a）MIT-5K数据集中20幅随机图像的PSNR值比较折线图

（b）MIT-5K数据集中20幅随机图像的SSIM值比较折线图

（c）MIT-5K数据集中20幅随机图像的Entorpy值比较折线图

（d）MIT-5K数据集中20幅随机图像的AG值比较折线图

（e）MIT-5K数据集中20幅随机图像的CR值比较折线图

（f）MIT-5K数据集中20幅随机图像的BD值比较折线图

（g）MIT-5K数据集中20幅随机图像的STD值比较折线图

（h）MIT-5K数据集中20幅随机图像的NIQE值比较折线图

图 5-28　MIT-5K 数据集中 20 幅随机图像采用不同的算法处理的各评价指标折线图

表 5-16　MIT-5K 数据集中 20 幅随机图像不同算法处理的 STD 值

名称	STD									
	AGCWD 算法	Al-Ameen 的算法	BHE2PL 算法	BIMEF 算法	BPDHE 算法	LIME 算法	MSRCR 算法	NPEA 算法	SRIE 算法	本章算法
图像 1	77.196	93.269	101.057	61.965	68.488	80.081	52.807	68.479	62.307	79.399
图像 2	74.777	59.198	72.947	35.892	60.786	65.635	59.825	47.263	39.918	69.473
图像 3	61.413	30.416	27.216	16.545	54.064	30.298	32.562	38.050	18.723	69.930
图像 4	65.072	62.724	75.388	33.066	53.584	60.708	52.127	56.070	36.901	69.495
图像 5	60.887	47.656	64.568	40.013	45.501	56.696	45.405	43.424	45.815	59.138
图像 6	68.573	48.570	42.204	36.984	53.594	57.233	48.260	45.453	46.033	85.582
图像 7	64.202	34.246	48.847	23.959	55.222	39.404	53.073	40.865	30.891	75.016
图像 8	76.401	42.406	74.944	56.979	70.078	61.830	56.923	56.321	64.355	68.319
图像 9	75.096	55.018	57.932	31.850	75.436	53.313	61.634	74.026	41.502	80.734
图像 10	65.755	51.432	68.247	39.654	49.076	53.641	39.012	37.994	44.739	67.119
图像 11	79.923	44.762	71.993	45.142	74.546	62.630	56.159	63.115	53.385	76.247
图像 12	52.955	23.229	35.248	19.993	60.390	34.007	51.064	39.460	23.596	66.249
图像 13	63.395	31.278	52.777	40.112	54.681	52.237	49.766	43.808	46.818	56.740
图像 14	61.875	35.644	54.064	31.023	51.410	51.305	53.461	38.828	36.946	60.703
图像 15	63.635	42.301	58.443	28.950	63.488	51.950	50.426	43.338	33.206	72.364
图像 16	79.933	60.242	85.105	44.315	52.468	63.779	46.240	43.123	51.955	78.346
图像 17	67.409	46.358	64.558	36.882	48.754	60.406	38.520	40.103	42.871	69.842
图像 18	74.952	45.460	47.102	38.767	54.005	59.867	54.655	48.527	48.721	75.503
图像 19	61.637	41.455	51.154	31.717	52.081	49.783	28.871	37.759	36.672	70.375
图像 20	67.859	52.781	69.528	31.074	55.498	53.674	48.158	38.934	35.429	71.518

表 5-17　三组实验图像不同算法处理的 STD 平均值

名称	STD平均值									
	AGCWD 算法	Al-Ameen 的算法	BHE2PL 算法	BIMEF 算法	BPDHE 算法	LIME 算法	MSRCR 算法	NPEA 算法	SRIE 算法	本章算法
MIT-5K 数据集中随机选取的 20 幅图像	68.147	47.422	61.166	36.244	57.658	54.924	48.947	47.247	42.039	71.105
MIT-5K 数据集中前 100 幅图像	65.983	47.289	56.231	36.269	54.490	55.261	45.623	45.598	40.730	61.717
DICM 数据集	74.168	65.811	82.874	60.660	63.620	72.448	43.556	61.871	63.303	77.328

5.3.3.8　自然图像质量评估器（NIQE）

在根据上述评价指标对实验图像进行评价后，本章还使用 NIQE 对实验图像进行了评价。NIQE 是基于一组质量感知特征的，并将它们融入多元高斯（multi-variate Gaussian, MVG）模型。质量感知特征来自一个简单但高度正则化的自然场景统计（natural scene statistics, NSS）模型。然后，将给定测试图像的 NIQE 指数表示为从测试图像中提取的 NSS 模型特征的 MVG 模型与从自然图像语料库中提取的质量感知特征的 MVG 模型之间的距离[135]。其图像评价结果更符合人眼观察图像的感受，且 NIQE 值越小，图像的视觉效果越好。

如表 5-18 所示，它是每种算法处理 MIT-5K 数据集中 20 幅随机图像后的 NIQE 值。在所有的测试图像中，本章算法处理的图像大部分都能得到较好的 NIQE 值。从整体来看，如表 5-19 所示，本章算法在三组测试图像中的 NIQE 值也很好，而且本章算法在三组图像的平均值中是最小的。该结果表明，本章所提的算法在处理低照度图像时能取得良好的视觉效果。

表 5-18　MIT-5K 数据集中 20 幅随机图像不同算法处理的 NIQE 值

名称	NIQE									
	AGCWD 算法	Al-Ameen 的算法	BHE2PL 算法	BIMEF 算法	BPDHE 算法	LIME 算法	MSRCR 算法	NPEA 算法	SRIE 算法	本章算法
图像 1	3.107	3.389	5.249	3.228	3.016	3.078	3.280	3.173	3.291	2.749
图像 2	2.525	2.164	2.914	2.662	2.297	2.743	2.175	2.486	2.510	2.623
图像 3	2.852	3.475	3.693	4.259	2.529	3.389	3.735	2.799	3.943	2.928
图像 4	2.946	2.959	3.831	3.600	2.980	2.821	3.267	2.632	3.304	2.821
图像 5	3.866	4.161	3.846	4.343	3.978	3.736	5.092	3.861	4.305	3.540
图像 6	2.664	2.744	2.646	2.820	2.842	2.455	3.097	2.839	2.636	2.756
图像 7	2.847	3.956	4.531	4.034	2.336	3.710	2.955	3.695	3.712	3.380
图像 8	2.519	2.947	2.497	2.741	2.634	2.566	3.416	2.529	2.770	2.432
图像 9	3.118	2.794	2.965	3.691	2.411	2.607	2.780	2.355	3.160	2.388
图像 10	2.823	6.912	4.832	3.977	2.760	3.168	3.816	3.284	4.002	3.120
图像 11	3.409	3.686	3.489	4.037	3.299	3.003	4.642	3.313	3.642	3.234
图像 12	4.591	5.705	4.633	5.408	4.376	4.952	5.588	5.119	5.127	4.667
图像 13	2.485	2.880	2.802	2.695	2.272	2.514	2.508	2.436	2.447	2.392
图像 14	2.401	3.012	3.174	3.152	2.641	2.481	2.575	2.780	3.088	2.380
图像 15	2.875	3.107	2.917	3.736	2.768	3.147	2.951	3.180	3.489	2.474
图像 16	2.342	2.318	2.685	2.644	2.431	2.524	2.998	2.311	2.715	2.327
图像 17	2.639	3.295	3.112	3.576	3.155	2.636	4.251	3.152	3.355	2.373
图像 18	2.532	3.488	3.246	3.339	2.597	2.638	3.090	2.999	3.169	2.556
图像 19	2.203	2.949	2.571	2.995	2.678	2.639	2.753	2.463	2.857	2.510
图像 20	3.665	3.426	3.546	4.131	3.322	3.249	4.098	3.073	3.754	3.472

表 5-19　三组实验图像不同算法处理的 NIQE 平均值

名称	NIQE平均值									
	AGCWD算法	Al-Ameen算法	BHE2PL算法	BIMEF算法	BPDHE算法	LIME算法	MSRCR算法	NPEA算法	SRIE算法	本章算法
MIT-5K 数据集中随机选取的 20 幅图像	2.920	3.468	3.459	3.553	2.866	3.003	3.453	3.024	3.364	2.856
MIT-5K 数据集中前 100 幅图像	2.933	3.200	3.640	3.498	2.930	3.005	3.493	2.973	3.356	2.900
DICM 数据集	3.523	3.958	4.364	3.519	3.497	3.460	5.608	3.450	3.574	3.412

5.4　本章小结

本章提出了一种亮度均衡和细节保持的低照度图像增强算法。对图像在两个方向上进行处理。一方面，提出了基于改进 CS 算法的双直方图双自动平台均衡算法，提高了图像的亮度和对比度。另一方面，采用基于全变分模型的算法制作图像细节掩模。最后，将双方的结果融合，得到最终的增强图像。本章的主要贡献：①在保持图像细节信息的同时，均衡图像亮度，提高图像对比度；②本章提出了一种新的基于 CS 算法和 PSO 算法的搜索优化策略，该策略不易陷入局部最优，能够在后期保持搜索能力，更有利于最优值的选择。通过实验，从人眼观察的主观评价和客观指标评价的结果来看，该算法对低照度图像的处理效果较好，适用于各种环境下产生的低照度图像。

第 6 章　基于高效自适应特征聚合网络的低照度图像增强

6.1　引言

在低照度条件下，拍摄的图像会出现纹理和颜色偏差，并包含大量噪声，从而影响视觉感知。低照度环境增加了高层视觉任务的难度，如图像检测[136-137]和视觉跟踪[138-139]。亮度变化是影响这类任务执行的主要因素之一。一种解决方案是使用具有高感光度（international standards organization, ISO）的捕获设备来获取高质量图像，但这种方法不足以改善图像质量，而且成本高昂。因此，人们经常使用图像增强技术来增强低照度图像。研究人员提出了大量低照度图像增强算法，这些算法可分为三类：基于直方图均衡（HE）的算法、基于 Retinex 的算法和基于学习的算法。

直方图均衡是一种经典算法，它通过扩展像素的动态范围来增强整个图像的对比度。这种算法简单方便，但增强后的图像缺乏细节。一些基于直方图均衡的改进算法[19，140]进一步改善了图像的视觉感受，但仍不能满足实际需求。一些研究[3-5，105，141]结合 Retinex 理论，将图像分解为光照图和反射图，通过融合处理后的光照图和反射图，得到增强图像。

然而，由于图像在低照度环境下有不同程度的衰减，因此很难通过这些算法准确估计图像的光照图，增强后的图像通常对比度低、细节模糊且含有较强的噪声。

研究人员也提出了许多基于学习的低照度图像增强算法。例如，一些端到端算法[47-49]设计了复杂的结构来整合特征，但生成的图像缺乏纹理且含有噪声。一些算法[51，53]借助物理上可解释的Retinex理论来增强低照度图像，这些算法比传统算法取得了更好的效果，但对噪声的抑制不够。一些无监督算法[59-60]减少了对配对数据集的需求，提高了算法的泛化能力，但这些算法难以训练，生成的图像存在色彩偏差和噪声。

现有的基于学习的算法常常对特征的利用效率不高，重构后的图像缺乏细节、存在噪声。一些算法尝试结合金字塔结构学习特征，采用由粗到精的策略捕捉精细的图像细节，但金字塔结构的不一致性导致深层语义信息与浅层细粒度信息之间的关联不足。同时，这些算法复杂，需要大量的设备资源支持，难以应用于移动设备或辅助高级视觉任务。为了解决这些问题，本章设计了一种高效的自适应特征聚合网络EAANet用于低照度图像增强。具体来说，提出了多尺度特征聚合块MFAB和自适应特征聚合块AFAB。MFAB包含信息聚合块（information aggregation block, IAB）和双注意块（dual attention block, DAB），在推理阶段，将IAB的非对称卷积融入标准卷积中，在不增加参数数量的情况下增强特征表示，DAB从空间和信道两个方面对特征进行细化，减少特征冗余。为了改善金字塔结构的特征尺度不一致性，AFAB自适应地从金字塔结构中选择特征，在深层语义信息和浅层细粒度信息之间建立联系。此外，这两个块都是轻量级的。通过两个块的协作，本章所提出的算法可以重建具有良好亮度、色彩和纹理的图像。

本章所提算法的主要贡献如下。

（1）提出了一种用于低照度图像增强的高效自适应特征聚合网络（EAANet）。大量实验表明，所提出的算法能有效地重建图像的颜色和

纹理，并抑制图像噪声。

（2）提出了一种多尺度特征聚合块（MFAB），它通过非对称卷积改进了特征表示，并利用双重关注机制减少了冗余特征。MFAB 是一个轻量级模块，而且非常高效。在推理阶段，将非对称卷积融入标准卷积中，进一步减少了参数和计算量。

（3）为了解决金字塔结构的不一致性，提出了自适应特征聚合块（AFAB）。该块增强了金字塔的深层语义信息和浅层细粒度信息之间的交互，以改善图像的纹理和颜色。

6.2　高效自适应特征聚合网络

本节介绍高效自适应特征聚合网络 EAANet。EAANet 使用金字塔结构，金字塔结构是一种常见的多尺度结构，是提取多尺度信息的主要方法之一，它被广泛应用于传统算法 [142]、基于卷积神经网络（convolutional neural network, CNN）的算法 [143-146] 和 Transformer 算法 [147] 中。金字塔结构具有较大的感知场，可以提供丰富的特征信息。EAANet 有三层，每一层包含多个用于提取特征的多尺度特征聚合块 MFABs，每一层的输出被纳入浅层，引导浅层学习更精细的特征。此外，每一层的输出也被反馈到 AFAB 层，以建立不同层特征之间的联系。如图 6-1 所示，首先将输入图像通过卷积层映射为高维特征，然后依次下采样获得不同尺度的特征，其操作可定义为式（6-1）和式（6-2）。

$$I_1 = \mathrm{Conv3}(I_{\mathrm{input}}) \tag{6-1}$$

$$I_n = F_{\mathrm{down}}(I_{n-1}), n = 2,3 \tag{6-2}$$

式中：I_{input} 为低照度图像；I_n 表示第 n 层的输出；F_{down} 表示下采样；Conv3 表示卷积核为 3×3 的卷积。随着网络深度的增加，一些关键特征会逐渐丢失。受文献 [148] 和文献 [149] 的启发，本章构建了一个聚合块（aggregation block, AB）来解决随着网络深度的增加而丢失关键特征的问题，每个 AB 包含 n 个多尺度特征聚合块（MFABs）。每个 MFAB 的输出被串联起来，以充分利用特征。此处设 n 为 4。为了避免产生大量的参数，首先将连接后的特征通过 1×1 卷积层来调整通道数量，然后通过 3×3 卷积层重建特征。在底层，特征首先通过聚合块 AB，然后 AB 的输出被上采样，并与之前的下采样操作获得的中间层特征连接。之后通过 1×1 卷积层调整通道数量，再次通过 AB，重复此操作即可得到每层 AB 的输出，这一操作可以定义为式（6−3）～（6−5）。

$$F_{\mathrm{AB}}=\mathrm{Conv3}\left(\mathrm{Conv1}\left(\left\|\mathrm{MFAB}_{\mathrm{out}_1},\mathrm{MFAB}_{\mathrm{out}_2},\cdots,\mathrm{MFAB}_{\mathrm{out}_n}\right\|\right)\right) \quad (6-3)$$

$$I_{\mathrm{out}_s}=F_{\mathrm{AB}}(I_3) \quad (6-4)$$

$$I_{\mathrm{out}_n}=F_{\mathrm{AB}}\left[\mathrm{Conv1}\left(\left\|F_{\mathrm{up}}\left(I_{\mathrm{out}_{n+1}}\right),I_n\right\|\right)\right],n=1,2 \quad (6-5)$$

式中：I_{out} 是第 n 层的输出；$\|\,\|$ 是连接操作；Conv1 表示卷积核为 1×1 的卷积；F_{AB} 表示 AB 块；F_{up} 表示上采样；$\mathrm{MFAB}_{\mathrm{out}_i}$ 表示第 i 个 MFAB 的输出。6.2.1 节将详细描述 MFAB。三层解码器的输出被送入 AFAB 以加强深层语义信息与浅层粒度信息之间的联系。这个操作可以定义为式（6−6）。

$$I_{\mathrm{output}}=\mathrm{Conv\,3}(\mathrm{Conv\,3}(F_{\mathrm{AFAB}}(I_{\mathrm{out}_1},I_{\mathrm{out}_2},I_{\mathrm{out}_3})),n=1,2 \quad (6-6)$$

式中：I_{output} 是增强的图像；F_{AFAB} 是一个自适应特征聚合操作。6.2.2 节将详细描述 AFAB。AFAB 输出的特征通过两个 3×3 卷积层即可得到最终增强的图像。本章所提算法是端到端的算法，因此整个操作可以定义为式（6−7）。

$$I_{\mathrm{output}}=F_{\mathrm{EAANet}}(I_{\mathrm{input}}) \quad (6-7)$$

式中：F_{EAANet} 是 EAANet 对应的操作。每个下采样操作包含一个 2 步长的 3×3 卷积和一个 1 步长的 3×3 卷积。每个上采样操作包含双线性插值和一个 1 步长的 3×3 卷积。接下来将详细描述 EAANet 的每个模块和损失函数。

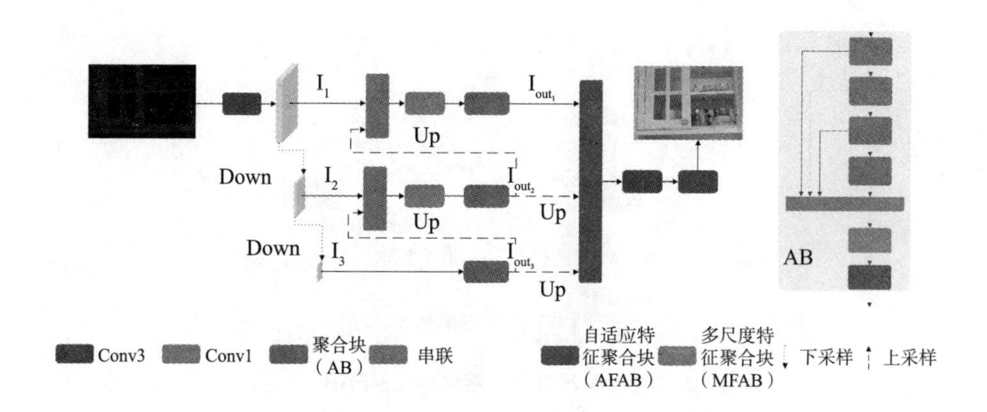

图 6-1　本章提出的 EAANet 的模型结构

6.2.1　多尺度特征聚合块（MFAB）

一些算法通过设计新颖的结构来提取丰富的特征。例如，MSRN [148] 使用具有不同的核的卷积层；LPNet [50] 沿着通道维度拆分特征，然后分别通过不同数量的卷积层。然而，这些算法的特征提取能力是低效的。具有大核的卷积层会产生大量的参数，拆分操作会阻碍通道之间的信息交互及降低特征表示。为了更好地提取和利用特征，本章算法提出了 MFAB。如图 6-2 所示，前一层的输出被 1×1 的卷积层分为两个分支，每个分支只有输入通道数量的一半。一个分支通过一个 3×3 卷积层，另一个分支可以粗略地分为两部分：信息聚合块（IAB）和双注意力块（DAB）。

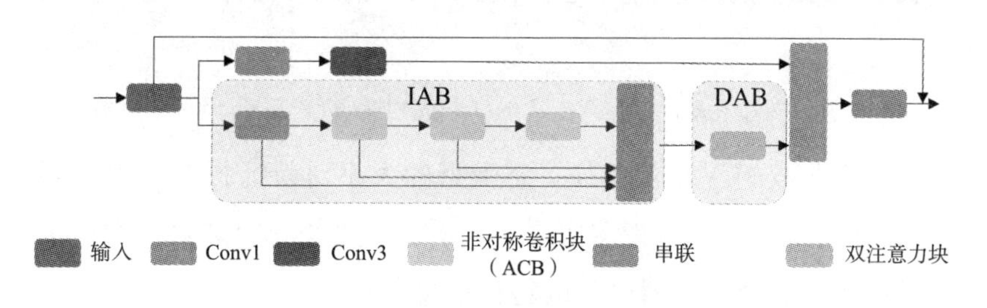

（a）MFAB 的结构

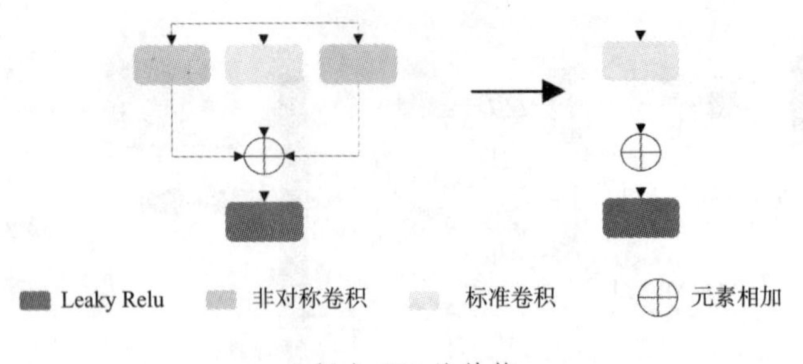

（b）ACB 的结构

图 6-2　多尺度特征聚合块（MFAB）

基于学习的算法通常是设计复杂结构以获得丰富特征信息所必需的。ACNet[150] 提出了一种有效的特征信息捕获算法，它尝试使用非对称卷积来增强标准卷积核。受 ACNet 的启发，本章设计了一个非对称卷积块（asymmetric convolution block, ACB），它包含 2 个不对称卷积和 1 个标准卷积。非对称卷积和标准卷积的输出通过元素求和运算组合，并增加了 Leaky Relu 激活。对于 IAB，特征通过三个 ACB。在训练阶段，非对称卷积块包含非对称卷积和标准卷积，其表达式可以定义为式（6-8）。

$$F_{\mathrm{ACB}} = \delta(U * K^{3'1} + U * K^{3'3} + U * K^{1'3}) \tag{6-8}$$

式中：U 是上一层的特征；K 是卷积核；δ 是 Leaky Relu 激活函数。在推理阶段，将非对称卷积权重融入标准卷积中，ACB 变换为标准卷积。这种方式可以在不增加参数数量的情况下增强特征表征，其操作可定义为式（6-9）。

$$U * K^{3'1} + U * K^{3'3} + U * K^{1'3} = U * (K^{1'3} \oplus K^{3'3} \oplus K^{3'1}) \tag{6-9}$$

式中：$\oplus$是内核参数的逐元素相加。感受野的大小对特征提取有很大影响，每个 ACB 输出的特征的感受野是不同的，此处将每个非对称卷积块的输出进行连接，融合不同感受野的特征信息。

低照度图像有很多噪声，提取的特征往往是冗余的。注意机制用于高级视觉任务，如图像分类、图像识别等，它可以促进模型更多地关

注有价值的特征，淡化无用的特征。多种方法[50，151−152]已经证明，注意机制有助于低级视觉模型学习正确的纹理并抑制噪声。因此，本章尝试使用注意机制来减少特征冗余。具体来说，本章设计了平行的空间和通道注意机制。色彩退化是低照度图像增强的一个挑战。受文献[153]的启发，此处在通道注意力分支中加入了基于全局平均池化（global average network, GAP）的标准差（STD），如图 6−3 所示。标准差反映了单个像素与图像均值的分散程度。通过加入标准差，可以促进模型更加关注边缘信息，因此可以改善图像的颜色。对于标准差，此处定义 $\boldsymbol{X}=\left[x_1,x_2,\cdots,x_c\right]$ 作为输入，其形状为 $C\times H\times W$，表达式可以定义为式（6−10）。

$$\varepsilon_c=\sqrt{\frac{1}{HW}\sum_{(i,j)\in x_c}\left(x_c^{i,j}-\frac{1}{HW}\sum_{(i,j)\in x_c}X_c^{i,j}\right)^2} \tag{6-10}$$

式中：ε_c 为输出的第 c 个元素的标准差。STD 可以改善图像的颜色。为了降低计算复杂度，现有的通道注意机制通常会进行通道降维，这种操作会导致模型无法有效捕获通道之间的依赖关系，丢失一些重要的上下文信息。受文献[154]的启发，本章使用一维卷积来避免降维。首先用 ε_c 对全局平均池的输出进行逐个元素求和，然后使用一维卷积来避免通道减少，一维卷积允许通道之间有足够的信息交互。特征通过 Sigmoid 激活函数归一化，最后归一化图特征通过元素乘法运算重新缩放。在空间注意分支，分别对通道维度做平均池化和最大池化。两种池化方式的输出被串联起来，然后通过卷积层从空间维度学习有价值的特征。最后，执行 Sigmoid 激活和元素乘法操作来重新缩放特征。将通道注意力分支和空间注意力分支的输出串联起来并通过卷积层来调整通道维度。本章的双注意力块可以定义为式（6−11）～式（6−13）。

$$F_{\mathrm{ch}}=U\otimes\sigma\left(\mathrm{Conv1d}\left(\mathrm{GAP}\left(U\right)+\mathrm{STD}\right)\right) \tag{6-11}$$

$$F_{sp} = U \otimes \sigma\left(\mathrm{Conv7}\left(\mathrm{GAP}(U) + \mathrm{GMP}(U)\right)\right) \tag{6-12}$$

$$F_{DAB} = \mathrm{Conv1}\left(F_{ch}, F_{sp}\right) \tag{6-13}$$

式中：F_{ch} 和 F_{sp} 是通道和空间注意；F_{DAB} 是本章算法所提出的双注意力块；Conv7 表示一个 7×7 的卷积层；GAP 是全局平局池化（GAP）操作；GMP 是全局最大池化（global max pooling, GMP）操作；STD 是标准差。最后，两个分支的输出被串联起来，并加入一个残差结构以稳定梯度传播。在空间注意力分支中，卷积核大小设置为 7。在通道注意力分支中，一维卷积的卷积核设置为 3。由于非对称卷积和一维卷积的结合，MFAB 非常轻巧，在高效提取有价值的特征和淡化冗余特征方面具有出色的性能，重建后的图像色彩鲜艳，纹理丰富。

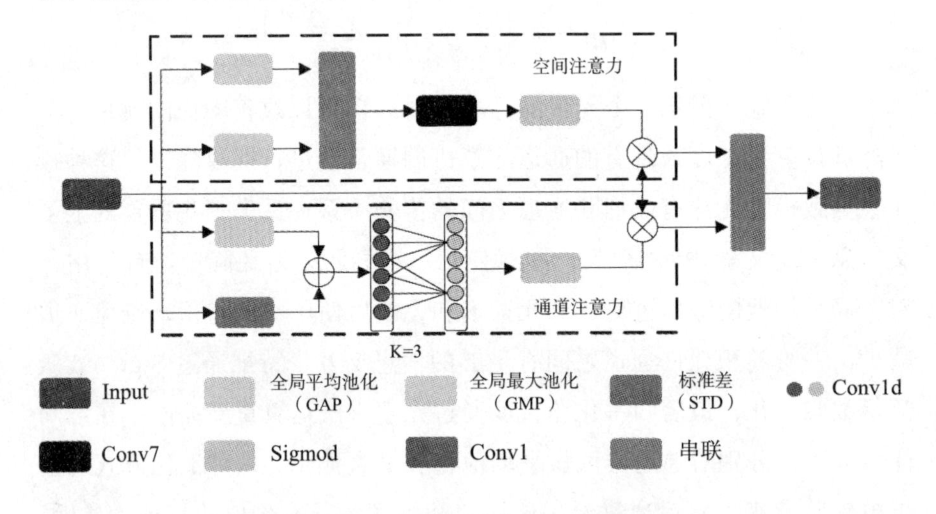

图 6-3　双注意力块（DAB）的结构

6.2.2　自适应特征聚合块（AFAB）

现有的算法通常使用金字塔结构来挖掘多尺度特征。金字塔结构通过将深层语义信息整合到浅层串联和元素求和操作，引导模型学习更精细的特征。但在实践中，金字塔结构的不一致性阻碍了深层语义信息与

浅层细粒度特征之间的信息交互。Liu 等人在文献[155]中提出了自适应空间特征融合（adaptive spatial feature fusion, ASFF）来解决特征尺度不一致对单镜头探测器的影响问题。ASFF 为特征分配权重，抑制不同尺度之间的特征冲突，从而提高特征的尺度不变性。Yi 等人在文献[156]中提出了一种自适应特征选择模块（adaptive feature selection module, AFSM），用于融合相邻尺度特征，提高图像去雾效果。然而，ASFF 和 AFSM 都降低了通道尺寸，从而减少了参数的数量，导致特征没有得到充分利用。AFSM 引入了通道注意机制，但该模块仅自适应地选择了邻近尺度上的特征，忽略了非邻近尺度上特征的关联。本章设计了一个自适应特征聚合块 AFAB，它从金字塔结构的每一层接收特征，并通过多分支注意结构自适应地重新缩放每一层的特征。此外，AFAB 将多分支注意结构与一维卷积相结合，增强了通道信息交互，充分利用了有价值的信息。如图 6-4 所示，L_1 是 I_{out1}，L_2 和 L_3 是通过对 I_{out_2} 和 I_{out_3} 的输出进行上采样得到的。三个分支的输入通过元素相加的方式进行融合。然后，融合后的特征通过全局平均池化（GAP）产生全局信息。Conv1d 表示一维卷积。三个分支的 Softmax 激活的值与每个分支的原始特征相乘，然后通过元素相加操作进行融合。AFAB 的操作可以定义为式（6-14）和式（6-15）。

$$S_N = L_N \otimes \sigma\left(\text{Conv1d}(\text{GAP}(L_1 + L_2 + L_3))\right), N = 1,2,3 \tag{6-14}$$

$$F_{\text{AFAB}} = S_1 + S_2 + S_3 \tag{6-15}$$

式中：S_N 表示 AFAB 三个分支的输出；$\otimes$ 表示逐元素的乘法运算。AFAB 可以有效地建立深层语义信息和浅层细粒度信息之间的依赖关系，充分利用不同尺度的特征。此外，该块是轻量的，只增加了少量的参数。本章提出算法 EAANet 的伪代码如表 6-1 所示。

表 6-1　EAANet 算法

1. 输入：低照度图像 $\{I_{input}^{k}\}_{k=1}^{N}$ / 正常亮度图像 $\{I_{gt}^{k}\}_{k=1}^{N}$
2. 输出：增强后的图像 $\{I_{output}^{k}\}_{k=1}^{N}$
3. 初始化：学习率 η，批次大小 m、参数 θ
4. for k=1,2,3,⋯,N do
5. 从式（6-1）提取 I_l
6. 从式（6-2）提取 I_n
7. 通过式（6-8）计算 F_{ACB}
8. 通过式（6-10）、（6-13）分别计算 ε_c, F_{DAB}
9. 通过式（6-4）提取 I_{out_s}
10. 通过式（6-5）提取 I_{out_n}
11. 通过式（6-15）计算 F_{AFAB}
12. 通过式（6-6）更新增强后的图像 $\{I_{output}^{k}\}$
13. 使用 Adam 优化器更新参数 θ
14. 更新学习率 η
15.end
16. 通过式（6-9）融合非对称卷积核
17. 获得最终增强后的图像 I_{output}^{k}

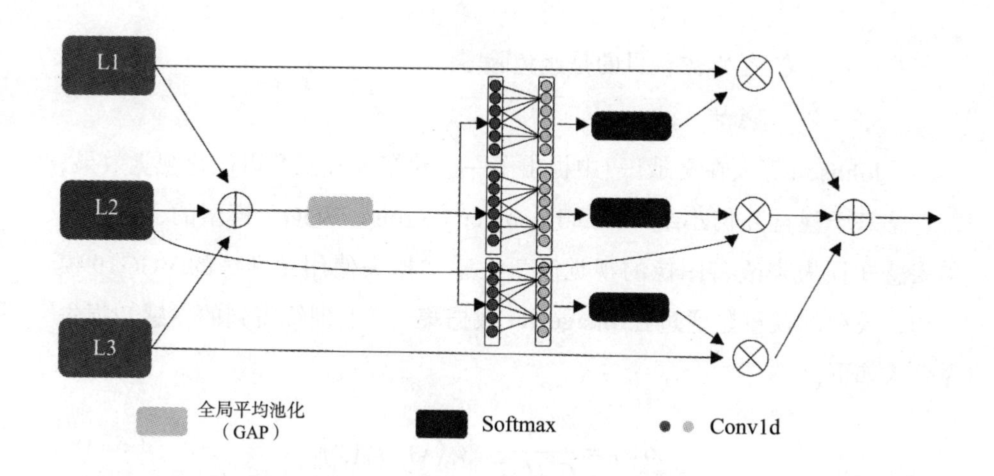

图 6–4　自适应特征聚合块（AFAB）的结构

6.2.3　损失函数

本节设计了本章所提算法的损失函数，它由两部分组成：内容损失、感知损失。

6.2.3.1　内容损失

L_1 损失产生的图像不能有效抑制噪声，L_2 损失倾向于产生过于平滑的图像。结构相似性（SSIM）损失通过亮度、对比度和结构来衡量输出与真实图像的相似性。由 SSIM 损失生成的图像包含较少的噪声，而且质量很好。因此，本章算法使用 SSIM 损失作为内容损失。内容损失可定义为式（6–16）和式（6–17）。

$$L_{\mathrm{c}} = 1 - \mathrm{SSIM}(x, y), \tag{6–16}$$

$$\mathrm{SSIM}(i, j) = \frac{2\mu_x\mu_y + C_1}{\mu_x^2 + \mu_y^2 + C_1} \times \frac{2\sigma_{xy} + C_2}{\sigma_x^2 + \sigma_y^2 + C_2} \tag{6–17}$$

式中：L_c 为内容损失；x 和 y 分别为生成的图像和目标图像；μ_x 和 μ_y 分别为 x 和 y 的平均值；σ_x^2 和 σ_y^2 分别为 x 和 y 的方差；σ_{xy} 是 x 和 y 的协

方差；C_1，C_2是常数，目的是避免除零。

6.2.3.2　感知损失

Johnson等人在文献[157]中提出了一个感知损失函数以优化视觉效果，它是基于视觉几何小组（visual geometry group, VGG）模型的，通过引入感知损失来改善图像的视觉质量。感知损失使用预训练的VGG19模型，模型的权重是通过在ImageNet数据集[158]上训练得到的。感知损失公式如下：

$$\mathrm{Loss}_P = \frac{1}{C_j H_j W_j}\left\|\phi_i(x) - \phi_i(y)\right\| \tag{6-18}$$

式中：Loss_P为总损失；C_j、H_j和W_j分别为通道数、高度和宽度；ϕ_i是VGG19网络m层的输出。当使用VGG模型的不同层的特征时，对模型的优化效果会有所差异。本章算法使用特征层的最后一个卷积层的输出来计算映射差异，并将两个损失的权重比设为1。

6.3　实验结果与分析

6.3.1　数据集

本章在实验中使用了LOL[51]和MIT−5K[126]数据集。LOL数据集是第一个在真实场景中收集的配对数据集，包含485个训练对和15个测试对。此处遵循以往算法的经验，从训练集中提取35幅图像来验证。MIT-5K数据集是低照度图像增强领域的研究人员常用的数据集，为了与其他算法进行公平的比较，使用专家C修饰的图像作为正常照度图像。实验中选取4 500对图像进行训练，其余500对图像进行验证和测试。对于MIT−5K数据集，只考虑RGB色彩下的图像增强。本章使用Lightroom软件制作数据集，将长度设置为500。LOL数据集和MIT−5K数据集的图像大小分别为600 × 400和500 × 333。

6.3.2　实验设置

本章使用 Pytorch 框架在 NVidia GTX 1080ti GPU 上训练提出的算法网络。网络训练 150 个 epoch。优化器使用 Adam 优化器，Adam 优化器参数使用框架的默认值。本章使用余弦退火策略，将初始学习率设置为 2×10^{-4}，学习率阈值设为 2×10^{-6}。为了增强网络的鲁棒性，使用随机旋转、镜像进行数据增强。这里将批大小设置为 16，patch 大小设置为 96×96，通道设置为 32。

6.3.3　与先进算法的比较

将本章提出算法与在 LOL 数据集上的一些先进算法进行了比较，包括 Xu 的算法[122]、RetinexNet[51]、GLADNet[48]、KinD[53]、LPNet[50]、Zero-DCE++[59]、RUAS[60]、RAUNA[159] 和 DRGN[160]。对于 KinD 算法，选择曝光量 5 作为基准。同样，在 MIT-5K 数据集上，与先进的算法进行了比较，包括 White-Box[161]、DPE[162]、DeepUPE[54]、LPNet[50]、Zero-DCE++ 和 RUAS、RAUNA、DRGN。上述算法的代码和预训练模型是由原作者提供的。对于 Zero-DCE++、RUAS 和 DRGN，由于训练数据集不同，在两个数据集上对其重新训练以便公平比较。本节从定量比较、效率比较和视觉比较三个方面进行比较。

6.3.3.1　定量比较

这里使用两个指标：峰值信噪比（PSNR）和结构相似性（SSIM）进行定量比较。PSNR 是一种常用的图像客观评价指标，PSNR 值越高，图像质量越好。SSIM 从亮度、对比度和结构三个方面衡量图像质量，SSIM 值越接近 1，表示图像质量越高。表 6-2 和表 6-3 是两种算法对 LOL 和 MIT-5K 数据集的定量比较结果，其中 PSNR 和 SSIM 的值是测试集的平均值。由此可以看到 Xu 的算法、Zero-DCE++、RUAS 的 PSNR 和 SSIM 指标在两个数据集上都较低。RAUNA 具有良好的 PSNR 指标，但其 SSIM 指标较差。由表可以清楚地看到，本章所提算法在两个数据集上都获得了较好的 PSNR 和 SSIM，这表明该算法具有较好的图像增强效果。该算法可以有效地学习低亮度和正常亮度之间的映射关系。

表 6-2　与先进的算法在 LOL 数据集上的定量比较

算法	Xu 的算法	RetinexNet	GLADNet	KinD	LPNet	Zero-DCE++	RUAS	RAUNA	DRGN	本章算法
PSNR	19.55	16.77	19.72	20.87	21.46	14.71	16.40	22.49	22.11	22.68
SSIM	0.774	0.559	0.704	0.802	0.802	0.501	0.582	0.765	0.821	0.829
Param [M]	—	1.23	0.93	8.49	0.15	0.01	0.003	1.85	4.71	0.35
FLOPs [G]	—	6.79	4.37	7.44	0.77	0.24	0.06	28.41	25.66	1.53
Time [s]	2.512 2	0.313 9	0.258 3	0.374 4	0.017 9	0.001 1	0.004 1	0.095 0	0.137 2	0.018 2

表 6-3　与先进的算法在 MIT-5K 数据集上的定量比较

方法	White-Box	DPE	DeepUPE	LPNet	Zero-DCE++	RUAS	RAUNA	DRGN	本章算法
PSNR	18.57	22.15	23.04	24.53	13.40	10.63	23.22	25.03	25.45
SSIM	0.701	0.850	0.893	0.906	0.644	0.587	0.899	0.912	0.924
Param[M]	8.56	6.67	0.75	0.15	0.01	0.003	1.85	0.912	0.35
FLOPs[G]	26.10	15.36	3.46	0.77	0.24	0.06	28.41	25.66	1.53
Time[s]	5.919 2	0.613 3	0.132 0	0.016 9	0.001 1	0.004 0	0.092 5	0.124 7	0.017 5

6.3.3.2　效率比较

效率是评价模型的重要指标之一。现有的深度学习算法通常计算复杂，并且运行时间长，这极大地限制了它们的使用场景。因此，轻量级模型越来越受到人们的关注。本章给出了不同算法的参数数量（Param）、每秒浮点运算量（floating-point operations per second, FLOPs）和运行时间（Time），以进行效率比较，如表 6-2 所示。FLOPs 通常用于测量算

法的计算复杂度。这里计算了块大小为 96 × 96 时的模型 FLOPs。Xu 的算法是一种传统的低照度图像增强算法，其运行时间是在 Intel i7-10700 CPU 上测量的。其他算法在 NVidia GTX 1080ti GPU 上进行测试。由表可以看到 RUAS 和 Zero-DCE++ 是轻量级的，但是 PSNR 和 SSIM 值都不好。由于 RAUNA 和 DRGN 不是端到端模型，因此它们的运行时间是受限的。本章所提算法以较少的参数和运行时间获得了较好的 PSNR 和 SSIM，这说明该算法是轻量级的，具有很好的图像增强能力。

6.3.3.3　视觉比较

这里展示了一些先进的算法在 LOL 和 MIT-5K 数据集上增强结果的视觉效果比较。在 LOL 数据集上的视觉比较结果显示在图 6-5 和图 6-6 中。可以看到，用 Xu 的算法重建的图像亮度较低，基于 GLADNet 和 RetinexNet 的增强图像有很大的噪声。基于 KinD 的增强图像过于平滑，不能很好地恢复细节。LPNet 和 DRGN 缺乏细节，另外，LPNet 不能很好地处理镜像区域。基于 Zero-DCE++ 和 RUAS 的增强图像存在严重的噪声和颜色失真，RAUNA 恢复的图像有少量的噪声。而基于本章所提算法的增强图像具有丰富的色彩和细节，同时抑制了噪声。在 MIT-5K 数据集上的视觉比较结果如图 6-7 和图 6-8 所示。基于 White-Box 的增强图像有过度曝光的现象，基于 LPNet 的增强图像亮度低，基于 DeepUPE 的增强图像存在颜色失真，基于 Zero-DCE++ 和 RUAS 的增强图像有严重的失真。而由本章所提算法增强的图像具有丰富的细节和良好的色彩。

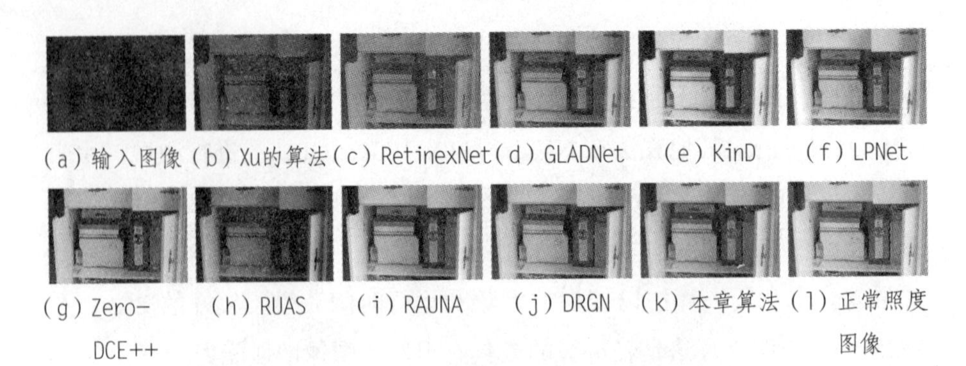

图 6-5　不同算法在 LOL 数据集上对 55 号图像的视觉效果

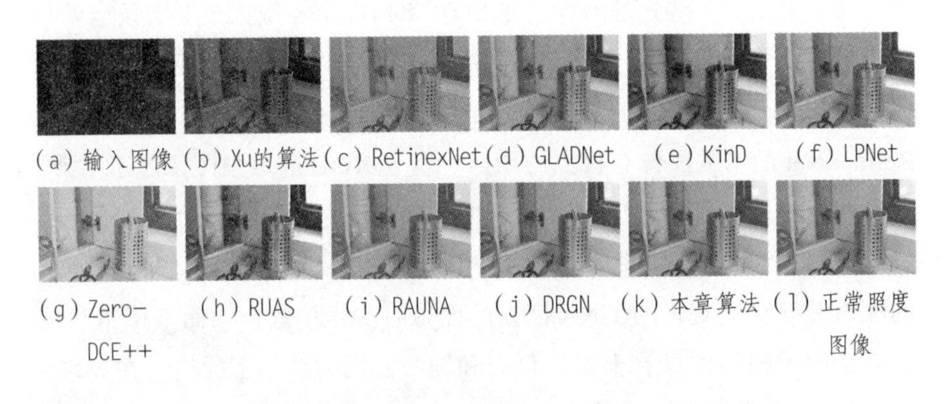

图 6-6　不同算法 LOL 数据集上对 111 号图像的视觉效果

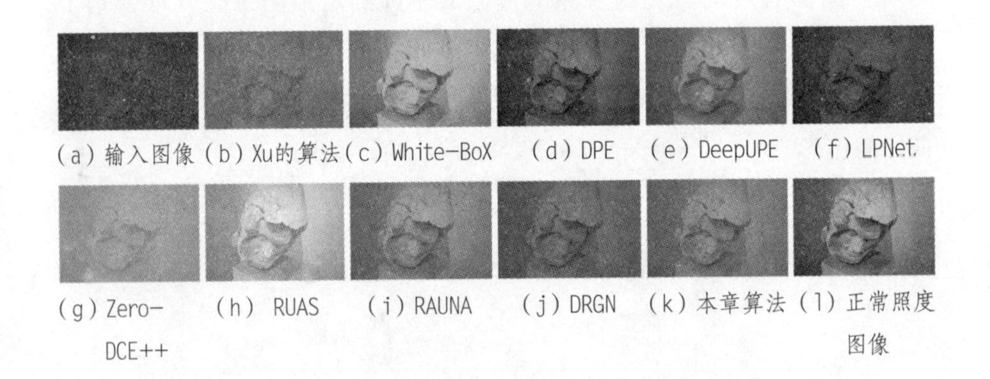

图 6-7　不同算法在 MIT-5K 数据集上对图像的视觉效果（1）

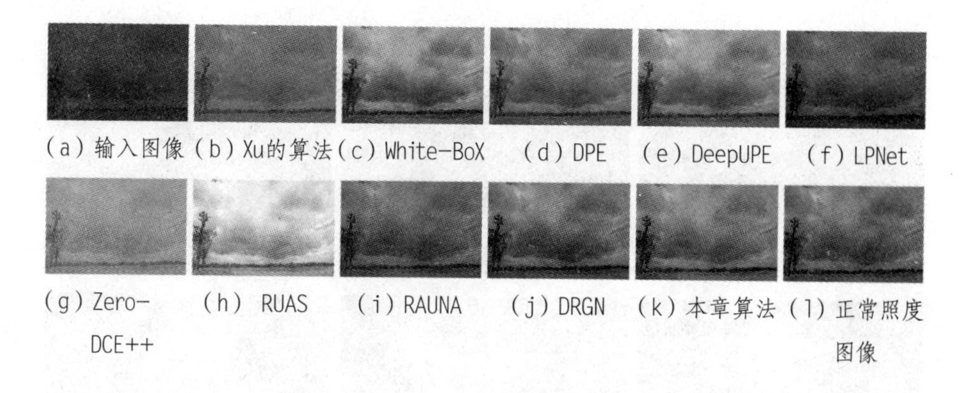

图 6-8　不同算法在 MIT-5K 数据集上对图像的视觉效果（2）

用本章所提算法增强的图像在两个数据集上更加真实和自然，这些视觉对比结果反映了 EAANet 的优势。

6.4　消融研究

本节对本章所提算法进行了消融研究。实验是在 LOL 数据集上进行的。本节将对多尺度特征聚合块（MFAB）、MFAB 的数量、金字塔结构，以及自适应特征聚合块（AFAB）进行研究。图 6-10 中使用的图像来自 LOL 数据集。

6.4.1　多尺度特征聚合块的有效性

多尺度特征聚合块（MFAB）是本章所提算法的一个重要组成部分。首先去除 MFAB 以验证 MFAB 的有效性，如表 6-4 所示，由表可以看到，去除 MFAB 后的模型性能有所下降。如图 6-9（c）所示，去除 MFAB 的模型的视觉效果明显不好，这证明了 MFAB 的有效性。MFAB 包含信息聚合块（IAB）和双注意力块（DAB）。接下来将进行一系列的消融研究以验证 MFAB 各组成部分的有效性。

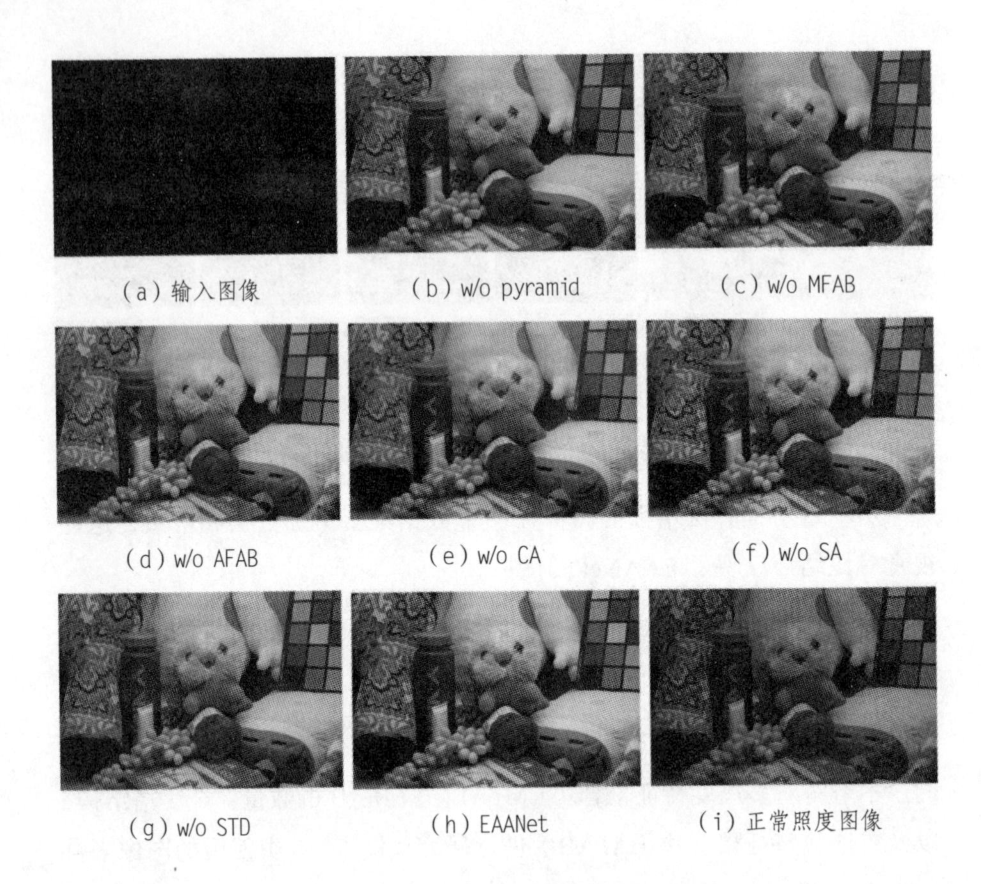

图 6-9　带有不同组件的模型的视觉结果

表 6-4　对 EAANet 重要组件的研究

案例	金字塔结构（pyramid）	自适应特征聚合块（AFAB）	多尺度特征聚合块（MFAB）	PSNR/SSIM
1	×	×	√	21.87/0.803
2	√	×	√	22.31/0.814
3	√	√	×	21.94/0.807
4	√	√	√	22.68/0.829

6.4.1.1　信息聚合块的有效性

本小节对信息聚合块（IAB）进行了消融研究。如表 6-5 所示，案例 3 为本章所提算法，以案例 3 为基准数据。为了验证信息聚合块的有效性，案例 1 用三个 3×3 的卷积层代替信息聚合块，每个卷积层之后都有一个 Leaky Relu 激活函数，结果如表 6-5 的案例 1 所示，与案例 3 相比，案例 1 的 PSNR 和 SSIM 明显降低，这表明了 IAB 的有效性。此外，还对 ACB 进行了消融研究，案例 2 使用非对称卷积代替了标准卷积。由表可以清楚地看到，案例 2 的 PSNR 和 SSIM 值都高于案例 1，这充分说明了非对称卷积的有效性。非对称卷积可以提取更丰富的特征，在推理阶段，非对称卷积可以融合为一个标准卷积，在不增加运算量情况下可以提高模型性能。案例 2 的 PSNR 和 SSIM 都低于案例 3，这证明了聚合结构的有效性。信息聚合块融合了来自不同感受野的特征，确保了特征的最大利用率。本节进一步对比了一些经典算法的特征提取结构，如图 6-10 所示。图 6-10（a）中的结构来自 LPNet，图 6-10（b）中的结构来自 MSRN。用上述结构分别代替 IAB 进行对比实验，结果如表 6-6 所示。由表可以看出，案例 3 达到了最好的效果。案例 1 是轻量级的，但过度的拆分操作限制了通道的交互，导致功能利用不足。案例 2 取得了不错的效果，但产生了更多的参数和运算量。以上实验表明信息聚合块 IAB 是有效的。

表 6-5　对信息聚合块（IAB）的研究

案例	非对称卷积块（ACB）	聚合结构	PSNR/SSIM
1	×	×	22.23/0.811
2	√	×	22.47/0.822
3	√	√	22.68/0.829

表 6-6 对特征提取结构的研究

案例	模块	参数数量（Param[M]）	运算量（FLOPs[G]）	PSNR/SSIM
1	Split+Conv3	0.21	0.94	22.15/0.810
3	Conv3+Conv5	0.74	3.09	22.49/0.824
2	IAB	0.35	1.53	22.68/0.829

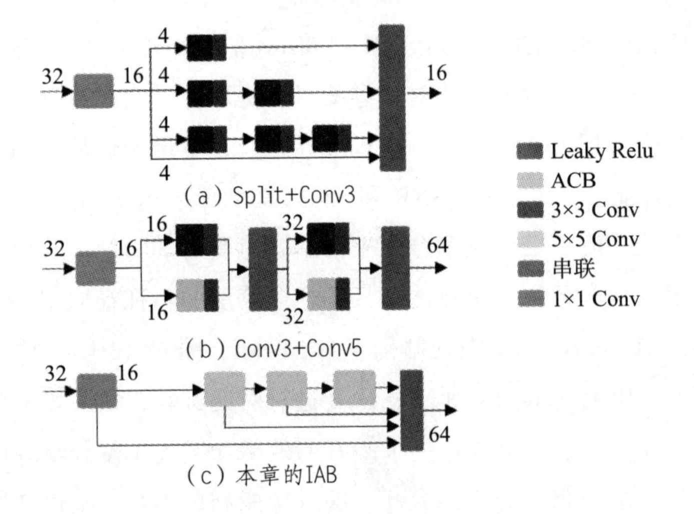

图 6-10 不同算法的特征提取结构

6.4.1.2 双注意力块的有效性

本小节对双注意力块（DAB）进行了消融研究。如表 6-7 所示，案例 4 为本章算法，以案例 4 为基准数据。案例 1 首先去除双注意力块，与案例 4 相比，案例 1 的 PSNR 和 SSIM 明显降低，这表明双注意力块具有积极影响。为了进一步说明双注意力块的优点，对双注意力块进行了消融实验。案例 2 只使用通道注意力（channel attention, CA），案例 3 在 CA 的基础上增加了空间注意力（spatial attention, SA），由表可以看到，CA 和 SA 都可以改善模型。案例 4 进一步增加了标准差，由表可

以看到，案例 4 具有最好的性能，证明了 STD 的有效性，如图 6-9（h）所示，其视觉效果最好。

表 6-7　对双注意力块（DAB）的研究

案例	通道注意力（CA）	空间注意力（SA）	标准差（STD）	PSNR/SSIM
1	×	×	×	22.13/0.807
2	√	×	×	22.35/0.816
3	√	√	√	22.49/0.816
4	√	√	√	22.68/0.829

以上研究验证了 IAB 和 DAB 的有效性。IAB 可以有效地提取特征，而 DAB 可以减少冗余特征。

6.4.2　多尺度特征聚合块的数量研究

本小节研究了多尺度特征聚合块（MFAB）的数量对模型性能的影响。一般模型越深，参数越大，拟合能力越强。本节提供了具有不同数量的 MFAB 的模型的 PSNR、SSIM、参数数量、运算量和运行时间。结果显示在表 6-8 中。当 MFAB 的数量逐渐增加时，模型可以获得更好的 PSNR 和 SSIM 值，但模型的参数数量、运算量和运行时间也在不断上升。当 MFAB 的数量超过 4 个时，PSNR 值的上升趋势变得缓慢，同时 SSIM 值出现下降情况，模型的参数数量和运算量也大大增加。从模型轻量性上考虑，本章所提算法将 MFAB 的数量设置为 4。

表 6-8　对多尺度特征聚合块（MFAB）数量的研究

数量	PSNR/SSIM	参数数量（Param[M]）	运算量（FLOPs[G]）	运行时间（Times）
2	22.23/0.806	0.24	1.05	0.014 0
3	22.37/0.811	0.30	1.29	0.015 9

续 表

数量	PSNR/SSIM	参数数量（Param[M]）	运算量（FLOPs[G]）	运行时间（Times）
4	22.68/0.829	0.35	1.53	0.018 2
5	22.71/0.824	0.41	1.75	0.019 8

6.4.3 网络结构的有效性

本小节对金字塔结构、自适应特征聚合块（AFAB）进行了一系列的消融实验。为了验证金字塔结构的有效性，本书提供了有无金字塔结构的模型的比较。如表 6-4 的案例 1 所示，模型去除了金字塔结构，只保留了浅层分支。此外，为了确保公平的比较，将无金字塔结构的模型的参数数量增加了一倍，使参数数量接近案例 4 的模型参数数量。由表可以看到，由于缺乏金字塔结构，案例 1 的 PSNR 和 SSIM 值明显降低。如图 6-9 所示，无金字塔结构的模型的视觉效果明显较差。实验和视觉结果表明，金字塔结构是有效的。

本节还提供了有无 AFAB 的模型的比较，结果显示在表 6-4 中。案例 2 为无 AFAB 的模型。案例 2 的 PSNR 和 SSIM 都低于案例 4 的结果。如图 6-9 所示，采用 AFAB 的模型具有更好的对比度和色彩。AFAB 解决了金字塔的不一致性问题，使深层语义信息能够更好地引导浅层细粒度信息学习更精细的纹理和颜色。为了说明所提出的 AFAB 的优点，本节进一步将其与 ASFF[155] 和 AFSM[156] 进行比较。由于 AFSM 仅对相邻尺度特征进行自适应融合，本节对其进行了改进，使其能够接收金字塔每一层的特征。由表 6-9 可知，AFAB 获得的 PSNR 和 SSIM 值最佳，这表明 AFAB 能较好地自适应融合不同尺度的特征。

表 6-9　对自适应特征聚合块（AFAB）的研究

案例	模块	参数数量	运算量	PSNR/SSIM
1	ASFF	0.35	1.53	22.43/0.823
3	AFSM	0.36	1.55	22.31/0.820
2	AFAB	0.35	1.53	22.68/0.829

综上所述，模型的各个组成部分都是有效的，本章所提算法在各个组成部分的协同作用下取得了良好的性能。

6.5　本章小结

本章设计了一种用于低照度图像增强的高效自适应特征聚合网络，其中提出了两个重要的模块 MFAB 和 AFAB，以构建所提出的网络。MFAB 利用非对称卷积和双重注意机制有效地提取特征，重构图像纹理，使得噪声得到有效抑制。AFAB 结合一维卷积有效地对各分支的特征进行缩放，克服了金字塔结构的不一致性，改善了增强图像的亮度、颜色和纹理偏差。大量的实验和消融研究表明，本章所提出的算法与先进的算法相比具有显著优势。同时，该算法运行时间快，在辅助高级视觉任务或应用于移动设备方面具有很大的潜力。未来将在更多的图像恢复任务中进一步验证本章所提出的算法，例如图像去雪和去雨任务。

第7章　基于十字窗口自注意力 Transformer 的低照度图像增强

7.1　引言

低照度图像增强是一项有意义的工作，它可以有效地辅助低照度条件下的检测、分割等高层次视觉任务。低照度图像增强任务需要尽可能地去除噪声，重建图像的纹理和颜色。传统的算法是基于直方图均衡（HE）[15] 或 Retinex 理论的。虽然这些算法简单、快速，但它们有明显的局限性，只能在特定场景中增强图像。此外，增强后的图像存在色彩失真、强噪声和过度曝光等问题。

随着深度学习在微光图像增强中的应用迅速发展，研究人员提出了一些基于卷积神经网络（CNN）的算法。早期的 CNN 算法通常生成带有颜色失真和强烈噪声的增强图像，如文献 [47]、文献 [48]、文献 [51]、文献 [52]、文献 [53]。一些新算法通过扩展接受野来增强模型特征表示，如文献 [49]、文献 [50]。然而，由于 CNN 固有的局限性，基于 CNN 的算法通常不能有效地建立长程依赖关系，并且会丢失一些重要的上下文信息。这是基于 CNN 的低照度图像增强算法不能学习到正确的亮度、颜色、纹理的原因之一。

最近，Transformer 一直是计算机视觉领域的热门话题。视觉 Transformer（vision Transformer，ViT）[163] 被提出用于检测、分类等高层次视觉任务。与卷积神经网络相比，Transformer 拥有捕获长程依赖关系的能力是一个巨大的优势。Transformer 在图像分割任务上优势明显 [164-165]，这表明 Transformer 有助于分割任务提取低层次视觉信息，以便准确分割边缘。而低层次视觉信息对于低层次视觉任务来说是至关重要的。从理论上讲，Transformer 可以对图像超分辨率、图像去噪、图像增强等一些低层次视觉任务有所帮助。Transformer 的优势已被 Wang 等人和 Liang 等人在文献 [166] 和文献 [167] 中证明可用于一些低层次的视觉任务，但目前还没有研究人员提出基于 Transformer 的低照度图像增强算法。将 ViT 引入低照度图像增强任务中存在一个问题：参数和运算量巨大，成本昂贵。为了解决这个问题，一种方法是使用分层结构，如文献 [168] 和文献 [169]，分层结构可以充分利用多尺度信息，减少参数和运算的数量；另一种方法是使用基于局部自注意力的 Transformer，如文献 [169]、文献 [170]、文献 [171]、文献 [172]。但局部自我关注导致了另一个问题，即在低照度环境下难以学习全局亮度。十字窗口（CSwin）Transformer [173] 是一种局部自注意力，可以缓解亮度失真，这是因为 CSwin Transformer 有一个很大的自注意力窗口。然而，CSwin Transformer 缺乏提取局部上下文信息的能力，这使得重建低照度图像的纹理变得困难。

本章提出了一种基于 CSwin Transformer 的混合 Transformer 算法 CSwin-P，用于低照度图像有效增强。CSwin-P 是一个金字塔结构，使用卷积作为补丁嵌入。本章还提出了一种增强型 CSwin Transformer 块（ECTB）。ECTB 采用十字窗口自注意力和带有空间交互单元（spatial interaction unit, SIU）的前馈网络（feed forward network, FFN）层，十字窗口自注意力由水平自注意力和垂直自注意力组成。空间交互单元可以通过门控机制增强对局部上下文信息的提取能力。与 Swin Transformer 块相比，ECTB 的令牌能够实现更充分的交互。通过使用 ECTB，

CSwin-P 可以学习正确的亮度、颜色和精细的纹理。在推理阶段，由于 ECTB 采用隐式位置编码，解决了 Transformer 对图像大小的限制问题。本章工作的贡献可以总结如下。

（1）提出了一种基于 Transformer 的低照度图像增强算法，该算法结合了卷积和 Transformer 的优点。

（2）提出了一个增强型 CSwin Transformer 块（ECTB）。ECTB 在前馈层增加了空间交互单元，增强了提取局部上下文信息的能力。在推理阶段，本章提出的算法不受图像大小的限制。

（3）提出的算法具有少量参数，并且在几个数据集上与较先进的算法具有很强的竞争力。

7.2 Transformer 的相关研究

近年来，Transformer 在各个研究领域越来越受欢迎，如表 7-1 所示。ViT[163] 成功地将 Transformer 从自然语言处理引入计算机视觉任务中。受 ViT 的启发，人们提出了大量基于 Transformer 的视觉模型。Transformer 在多个领域实现了强有力的竞争。例如，Chen 等人在文献 [174] 中提出了将 TransUnet 用于医学图像分割，将 Transformer 和 UNet 相结合，实现精确定位。Zhang 等人在文献 [175] 中结合 Transformer 和 CNN 提出了用于图像分割的 TransFuse，有效捕获了全局依赖关系和低层次空间细节。Kamran 等人在文献 [176] 中提出了基于视觉 Transformer 的生成对抗网络（vision-transformer-based generative adversarial network, VTGAN），这是一种用于视网膜图像合成和疾病预测的无监督算法，验证了生成对抗网络（generative adversarial network, GAN）在医学图像领域的优越性能。Liu 等在文献 [177] 中提出了一种基于 Transformer 结构的用于点云图像处理的神经网络，取得了较好的效果。Wang 等人在文献 [178] 中提出了金字塔视觉 Transformer（pyramid vision transformer, PVT），成

功地将金字塔结构引入 Transformer，它在目标检测和语义分割任务中具有很强的竞争力。Xie 等人在文献 [165] 中提出了 Seg-Former，该算法结合了 Transformer 和轻量的全多层感知机（all multi-layer perceptron, All-MLP）解码器进行语义分割。Guo 等人在文献 [164] 中提出了点云 Transformer（point cloud Transformer, PCT），它可用于处理各种点云任务，如分类和分割。Zheng 等人在文献 [179] 中提出了用于三维人体姿态估计的 Poseformer。Liu 等人在文献 [170] 中提出了移动窗口（shifted windows, Swin）Transformer，利用局部窗口自注意力，可以大大减少参数和运算量。受 Swin Transformer 的启发，研究人员提出了一些低层次视觉算法。例如，Wang 等人在文献 [166] 中提出了 Uformer，其结构类似于 UNet。Uformer 结合了 Swin Transformer 块和卷积，在一些低层次视觉任务上取得了显著的优势。SwinIR[167] 也是一种基于 Swin Transformer 的算法。SwinIR 主要用于图像超分辨率和去噪任务。实验表明，Swin Transformer 不适用于低照度图像增强任务。低照度图像增强任务的模型需要学习复杂的亮度和颜色映射，亮度和颜色直接影响图像的视觉质量。Swin Transformer 学习亮度和颜色映射的效率较低，因为不同窗口的标记之间的交互不足。通过实验发现，堆砌少量的 Swin Transformer 块会导致窗口伪影，堆砌大量的 Swin Transformer 块是无效且开销较大的。受 CSwin Transformer[173] 的启发，本章提出了用于低照度图像增强任务的 CSwin-P，CSwin-P 可以有效地避免窗口伪影，重建正确的亮度、颜色和纹理。

表 7-1　Transformer 在不同领域的研究趋势

算法	类型	领域	年份
ViT [163]	Transformer	图像分类	2021
TransUnet [174]	Transformer, Unet	图像分割	2021
TransFuse [175]	Transformer, CNN	图像分割	2021
VTGAN[176]	Transformer, GAN	半监督视网膜图像合成与疾病预测	2021

续 表

算法	类型	领域	年份
TR−Net [177]	Transformer, CNN	点云处理	2022
PVT [178]	Transformer, pyramid architecture	图像分类、目标检测、语义分割	2021
SegFormer [165]	Transformer	语义分割	2021
PCT [164]	Transformer	点云处理	2021
Poseformer [179]	Transformer	三维人体姿态估计	2021
Swin Transformer [170]	Transformer	图像分类、目标检测、语义分割	2021
Uformer [166]	Transformer, CNN	图像去噪、运动去模糊、焦点去模糊、去雨	2022
SwinIR [167]	Transformer	图像超分辨率、图像去噪、JPEG 压缩伪影减少	2023
CSwin Transformer [173]	Transformer	目标检测	2022

7.3 十字窗口自注意力 Transformer 模型

本节将详细描述本章提出的算法 CSwin−P，CSwin−P 是一个用于低照度图像增强任务的混合 Transformer 模型。

7.3.1 模型框架

如图 7−1（a）所示，该模型是一个金字塔结构。金字塔结构可以进一步扩大感受野，利用多尺度信息。一些工作表明，使用 CNN 可以弥补 Transformer 的局部特征提取能力，提高模型收敛性 [180−184]。参考文献 [185] 显示，早期卷积对 Transformer 有帮助，本章也使用卷积作为补丁嵌入。这里使用 $n \times n$ 的重叠卷积，而不是非重叠的步长为 n 的 $n \times n$ 卷积。定义输入图像 $x \in R^{H \times W \times 3}$，$H$ 和 W 分别表示图像的长度和宽度，输入图像首先被送入卷积补丁嵌入块。通过卷积补丁嵌入块 { $x \in R^{H \times W \times 3}$ } 得到的特征在空间维度 { $x \in R^{N \times C}$ } 中被扁平化，并被送入编码器，C 表

示图像的通道数，N 表示 $H\times W$。编码器和解码器都有 3 个阶段。对于编码器来说，每个阶段包含 m 个增强 CSwin Transformer 块（ECTB）和 1 个下采样块。在底层，来自上一层的特征经过 m 个 ECTB 并被送到解码器。每个解码器阶段包含 1 个上采样块和 m 个 ECTB。最后，增强后的图像将由一个补丁解嵌块输出。在补丁解嵌块中，扁平化的特征首先被重塑为二维空间特征图。然后，使用三个 $n\times n$ 卷积来重建图像。这里使用 2 步卷积作为下采样块，使用去卷积作为上采样块。在本章实验中，将 n 设定为 3。对于编码器，不同阶段的 ECTB 的数量分别设定为 2、4、8。对于解码器来说，不同阶段的 ECTB 数量分别为 8、4、2。在底部，ECTB 的数量被设置为 2。

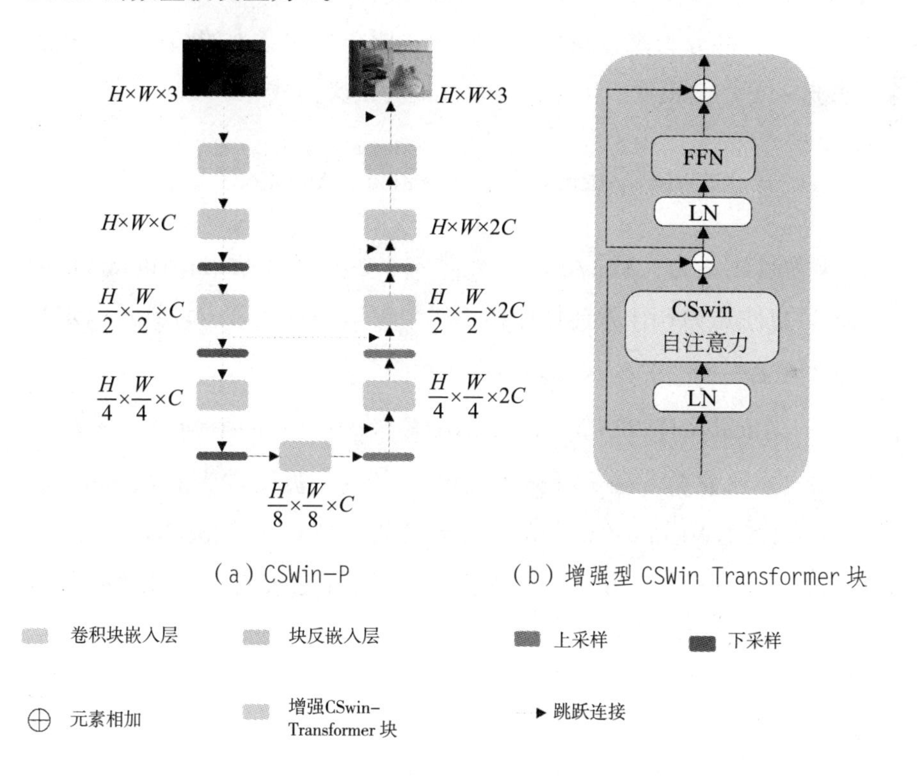

图 7-1　本章提出的 CSwin-P 算法

7.3.2 增强型十字窗口自注意力 Transformer 块

受文献 [173] 的启发，本章尝试将 CSwin Transformer 引入低照度图像增强任务中，设计了一个增强型 CSwin Transformer 块（ECTB）。如图 7-1（b）所示，每个 ECTB 由层归一化（layer normalization, LN）、十字窗口自注意力和前馈网络层组成。扁平化的特征 { $x \in R^{N \times C}$ } 被分为两部分 { $x_1, x_2 \in R^{N \times \frac{C}{2}}$ }，然后每个部分将根据窗口大小 s 沿水平或垂直方向平分。

十字窗口自注意力如图 7-2（a）所示，假设自注意力使用 k 个自注意力头，首先将 k 个自注意力头平均分为两部分，一部分为水平窗口自注意力，另一部分为垂直窗口自注意力。两个自注意力的结果被并联起来，并送入下一个模块。十字窗口自注意力定义为式（7-1）。

$$\text{CSWin}-\text{Attention}^{k}=\left[\text{Attention}_{H}^{\frac{k}{2}},\text{Attention}_{V}^{\frac{k}{2}}\right] \tag{7-1}$$

式中：k 为自注意力头数；Attention_H 为水平窗口自注意力；Attention_V 为垂直窗口自注意力；[,] 为连接操作。每个窗口的自注意力计算可以定义为式（7-2）。

$$\text{Attention}(\boldsymbol{Q},\boldsymbol{K},\boldsymbol{V})=\text{Soft}\max(\boldsymbol{QK}/\sqrt{d})\boldsymbol{V}+\text{DWConv}(\text{v}) \tag{7-2}$$

式中：$\boldsymbol{Q}$、$\boldsymbol{K}$ 和 $\boldsymbol{V}$ 是 query、key 和 value 矩阵；d 被设定为 C/k；Softmax 是激活函数；DWConv（$\boldsymbol{V}$）是局部增强的位置编码（locally enhanced positional encoding, LePE），LePE 通过对 value 进行深度卷积来计算位置信息，并通过跳跃连接来增加位置信息。

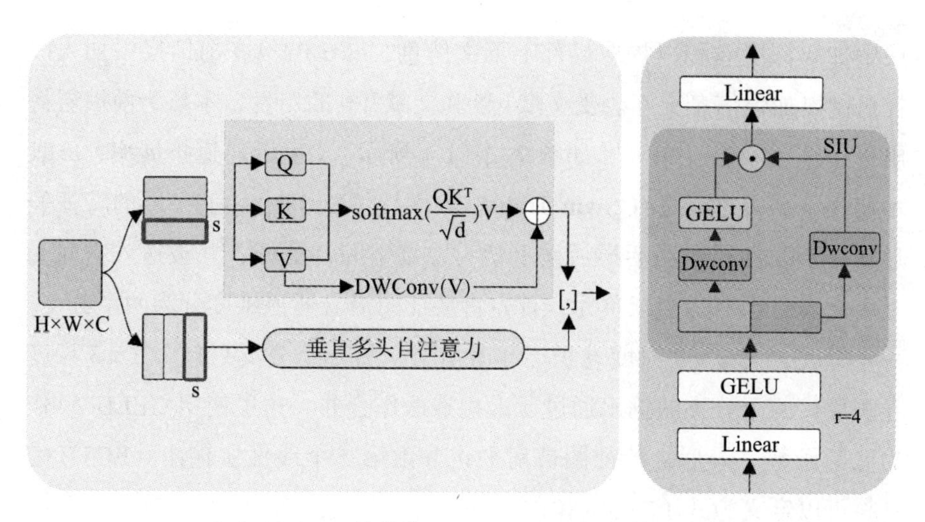

（a）CSwin-P 的结构　　（b）增强型 CSwin Transformer 块的结构

⊙ 元素相乘　　[,] 串联

图 7-2　十字窗口自注意力

位置编码可以提高模型的性能。但在推理阶段，基于 Transformer 的显式位置编码的算法能处理的图像大小受到限制，如绝对位置编码。ViT[163] 采用绝对位置编码，在处理不同尺寸的图像时非常不方便，所以需要插值位置编码。出于这个原因，CPVT[183] 提出了卷积位置编码（convolutional positional encoding, CPE），CPE 是一种隐含的位置编码，它是动态生成的，其长度可变。LePE 也是一种隐式位置编码，与 CPE 类似。LePE 通过深度卷积得到。在推理阶段，采用 LePE 的模型不受图像大小的限制，与 CPE 相比，LePE 更加轻巧和高效。在实验部分，7.5.2 节将进一步研究 LePE。

虽然 Transformer 在捕捉全局背景信息方面很好，但捕捉局部上下文信息的能力是有限的。十字窗口自注意力的输出在层归一化后被送入前馈层。对于视觉任务来说，局部上下文信息同样重要，CeiT[184] 在前馈层中加入深度卷积以提取局部上下文信息，gMLP[186] 在前馈层中加入门控机制以加强信息交互。受文献 [184] 和文献 [186] 的启发，本章为前馈层提出了一个空间交互单元，如图 7-2（b）所示，r 表示通道扩展率，m 表示使用了 m 个增强型 CSwin Transformer 块（ECTB）。上一层的特征经过第一个线性层和激活层后被重塑为二维空间特征图，并被送入空间交互单元。对于空间交互单元，首先将特征图沿着通道维度分为两个分支。一个分支包含 3×3 深度卷积层和激活层，另一个分支只包含 3×3 深度卷积层，两个分支的输出通过元素相乘操作合并。这里使用 GELU[187] 作为激活函数。最后，特征图被扁平化并由第二个线性层输出。ECTB 的计算可以定义为式（7-3）和式（7-4）。

$$\hat{X}_l=\text{CSwin}-\text{Attention}(\text{LN}(X_{l-1}))+X_{l-1} \tag{7-3}$$

$$X_l=\text{FFN}\,(\text{LN}(\hat{X}_l))+\hat{X}_l \tag{7-4}$$

式中：CSwin-Attention 是十字窗口自注意力；LN 是层归一化；FFN 是前馈层。为了节省计算资源，CSwin-P 在浅层使用一个较小的自注意力窗口。对于编码器，不同阶段的自注意力窗口尺寸 s 分别设置为 1、2、7，自注意力头的数量分别设置为 2、4、8。在底部，自注意力窗口尺寸 s 设置为特征图的尺寸，自注意力头的数量设定为 16。对于解码器，不同阶段的自注意力窗口尺寸 s 分别设置为 7、2、1，自注意力头的数量分别设定为 8、4、2。

7.3.3 损失函数

CSwin-P 使用内容损失和感知损失的组合进行训练。内容损失使用负的结构相似性（SSIM）。内容损失可以定义为式（7-5）和式（7-6）。

$$L_{\text{content}}=1-\text{SSIM}(i,j) \tag{7-5}$$

$$\text{SSIM}(i,j)=\frac{2\mu_i\mu_j+C_1}{\mu_i^2+\mu_j^2+C_1}\times\frac{2\sigma_{ij}+C_2}{\sigma_i^2+\sigma_j^2+C_2} \tag{7-6}$$

式中：L_{content} 是内容损失；i 和 j 分别是增强图像和目标图像；C_1、C_2 是常数；μ_i、μ_j 是平均值；σ_i^2、σ_j^2 是方差；σ_{ij} 为协方差。

感知损失 [157] 可以进一步学习详细的纹理和颜色。这里使用一个基于 VGG19 网络的预训练模型，感知损失可以定义为式（7−7）。

$$L_{\text{preceptual}} = \frac{1}{C_m H_m W_m} \left\| \phi_m(i) - \phi_m(j) \right\| \tag{7-7}$$

式中：$L_{\text{preceptual}}$ 是感知损失；C_m、H_m、W_m 分别为通道、高度、宽度；ϕ_m 是 VGG19 网络的第 m 层的输出。

总损失可以定义为公式（7−8）。

$$L_{\text{total}} = \omega_1 L_{\text{content}} + \omega_2 L_{\text{perceptual}} \tag{7-8}$$

式中：L_{tatal} 为总损失；ω_1、ω_2 分别是内容损失和感知损失的权重，通过大量实验，本章将 ω_1、ω_2 的值均设置为 1。

7.4　实验结果与分析

7.4.1　实验设置

数据集：在实验中，分别使用 LOL[51] 和 MIT−5K[126] 数据集作为训练数据集。LOL 数据集有 485 对训练图像和 15 对测试图像，MIT−5K 数据集有 5 000 对图像。对于 LOL 数据集，从训练集中提取 35 对图像用于验证。对于 MIT−5K 数据集，与文献 [49]、文献 [50]、文献 [54] 中的设定一致，采用专家 C 修饰的图像。图像是 sRGB 色域的，尺寸为 500×333。选取 4 500 对图像用于训练，其余的图像用于验证和测试。

训练细节：训练图像的补丁尺寸设置为 56×56，批次大小设置为 16，学习率设置为 2×10^{-4}，通道数设置为 32。优化器使用 Adam，优化器参数使用框架默认参数。CSwin-P 的学习率、补丁大小、通道数参考

CSwin Transformer[173] 的相关配置。每层的 Transformer 块数参考低层次视觉任务 UFormer[166] 中的相关配置。为了使模型在 1080ti 上工作，本章减少了注意头、通道等的数量，并将模型设计得非常轻量化。模型使用学习率预热和余弦退火策略训练 200 个 epochs，使用随机旋转、镜像方法增强数据。模型在 Pytorch 框架训练，显卡型号为 NVidia GTX 1080ti GPU。

7.4.2 与先进算法的比较

CSwin-P 与先进的算法在定量、效率和视觉方面进行了比较。此外，本章还测试了 CSwin-P 的一个扩展版本 CSwin-P+，与 CSwin-P 相比，CSwin-P+ 除了通道数被设置为 64 以外，其他配置与 CSwin-P 保持一致。

7.4.2.1 定量比较

本节在 LOL 和 MIT-5K 两个数据集上对先进的算法和 CSwin-P 进行了定量比较。在 LOL 数据集上 CSwin-P 与 NPE[105]、RetinexNet[51]、GLADNet[48]、KinD[53]、LPNet[50]、MIRNet[49]、Zero-DCE++[59] 和 RUAS[60] 进行比较。在 MIT-5K 数据集上，CSwin-P 与 JieP[141]、White-Box[161]、DPE[162]、DeepUPE[54]、LPNet[50]、MIRNet[49]、Zero-DCE++[59] 和 RUAS[60] 进行比较。由于 Zero-DCE++ 和 RUAS 使用了其他数据集，在 LOL 和 MIT-5K 数据集上对两种算法重新训练。本章使用 PSNR 和 SSIM 作为定量评价的指标。PSNR 可以定义为式（7-9），其中 MSE 表示均方，max 为 255。SSIM 可以定义为式（7-6）。结果如表 7-2 和表 7-3 所示。MIRNet 在 LOL 数据集上有更好的 PSNR 和 SSIM，但它有巨大的参数数量和运算量（FLOPs）。此外，PSNR 与人类感知的相关性不高。MIRNet 虽然有较高的 PSNR 值，但在 LOL 数据集上的视觉质量并不理想。CSwin-P 的 PSNR 为 22.65，SSIM 为 0.827。与 MIRNet 相比，CSwin-P 的参数数量少、运算量（FLOPs）低。由表可

以看到，CSwin-P 的 SSIM 值与 MIRNet 的相似。当通道数设置为 64 时，CSwin-P+ 仍然比 MIRNet 更轻量，同时 SSIM 达到了 0.834。在 MIT-5K 数据集上，CSwin-P 的 PSNR 为 25.25，SSIM 为 0.923。CSwin-P 的 PSNR 高于 MIRNet，而 SSIM 则略低于 MIRNet。CSwin-P+ 的 PSNR 为 25.31，SSIM 为 0.925。由表可以看出，本章算法与其他先进的算法相比取得了较强的优势。

$$\mathrm{PSNR} = 10 \cdot \log_{10}\left(\frac{\mathrm{MAX}_I^2}{\mathrm{MSE}}\right) \tag{7-9}$$

表 7-2　在 LOL 数据集上与其他先进的算法进行定量和效率比较

算法	PSNR	SSIM	参数数量 Param[M]	运算量 FLOPs[G]	运行时间 Time[s]
NPE	16.97	0.589	—	—	5.691 5
RetinexNet	16.77	0.559	1.23	2.31	0.414 4
GLADNet	19.72	0.704	0.93	1.49	0.025 8
KinD	20.87	0.802	8.49	2.53	0.374 4
LPNet	21.46	0.802	0.15	0.26	0.020 1
MIRNet	24.14	0.830	31.79	37.56	0.494 3
Zero-DCE++	14.71	0.501	0.01	0.03	0.001 1
RUAS	16.4	0.582	0.003	0.01	0.061 1
CSwin-P	22.65	0.827	0.9	0.75	0.045 8
CSwin-P+	22.99	0.834	2.89	3.43	0.046 5

表 7-3 在 MIT-5K 数据集上与其他先进的算法进行定量和效率比较

算法	PSNR	SSIM	参数数量 Param[M]	运算量 FLOPs[G]	运行时间 Time[s]
JieP	18.45	0.794	—	—	2.281 3
White-Box	18.57	0.701	8.56	8.88	5.219 2
DPE	22.15	0.85	6.67	5.22	4.928 9
DeepUIPE	23.04	0.893	0.75	1.18	0.132
LPNet	24.53	0.906	0.15	0.26	0.017 9
MIRNet	23.73	0.925	31.79	37.56	0.353 6
Zero-DCE++	13.14	0.644	0.01	0.03	0.001
RUAS	10.63	0.587	0.003	0.01	0.056 8
CSwin-P	25.25	0.923	0.9	0.75	0.042 8
CSwin-P+	25.31	0.925	2.89	3.43	0.043 2

7.4.2.2 效率比较

本节提供了不同算法的参数数量（Param）、每秒浮点运算量（FLOPs）和运行时间（Time）以进行效率比较，结果见表 7-2 和表 7-3。每种算法的 FLOPs 都是以 56 × 56 的补丁尺寸计算的。运行时间是在 LOL 和 MIT-5K 数据集上测量的。MIRNet 有大量的参数，FLOPs 高，运行时间长。Zero-DCE++ 和 RUAS 的参数数量少，FLOPs 低，运行时间短。LPNet 是一个轻量的模型。本章所提算法不如 Zero-DCE、RUAS 和 LPNet 轻量，但可以进行性能改进。与其他算法相比，本章算法在效率方面有明显的优势。需要指出的是，CSwin-P 在评估时需要填充图像以满足局部窗口的限制。因此，在评估时，输入图像的尺寸要比原始尺寸略大。虽然 CSwin-P 的运行时间比 LPNet 略慢，但它仍然具有很强的竞争力。

7.4.2.3　视觉比较

本节给出了本章算法与先进算法的视觉比较结果，如图 7-3 和图 7-4 所示。在 LOL 数据集上，可以看到由 NPE、RetinexNet、GLADNet 和 KinD 算法增强的图像有不同程度的颜色失真和强噪声。LPNet 算法的结果具有丰富的色彩，但边缘过于光滑，细节缺失。MIRNet 算法可以重建丰富的色彩，但产生的图像有很强的噪声。如图 7-3（h）、图 7-4（h）所示，Zero-DCE++ 算法生成的图像有强烈的噪声。RUAS 算法不能有效地增强黑暗区域。在 MIT-5K 数据集上，JieP 算法的结果缺乏细节。Zero-DCE++ 算法和 RUAS 算法存在颜色失真，如两幅图的（h）和（i）所示。White-Box 算法存在过度曝光问题，如图 7-4（c）所示。DPE 和 LPNet 算法增强的图像亮度不足。DeepUPE 和 MIRNet 算法可以重建正确的亮度和丰富的色彩，但增强后的图像有少量的噪声。相比之下，本章提出的算法在两个数据集上有更好的视觉质量。通过本章算法增强的图像具有更真实的颜色，同时抑制了噪声。

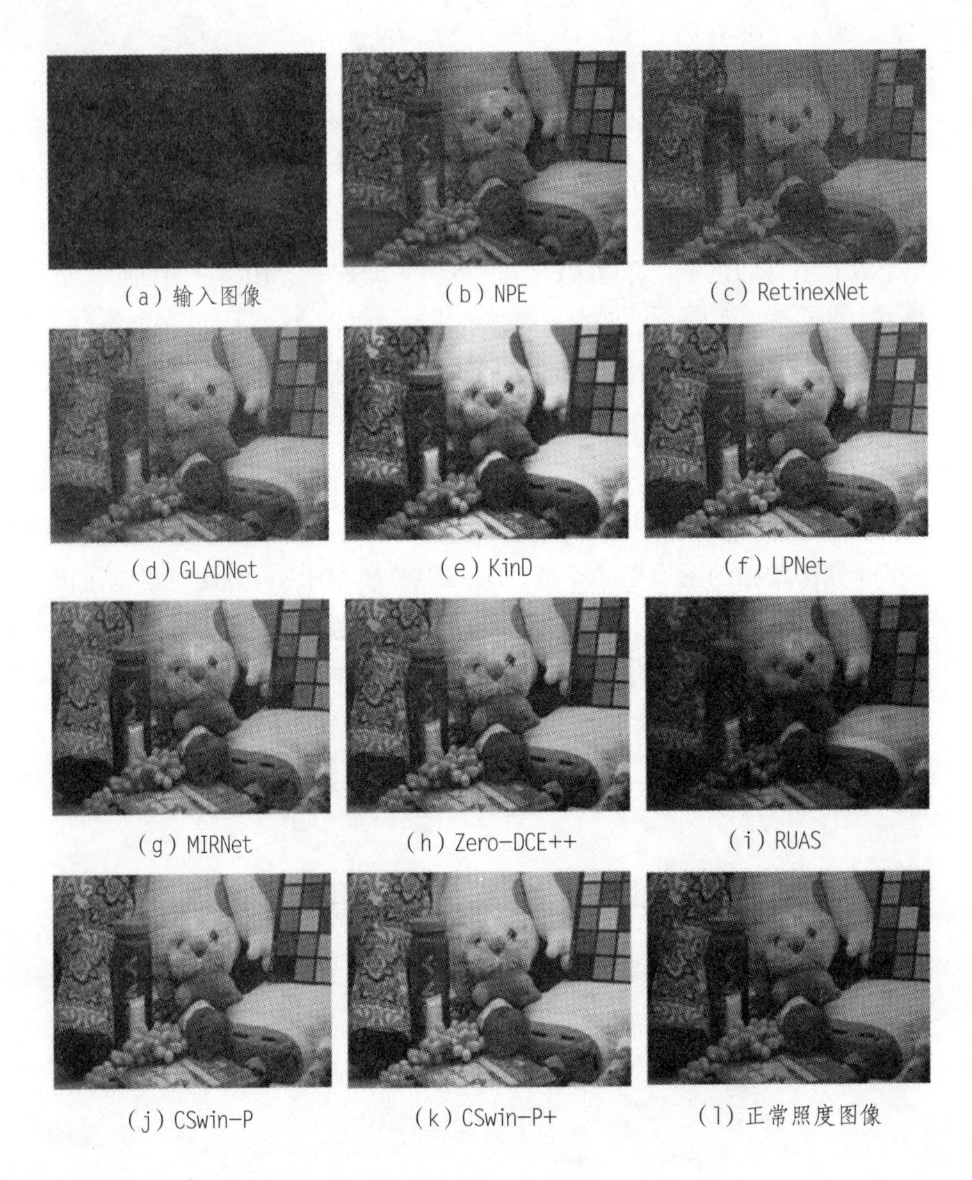

（a）输入图像 （b）NPE （c）RetinexNet
（d）GLADNet （e）KinD （f）LPNet
（g）MIRNet （h）Zero-DCE++ （i）RUAS
（j）CSwin-P （k）CSwin-P+ （l）正常照度图像

图 7-3 不同算法在 LOL 数据集上的视觉结果

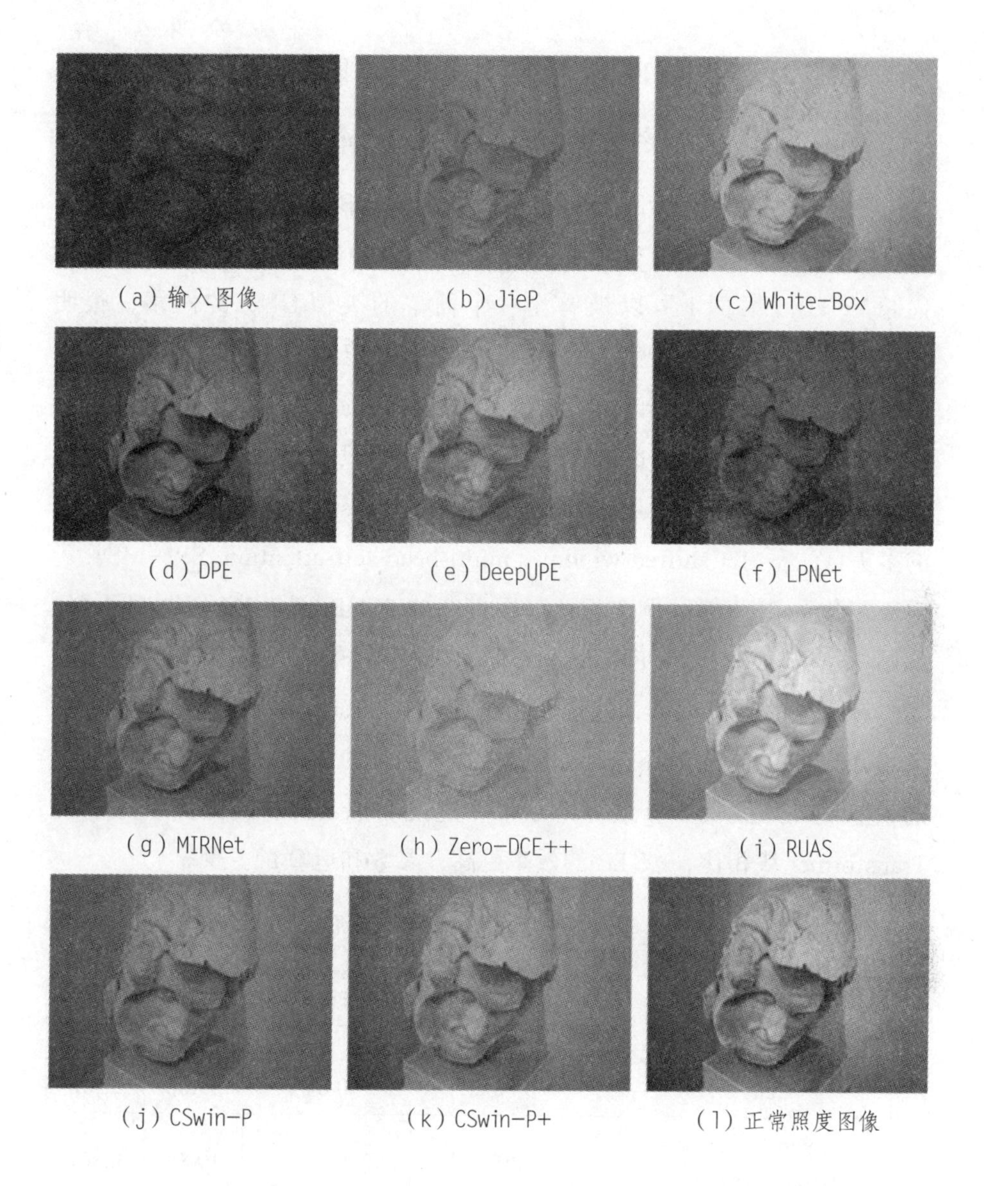

图 7-4　不同算法在 MIT-5K 数据集上的视觉结果

7.5　消融实验

本节在 LOL 数据集上对增强型 CSwin Transformer 块及其组件进行

了消融实验。实验中的 PSNR 和 SSIM 值是测试集的平均值。

7.5.1 增强型十字窗口自注意力 Transformer 块的研究

本节对增强型 CSwin Transformer 块（ECTB）进行了消融研究，如表 7-4 所示，Conv 3×3 表示 3×3 卷积，案例 1 用两个 3×3 的卷积代替 ECTB。案例 1 可以被看作一个简单的类似 UNet 的网络，很明显，与案例 3 相比，案例 1 的 PSNR 和 SSIM 值明显下降。此外，还提供了使用 Swin Transformer 块的模型的结果。为了保证对比实验的公平性，设定 Swin Transformer 块的数量和不同阶段的自注意力头的数量与 CSwin-P 相同，窗口大小设置为 7。Swin Transformer 块使用移位窗口的多头自注意力（shifted windows multi-head self-attention, SW-MSA）。由表可以看出，与案例 3 相比，案例 2 的 PSNR 和 SSIM 值明显下降。如图 7-5（a）所示，使用 Swin Transformer 块的增强图像的亮度不均匀，有明显的窗口伪影，这证明了 Swin Transformer 块不适合低照度图像增强任务，Swin Transformer 块的不同窗口的标记之间没有得到充分的信息交互。案例 3 有最好的结果，这说明了 ECTB 的优势，与 Swin Transformer 块相比，ECTB 的效率更高，参数和运算量更少。

表 7-4　对 Transformer 块的研究

案例	模块	参数数量 Params[M]	运算量 FLOPs[G]	PSNR	SSIM
1	Conv 3×3	0.86	0.64	19.06	0.776
2	Swin Transformer Block（SW-MSA）	1.01	0.81	19.85	0.801
3	ECTB	0.90	0.75	22.65	0.827

(a) Swin Transformer

(b) CSwin Transformer 块

(c) ECTB

(d) 正常照度图像

图 7-5　LOL 数据集上不同组件的视觉结果

7.5.2　位置编码的研究

本节提供了位置编码的对比实验，如表 7-5 所示，w/o PE 表示不使用位置编码的模型，与案例 4 相比，没有位置编码的模型的 PSNR 值有明显的下降，这表明了 LePE 对低照度图像增强任务的有效性。LePE 和 CPE 都是一种隐性的位置编码，从案例 2 可以看出，CPE 的效果并不好。此外，LePE 只增加了少量的参数和运算量，而 CPE 则增加了大量的参数和运算量。相对位置编码（relative positional encoding, RPE）不是隐性位置编码，在评估时对 RPE 进行了线性插值。使用 RPE 的模型的 PSNR 和 SSIM 值不如使用 LePE 的模型好。很明显，LePE 具有最好的结果，这表明了 LePE 的优势。

表 7-5　对位置编码的研究

案例	模块	参数数量Params [M]	运算量FLOPs [G]	PSNR	SSIM
1	w/o PE	1.05	0.85	21.98	0.821
2	w CPE	1.06	0.85	22.00	0.818
3	w RPE	0.92	0.75	22.46	0.824
4	w LePE	0.90	0.75	22.65	0.827

7.5.3　前馈层的研究

如表 7-6 所示，DWConv 表示深度卷积（depthwise convolution,

DWConv)，SIU 表示空间交互单元，由表可以清楚地看到，案例 3 的 PSNR 和 SSIM 值都优于案例 1 和案例 2 的值。如图 7-5 所示，使用增强型 CSwin Transformer 块（ECTB）的模型在视觉质量上有明显的改善。这说明了空间交互单元（SIU）的有效性。同时，空间交互单元进一步减少了参数和运算量。

表 7-6　对前馈层的研究

案例	模块	参数数量Params [M]	运算量FLOPs [G]	PSNR	SSIM
1	MLP	0.99	0.82	21.57	0.816
2	MLP+DWConv	1.05	0.86	22.50	0.823
3	MLP+SIU	0.90	0.75	22.65	0.827

为了进一步证明 SIU 的有效性，将 SIU 应用于图像分类任务。本节使用 CSwin Transformer 进行图像分类，在 Tiny-ImageNet 数据集上进行实验。Tiny-ImageNet 数据集来自 ImageNet 数据集 [158]，它有 200 个类，每个类包含 500 幅训练图像和 50 幅验证图像。Tiny-ImageNet 数据集的图像大小为 64×64。实验使用 Adam 优化器，学习率设置为 1×10^{-3}，模型深度设置为 [1,2,12,1]，窗口大小设置为 [1,2,4,4]，自注意力的头数设置为 [2,4,8,16]，epoch 设置为 100。没有其他训练技巧。结果显示在表 7-7 中。在 Top1-acc 和 Top5-acc 的准确率上，案例 3 都高于案例 1 和案例 2。由表可以看出，SIU 发挥了积极有效的作用。

表 7-7　研究前馈层对图像分类任务的影响

案例	模块	参数数量Params [M]	Top1-acc	Top5-acc
1	MLP	3.74	52.30	73.48
2	MLP+DWConv	3.81	54.36	77.34
3	MLP+SIU	3.27	54.54	77.61

7.5.4　图像补丁尺寸的研究

为了节省计算资源，在训练模型时使用图像补丁代替原始图像。本章算法利用 56 × 56 的图像补丁训练模型，因此这里使用大的图像补丁来研究补丁尺寸对模型的影响。如表 7-8 所示，使用 112 × 112 图像补丁的模型具有更好的 PSNR 和 SSIM 值，但占用了更多的计算资源。使用 56 × 56 图像补丁的模型也有良好的 PSNR 和 SSIM 值，并且需要较少的计算资源。这说明使用 56 × 56 图像补丁训练的模型有能力捕捉足够的全局和局部上下文信息来进行低照度图像增强。考虑到有限的计算资源，本章选择 56 × 56 图像补丁进行训练。

表 7-8　对图像补丁尺寸的研究

补丁尺寸	参数数量Params [M]	运算量FLOPs [G]	PSNR	SSIM
56 × 56	0.90	0.75	22.65	0.827
112 × 112	0.90	3.01	22.91	0.829

7.5.5　损失函数的研究

本章算法以 SSIM 和 VGG 损失的组合作为总损失。为了验证总损失的每个组成部分的有效性，对损失函数进行了消融研究。如表 7-9 所示，展示了使用不同损失函数的模型的定量比较。与 L1 损失相比，SSIM 损失更有效，因此，SSIM 损失更适合作为内容损失。通过在 SSIM 损失的基础上增加 VGG 损失，模型的性能得到了进一步提高，这充分说明了 VGG 损失的有效性。此外，本章进一步给出了使用不同损失函数的视觉对比结果，如图 7-6 所示，L1 损失对亮度映射不敏感，由图可以看到（a）中的结果有严重的窗口伪影。SSIM 损失通过计算正常照度图像和增强图像在亮度、对比度和结构方面的差异来增强视觉感知，SSIM 损失更适合低照度图像增强任务，由图可以看到（b）中的结果具有良好的视觉效果。VGG 损失可以通过计算增强后的图像和正常照度图像之间的语义信息差异来增强视觉感知，由图可以看到（c）中的结果具有更丰富的色彩和纹理。

表 7-9　对损失函数的研究

案例	损失函数	PSNR/SSIM
1	L1	21.72/0.808
2	SSIM	22.19/0.811
3	SSIM+VGG	22.65/0.827

（a）L1

（b）SSIM

（c）SSIM+VGG

（d）正常照度图像

图 7-6　LOL 数据集上不同损失函数的视觉结果

上述实验表明了 CSwin-P 在低照度图像增强任务上的有效性。

7.6　本章小结

本章提出了一个混合 Transformer 模型 CSwin-P，该模型结合了卷积和 Transformer 的优点。CSwin-P 是第一个将 Transformer 应用于低照度图像增强的模型，该模型可以学习正确的亮度、颜色和纹理。本章还提出了增强型 CSwin Transformer 块（ECTB），ECTB 的标记可以得到充分交互。通过使用 ECTB，解决了局部自注意力 Transformer 不适应低照度图像增强的问题，增强图像的窗口伪影得到了明显的改善。此外，该模型可以进一步学习局部上下文信息，并通过使用空间交互单元减少参数和运算量。该模型是端到端的，在推理阶段不受图像大小的限制。大量的实验证明，本章提出的 CSwin-P 轻量且高效。

第8章 面向低照度图像增强的基于边缘检测的多尺度特征增强网络

8.1 引言

低光图像增强（low-light image enhancement, LLIE）是计算机视觉任务中的一大挑战。低光图像存在一些缺陷，例如目标内容模糊、亮度低、对比度差和颜色较暗。这些缺陷对目标检测、识别和图像分割等任务有很大影响。因此，为了恢复图像细节并补偿图像亮度和对比度，LLIE 技术被广泛研究。主流的 LLIE 技术包括传统的 LLIE 算法和基于深度学习的 LLIE 算法。虽然这些算法对 LLIE 有效，但仍存在不足。目前基于深度学习的算法没有充分考虑边缘信息。但是，由于图像边缘存在纹理细节，因此边缘信息对于图像增强结果非常重要。过于复杂的网络模型对执行效率和性能的要求太高。因此，针对这些问题，本章提出一种基于边缘检测的多尺度特征增强网络（EDMFEN）。该网络将边缘检测模块（edge-detection module, EDM）与多尺度特征增强模块（MSFEM）相结合。利用 EDM 提取的边缘信息对原始图像进行细化，然后将提取的边缘信息与多尺度特征提取块（MSFEB）的输出融合，以丰富增强图像的细节和纹理结构。具有锐利边缘的高质量图像可以以最小的像素损失进行重建。

本章的主要贡献可归纳如下。

（1）提出了一种轻量级的 LLIE 网络 EDMFEN，该网络首先从原始图像中获取边缘信息，然后从多尺度图像中获取特征并融合以重建增强图像。

（2）引入索贝尔算子构建的边缘检测模块，从原始图像中提取边缘信息，并补充空间结构细节，获取高质量的增强图像。

（3）提出了一种具有注意力机制的多尺度特征增强模块 MSFEM。本模块采用多分支并行计算法获取不同感知场的图像特征，并引入注意机制获取图像中的对比度信息，使获得的特征更具代表性。

8.2 相关工作

8.2.1 轻量级网络

复杂的网络模型通常对硬件设备有很高的要求。如何解决深度学习复杂网络的存储和计算问题，是将这些算法应用于现实场景的关键。轻量级网络模型目前成为计算机视觉中各种任务的研究趋势。SqueezeNet[188] 在 Squeeze 模块中通过 1×1 卷积减少了参数，并通过 Expand 模块扩展了通道数，以更少的通道保留了更多特征。在 MobileNet[189] 中，深度可分离卷积分别对不同的通道进行卷积，然后使用逐点卷积对特征进行融合，大大减少了参数和运算量。ShuffleNet[190] 的核心是群卷积和通道重组，减少了运算工作量，同时保持了模型性能。这些轻量级网络通常具有少量的运算量和大量的参数，并且具有很高的执行效率。

8.2.2 边缘检测

边缘是图像的重要组成部分，也是计算机视觉任务的基础。差分算

子的传统边缘检测算法对图像中的噪声更敏感，速度更快，但获得的结构信息不完整。Canny 检测 [191] 可以检测出良好的闭合和边缘连续性，但执行效率较低。Roberts 算子 [192] 是一种使用局部差分算子来查找边的算子。它使用对角线上两个相邻像素之间的差异来近似梯度幅度以检测边缘。垂直边缘检测效果优于斜边，定位精度高。但它对噪声敏感，不能抑制噪声的影响。Prewitt 算子 [193] 是一种边缘检测算子，它通过在图像中的水平和垂直方向上执行卷积运算来检测边缘的位置和强度。它可以有效地捕获水平和垂直方向的边缘特征，在边缘检测任务中表现良好，对噪声更敏感。索贝尔检测 [194] 是一种简单且计算紧凑的算法，对噪声具有平滑效果。使用索贝尔检测可以从图像中获得准确的边缘细节信息和丰富的纹理结构。

8.2.3　注意机制

最近，大多数注意力块被提出专注于深度加权不匹配，强调关键信息特征并抑制无用特征。Hu 等 [195] 提出了 Squeeze 和 Stimulate 模块，通过对通道之间的相互依赖关系进行建模，对通道的特征响应进行重新校准。考虑到每个像素的位置关系的重要性，本章提出一种非局部网络（non-local networks, NLNet）[196] 来计算任意两个位置之间的相互作用，而忽略它们的距离。全局上下文网络（global context network, GCNet）[197] 通过对所有位置使用与查询无关的注意力图来简化 NLNet 框架。Fu 等 [198] 设计了一个包含空间和通道模块的双注意力网络，将局部特征与全局特征相结合。

8.3　基于边缘检测的多尺度特征增强网络

EDMFEN 通过融合图像的边缘信息和多尺度特征，改善了低光图像的边缘细节和清晰度，并增强了图像的整体对比度。边缘检测块用于提取图像的边缘信息，有助于增强图像的细节和边缘，使其更清晰。在多尺度特征提取模块中，提取多尺度信息，结合高效通道注意（efficient channel attention, ECA）机制，根据特征的重要性自适应分配不同尺度特征的权重，从而增强图像中的重要信息。将图像的边缘信息不断注入多尺度信息中，以更好地还原图像的细节。EDMFEN 的框架如图 8–1 所示。

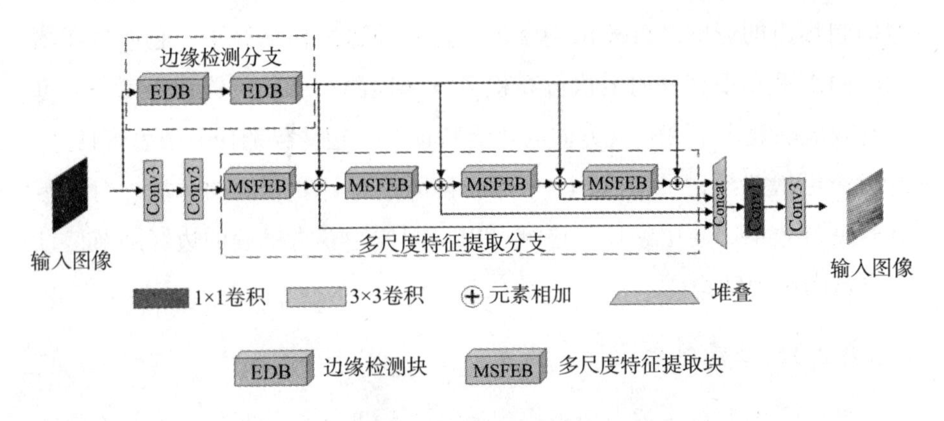

图 8–1 EDMFEN 的框架

两个边缘检测块（edge-detection blocks, EDB）用于提取边缘信息，四个 MSFEM 用于提取多尺度特征。

将输入图像定义为 I，它由两个 3×3 卷积处理以获得特征图像 I_0。边缘提取分支中的输出可以写成式（8–1）。

$$I_1 = F_{\mathrm{EDB}}\left(F_{\mathrm{EDB}}\left(I\right)\right) \tag{8-1}$$

式中：F_{EDB} 表示边缘提取部分的 EDB；I_1 表示 EDM 的输出。对于多尺度特征提取，细化分支中每个 MSFEM 的输出可以定义为式（8–2）。

$$E_n = \begin{cases} F_{\mathrm{MSFEM}}\left(I_0\right), n = 1 \\ F_{\mathrm{MSFEM}}\left(E_{\mathrm{n-1}} + I_1\right), n = 2, 3, \cdots, N \end{cases} \tag{8-2}$$

式中：F_{MSFEM} 表示 MSFEM 的操作；E_n 表示第 n 个 MSFEM 的输出。通过将 MSFEM 的每个中间输出逐个添加到边缘提取模块的输出中，将

MSFEM 的每个中间输出添加到下一个 MSFEM，以逐步引导特征提取模块。

为了更有效地利用影像特征，使用 1×1 卷积来聚合这些多比例特征。通过这种方式，可以利用相对较少的参数和运算工作来保留分层信息的完整性。最后，使用 3×3 卷积获得增强图像。

在训练过程中，给定一个训练数据集 $\left\{I_{in}^{m}, I_{gt}^{m}\right\}_{m=1}^{M}$，通过将真实图像与模型的输出图像进行比较，将总损失函数最小化，可以表示为式（8–3）。

$$\hat{\theta} = \arg\min_{\theta} \sum_{m=1}^{M} L_{\text{total}}\left(F_{\text{EDMFEN}}\left(I_{in}^{m}\right), I_{gt}^{m}\right) \tag{8-3}$$

式中：I_{in}^{m} 和 I_{gt}^{m} 分别表示输入图像和目标图像；θ 表示 EDMFEN 的参数；F_{EDMFEN}（·）表示 EDMFEN；L_{total}（·）表示总损失函数，以最小化目标图像和增强图像之间的差异，损失函数将在 8.3.3 中详细描述。

8.3.1　边缘检测模块

边是图像的重要组成部分，包含大量的空间结构信息，提取边缘信息可以保留图像的结构信息。在低光图像增强中，可以使用边缘检测算法提取图像中的边缘信息，然后根据边缘信息调整图像的亮度、对比度、颜色等属性，以达到更好的增强效果。大多数图像的边缘存在一定量的噪点，可能会产生伪影，因此在 EDMFEN 中引入了由边缘检测模块组成的边缘检测分支来提取图像的边缘信息。索贝尔算子算法很简单，计算量很小，它不仅可以产生更好的检测效果，还对噪声具有平滑的抑制效果。因此，边缘检测模块提供了更准确的边缘方向信息，并恢复了图像的丰富纹理信息，因此本章在 EDMFEN 中引入了索贝尔算子来提取边缘信息[199]。EDB 的结构如图 8–2 所示。

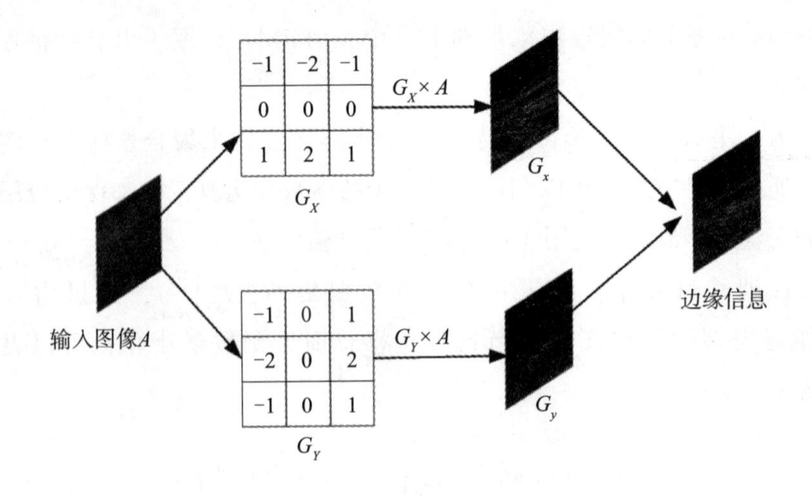

图 8-2　EDB 的结构

索贝尔算子用于计算图像亮度函数的灰度近似值，它可以在图像中的任意点生成相应的梯度向量。索贝尔算子基于梯度算法检测图像边缘，梯度算法的分量表示像素值随 x 和 y 方向的距离的变化率。索贝尔运算符获取输入图像像素的导数，并找到具有最大导数的点来定位边。在离散图像中，可以考虑两点之间的像素间距 1，根据边缘点的上下、左右邻点灰度加权，得到的权值就是卷积核，将得到的横向 G_x 及纵向 G_y 两组 3×3 的矩阵与图像进行平面卷积，即可分别得出横向及纵向的亮度差分近似值。其中 G_x 和 G_y 分别表示经横向及纵向边缘检测的图像灰度值，然后估计每个像素处的梯度，并通过结合卷积结果找到图像中每个点的边缘点，如式（8-4）所示。

$$\text{Edgpoint}(x, y) = \sqrt{G_x^2 + G_y^2} \tag{8-4}$$

索贝尔检测具有良好的检测效果和平滑的噪声处理效果，它可以提供更准确的边缘方向信息，并恢复图像的丰富纹理信息。

8.3.2　多尺度功能增强模块（MSFEM）

一些研究工作 [200-201] 表明，多尺度框架可以提取不同感受野的特征，

这些特征代表了图像中的丰富信息。因此，本章提出了一个多尺度特征提取模块来增加图像的详细信息。MSFEM 旨在获得丰富的特征，包括 MSFEB 和注意机制模块，MSFEB 用于提取多尺度特征。此外，为了防止在提取深度信息时丢失浅层特征，在注意机制模块后增加了跳转连接。使用 MSFEM 可以获得高对比度、细节丰富的图像特征。MSFEM 的结构如图 8-3 所示。

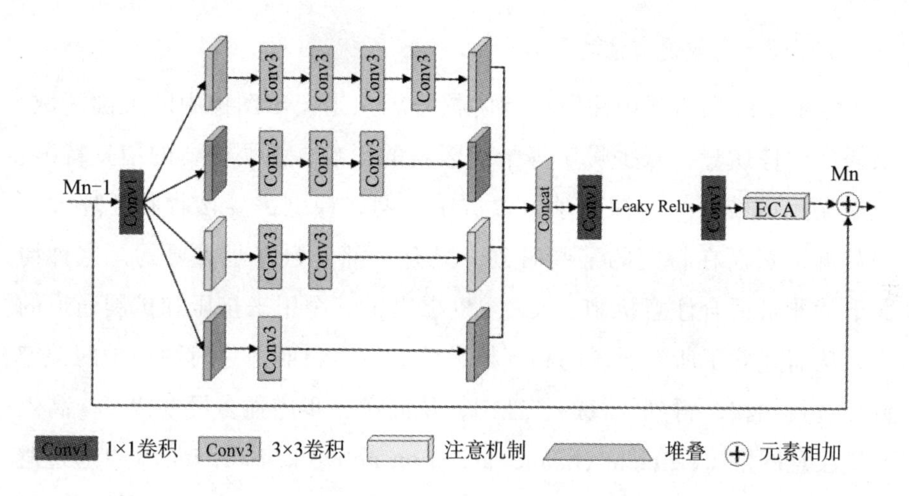

图 8-3　MSFEM 的结构

8.3.2.1　多尺度特征提取块（MSFEB）

为了获取更加丰富的特征，本节设计了多尺度特征提取块获得图像多尺度特征。如图 8-3 所示，网络最初通过 1×1 的卷积层，然后在前面的特征图上使用通道分割的操作，将这些特征图分为四组，每组有四分之一的通道，接下来每组使用不同数量的 3×3 卷积来提取多尺度特征，这样可以获得更大感受野的特征。两个 3×3 卷积和一个 5×5 卷积具有相同的感知场，三个 3×3 卷积和一个 7×7 卷积具有相同的感知场，四个 3×3 卷积与 9×9 卷积具有相同的感知场。然而，与直接使用 5×5、7×7 和 9×9 卷积相比，使用组合的 3×3 卷积可以减少参数数量，同时保留更大的感受野。但是，使用分组模型会阻碍组之间的信息流动并削弱特征表示。为了便于群之间的特征融合，利用接触法将得到的不同尺度的特征图进行堆叠。使用 1×1 卷积对堆叠信息进行积分，然后应用 Leaky Relu 激活函数对有效特征进行过滤。使用 1×1 卷积对通道进行降频，以恢复到与输入相同的通道号，然后使用注意机制模块对特征进行加权。

8.3.2.2　高效通道注意网络

低照度图像增强中注意机制的核心思想是突出图像中的关键区域，以提高图像质量，减少噪声等干扰因素的影响，强调必要的信息特征，抑制无用的特征。在深度学习领域中，网络模型需要接收和处理大量的数据，然而在特定的某些时刻，只有少部分数据是重要的，这种情况下就非常适合注意机制。文献 [195] 提出了一个用来挤压和扩展通道的块，从而建立了所有通道的相互依赖性。注意机制通过对图像中的关键特征进行加权，得到加权的特征图，从而进一步增强多尺度特征。高效通道注意网络（efficient channel attention network, ECANet）[154] 通过避免降维和增加相邻通道之间的相互作用，可以有效地提高模型性能。在 ECANet 中，输入特征通过全局平均池化层和 1×1 卷积进行处理，以聚合通道特征并改善信息流。注意机制 ECA 的网络结构如图 8-4 所示，通过全局平均池化获取输入特征图，得到 1×1 卷积特征向量，然后通过卷积核大小为 5 的一维卷积激活函数传递特征向量，得到权重因子。最后，将权重因子乘以输入特征图，得到具有注意机制的特征图。在本节中应用 ECA 可以有效促进多尺度特征融合，以获得更具表征能力的特征图。

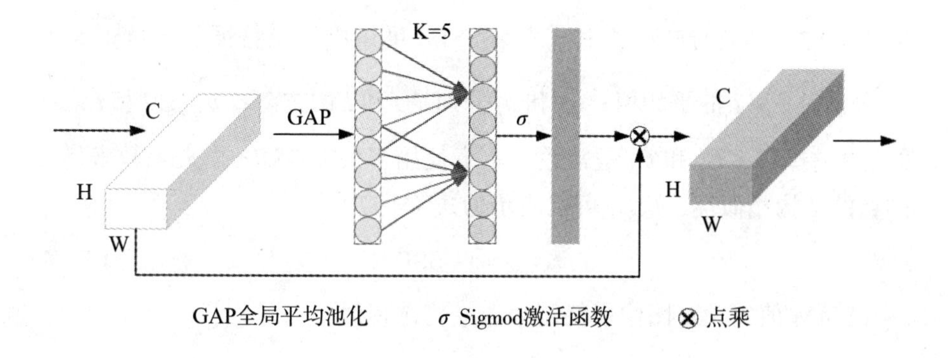

图 8-4　注意机制 ECA 的网络结构

8.3.3　损失函数

给定一个训练数据集来训练网络模型，一个合适的损失函数是必不可少的。本章设计了一种混合损失策略，将结构相似性（SSIM）损失与视觉几何小组（VGG）损失相结合，以提高增强图像的空间细节和边缘结构质量。

8.3.3.1　SSIM 损失

SSIM 可以评估图像质量，从图像亮度、对比度和结构三个部分来衡量，如式（8−5）和（8−6）所示。

$$\mathrm{SSIM}=\left[l\left(l,\hat{I}\right)\right]^{\alpha}\left[c\left(l,\hat{I}\right)\right]^{\beta}\left[s\left(l,\hat{I}\right)\right]^{\gamma} \tag{8-5}$$

$$\begin{cases} l\left(I,\hat{I}\right)=\dfrac{2\sigma_I\sigma_{\hat{I}}+C_1}{\sigma_I^2+\sigma_{\hat{I}}^2+C_1} \\ c\left(I,\hat{I}\right)=\dfrac{2\mu_I\mu_{\hat{I}}+C_2}{\mu_I^2+\mu_{\hat{I}}^2+C_2} \\ s\left(I,\hat{I}\right)=\dfrac{\mu_{I\hat{I}}+C_3}{\mu_I\ \mu_{\hat{I}}\ +C_3} \end{cases} \tag{8-6}$$

式中：$\hat{I}$ 是增强的图像；$l\left(I,\hat{I}\right)$、$c\left(I,\hat{I}\right)$ 和 $s\left(I,\hat{I}\right)$ 是 I 和 $\hat{I}$ 在亮度、对比

度和结构上的差异；α、β 和 γ 表示 SSIM 度量中不同特征的比例；σ_I 和 $\sigma_{\hat{I}}$ 分别是 I 和 $\hat{I}$ 的平均值；μ_I 和 $\mu_{\hat{I}}$ 分别是 I 和 $\hat{I}$ 的方差；$\mu_{I\hat{I}}$ 是 I 和 $\hat{I}$ 之间的协方差；C_1、C_2 和 C_3 是常数。本章使用多尺度 SSIM 损失函数来增强图像的结构相似性，L_{SSIM} 可以表示为式（8-7）。

$$L_{\text{SSIM}} = 1 - \text{SSIM} \tag{8-7}$$

SSIM 值越大，图像损耗越小，结构越相似。

8.3.3.2 感知损失

本章使用 VGG 感知损失来计算图像空间维度的损失，利用图像的语义信息来改善增强图像的空间细节，如式（8-8）所示。

$$L_{\text{VGG}} = \frac{1}{WHC}\sum_{x=1}^{W}\sum_{y=1}^{H}\sum_{s=1}^{C}\left\|\hat{I}_{x,y,s} - I_{x,y,s}\right\|^2 \tag{8-8}$$

式中：W、H 和 C 表示图像的宽度、高度和通道。

8.3.3.3 总损失

网络模型的最终总损失是 SSIM 损失和感知损失的加权和，L_{total} 总损失可以表示为式（8-9）。

$$L_{\text{total}} = \lambda_s L_{\text{SSIM}} + \lambda_v L_{\text{VGG}} \tag{8-9}$$

式中：λ_S 和 λ_v 表示对应于 L_{SSIM} 和 L_{VGG} 的权重。

8.4 实验结果与分析

8.4.1 实验设置

为了验证 EDMFEN 的有效性，本节设计并分析了 LOL[16] 和 MIT-5K[126] 数据集的实验结果。为了确保实验的公平性，所有算法都在配备 NVIDIA GeForce RTX2070 8GB GPU 的 PC 上进行实验。Adam 用作具有模型默认参数的优化器。将批处理大小设置为 16，将每个批处理的输入图像大小设置为 96×96，并将 0.000 2 设置为初始学习率。对于所有

实验，参数设置和代码详细信息都是一致的。

8.4.2　数据集

这些实验在 LOL 和 MIT-5K 数据集上进行训练和测试。对于 LOL 数据集，450 对图像用于训练和验证，50 对图像用于测试。对于 MIT-5K 数据集，选择 4 500 对图像进行训练和验证，500 对图像进行测试。此外，为了验证 EDMFEN 的鲁棒性，本节测试了 MEF[202]、NPE[105]、VV[203]、DICM[204] 和 LIME[133] 五个基准数据集。

8.4.3　与先进算法的比较

为了证明 EDMFEN 的优势，本节在定量、效率和视觉方面将 EDMFEN 与传统算法矩阵分解（matrix factorization, MF）[205]、归一化预测误差（normalized prediction error, NPE）[19]、稀疏和冗余图像编码（sparse and redundant image encoding, SRIE）[118]、局部可解释的模型诊断解释（LIME）[133] 和深度学习点燃黑暗算法（KinD）[25]、轻量级金字塔网络（LPNet）[26]、零参考深度曲线估计（Zero-DCE++）[206]、SCI[207]、Semantic[208]、基于 Retinex 的深度展开网络（Retinex-based deep unfolding network, URetinex-Net）[209] 进行了比较。

8.4.3.1　定量比较

将 EDMFEN 与当前的几种图像增强算法进行定量比较，选择峰值信噪比（PSNR）和结构相似性（SSIM）两个具有参考的评估指标来评估网络性能。PSNR 测量图像增强后的噪声水平，它是增强图像与原始图像之间的均方误差。SSIM 表示图像的结构相似性，包括亮度、对比度和结构。使用 PSNR 和 SSIM 可以对增强图像的质量进行更全面和客观的评估。表 8-1 反映了在 LOL 和 MIT-5K 数据集上，本章所提的网络取得了良好的性能，优于其他算法，同时通过实验验证了该算法的优越性。使用预训练模型在 LOL 数据集上测试了 DICM、LIME、MEF、NPE 和 VV 五个基准数据集，并选择自然图像质量评估器（NIQE）来评估增强图像的性能，NIQE 值越低表示性能越好。在表 8-2 中，本章所提的模型 EDMFEN 显示出与其他算法相比的显著优势。具体来说，根据 NIQE，该算法在 DICM、LIME、MEF、NPE 和 VV 数据集上效果最好。EDMFEN 模型的泛化能力得到了很好的证明。

表 8-1 LOL 和 MIT-5K 数据集的数值结果

算法	LOL数据集					MIT-5K数据集	
	Param [M]	FLOPs [G]	Time [s]	PSNR	SSIM	PSNR	SSIM
MF	—	—	1.38	18.74	0.67	17.48	0.78
NPE	—	—	6.11	17.20	0.53	17.21	0.77
SRIE	—	—	2.45	14.25	0.54	19.48	0.79
LIME	—	—	3.71	17.37	0.55	14.54	0.75
KinD	8.49	7.44	1.75	20.38	0.80	21.84	0.79
LPNet	0.77	0.15	0.65	21.70	0.78	24.55	0.90
Zero-DCE++	1.29	0.35	0.02	17.42	0.76	20.21	0.80
SCI	3.14	0.069	0.17	20.83	0.82	20.46	0.83
Semantic	2.37	0.12	0.08	20.60	0.79	19.38	0.67
URetinex-Net	12.29	7.31	1.96	21.33	0.84	21.92	0.82
EDMFEN	0.48	0.05	0.39	23.08	0.82	25.27	0.92

表 8-2 DICM、LIME、MEF、NPE 和 VV5 个基准数据集的数值结果

算法	NIQE				
	DICM	LIME	MEF	NPE	VV
MF	3.49	4.07	3.49	4.11	2.93
NPE	3.45	4.11	3.53	4.15	3.03

续　表

算法	NIQE				
	DICM	LIME	MEF	NPE	VV
SRIE	3.62	4.05	3.45	4.14	2.23
LIME	3.47	4.09	3.56	4.19	3.79
KinD	4.17	4.67	3.83	4.31	3.06
LPNet	3.94	4.35	4.26	4.16	3.52
Zero-DCE++	4.04	4.19	3.82	4.31	3.85
SCI	3.40	4.02	4.01	4.05	2.88
Semantic	3.32	4.05	3.91	4.49	3.41
URetinex-Net	3.36	3.96	3.52	4.08	2.90
EDMFEN	3.28	3.95	3.27	4.03	2.78

8.4.3.2　效率比较

表 8-1 总结了在图像大小为 512×512 的 LOL 数据集上生成的实证结果，并将处理速度与指标（参数数量 Param、运算量 FLOPs、运行时间）进行了比较。本章所提出的 EDMFEN 模型在参数和 FLOPs 指标方面优于其他算法。第二个最佳结果是在时间指标上获得的。MF、NPE、SRIE 和 LIME 不涉及网络参数，因此不考虑它们。值得一提的是，LPNet 是一个轻量级的网络，本章算法的指标远远超过它。由于 ZeroDCE++ 仅使用 7 层端到端网络，因此在运行时间方面本章模型较之要稍长。由表可以得出结论，本章所提出的模型虽然简单，但整体而言与竞争对手相比表现出明显更快的速度。这归因于对小型网络的微调和大量的下采样操作，这些操作大大降低了推理特征空间的维数。

8.4.3.3　视觉比较

为了验证本章提出的 EDMFEN 模型的有效性，基于对 LOL 和

MIT-5K 两个不同数据集的主观视觉比较，对 EDMFEN 模型和不同算法进行了详细的定性评估。图 8-5 显示了在 LOL 数据集上使用几种增强算法获得的图像。与其他算法相比，SRIE 产生的图像曝光不足，而 LIME 产生的图像曝光度更高，但仍然曝光不足。同时，SRIE 和 LIME 不能很好地恢复图像的图案细节和颜色。MF 和 NPE 的曝光适中，但它们产生的图像包含大量噪点。具体来说，在放大区域的杯口区域尤为明显。KinD 效果更好，但它可能会引入一些伪影，从而导致图像细节丢失。在细节上，它在放大区域尤为明显。就整体图像而言，与 KinD 相比，LPNet 在色彩恢复方面略有不足，但从放大区域可以看出，图像中的细节再现水平很高。此外，Zero-DCE++ 生成的图像由于过度曝光而失真。SCI 和 Semantic 的亮度较高，前者生成图像的颜色丢失并发生色移，后者生成图像的纹理细节不足。URetinex-Net 生成图像的亮度较暗，局部细节丢失。与上述算法相比，由本章提出的 EDMFEN 模型生成的图像中图案的颜色更接近真实数据（ground truth, GT），并且在图像中恢复了更多的纹理细节。

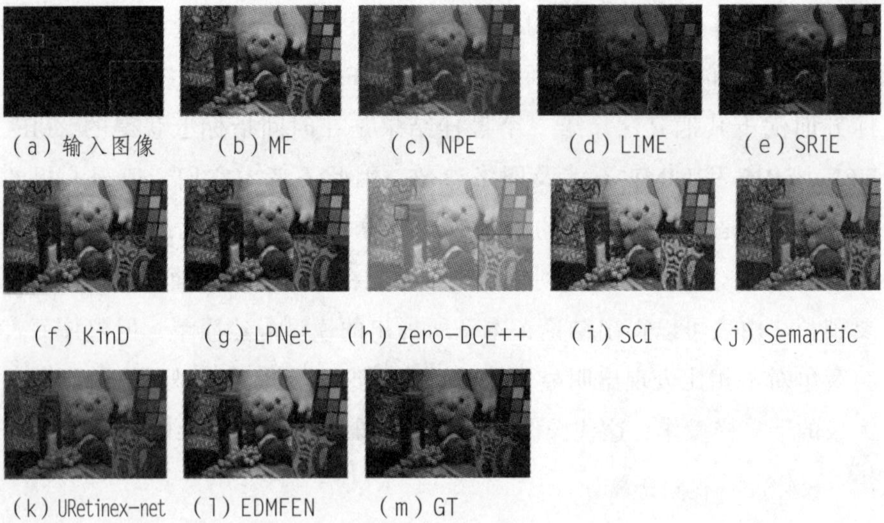

（a）输入图像　（b）MF　（c）NPE　（d）LIME　（e）SRIE

（f）KinD　（g）LPNet　（h）Zero-DCE++　（i）SCI　（j）Semantic

（k）URetinex-net　（l）EDMFEN　（m）GT

图 8-5　LOL 数据集中的主观视觉结果

此外，图 8-6 显示了在数据集 MIT-5K 上获得的实验结果。MF 和 LIME 曝光过度，导致图像失真。NPE 和 SRIE 产生中等曝光的图像。具体来说，在放大区域，由图可以看出车顶的细节恢复不错，但有轻微的色彩失真。与 NPE 和 SRIE 相比，KinD 和 LPNet 可生成更详细的图像，但 KinD 生成图像的色彩恢复不足。LPNet 生成图像的色彩恢复效果更好，但图像中有一些噪点，如放大区域所示。SCI 和语义的亮度较高，SCI 的细节恢复较好，但存在色偏。从语义的放大视图来看，图像的纹理细节丢失太多，URetinex-Net 的亮度更暗，局部细节丢失太多。与这些选择的算法相比，由本章提出的 EDMFEN 模型生成的图像最接近 GT，具有自然的色彩，丰富的细节和高质量的纹理。

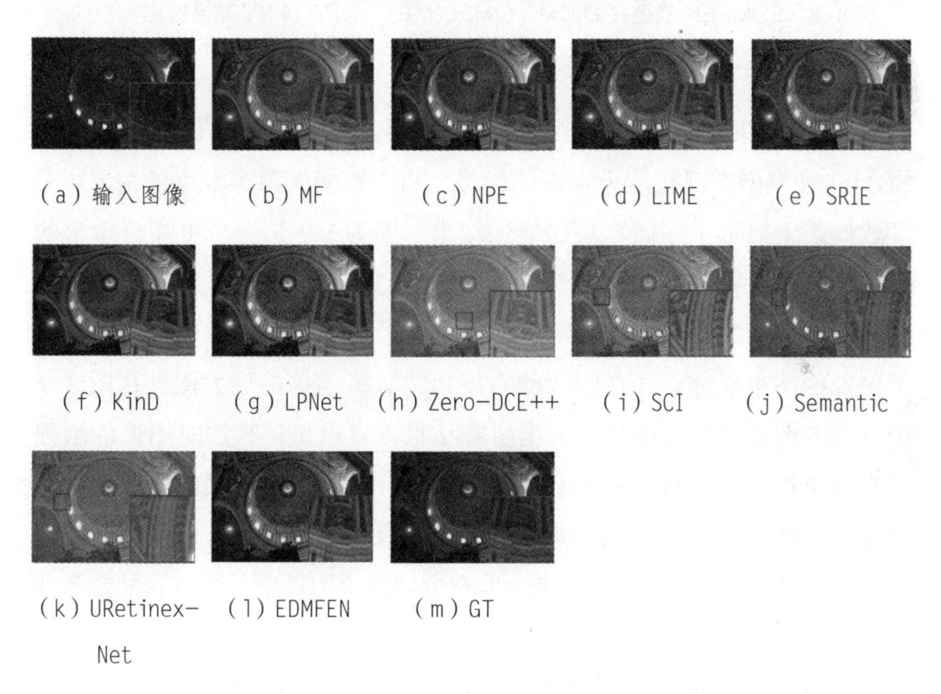

图 8-6　MIT-5K 数据集中的主观视觉结果

为了证明本章提出的 EDMFEN 模型的泛化能力和鲁棒性，本节在图 8-7 中展示了该模型在 DICM、LIME、MEF、NPE 和 VV 基准数据集上的实验结果。本章所提模型通常与不同的数据集兼容性较好，实现了高质量的细节恢复和亮度增强。

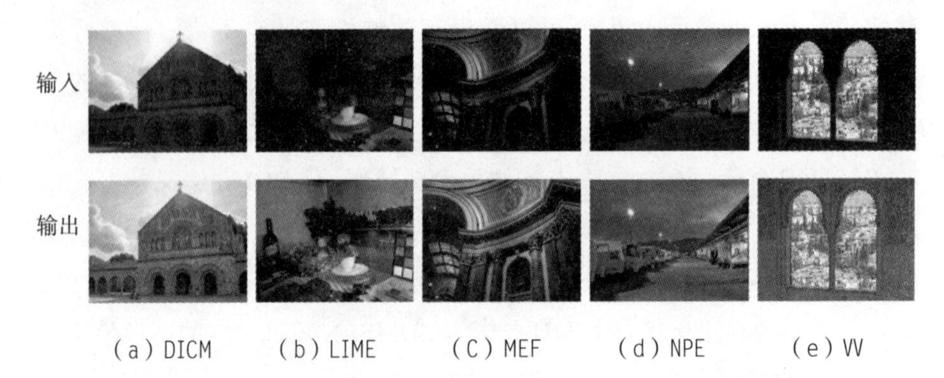

图 8-7　EDMFEN 模型在 DICM、LIME、MEF、NPE 和 VV 基准数据集中的实验结果

将 EDMFEN 模型与基准数据集上的不同算法进行比较，可以证明 EDMFEN 模型在泛化能力方面的优势。由于篇幅所限，本章仅在 VV 基准数据集上展示了不同算法的增强结果，因为 VV 是一个更高分辨率的数据集，图像中有更多的细节。根据增强的结果，本章提出的模型显示出与这些选择的算法相比的明显优势。为了显示具体的细节，这里框住了图像的一小部分，并在图像的右下角放置了四倍的放大图。在图 8-8 中，参考图像是输入图像。根据所有结果，发现每种算法对图像的增强都有一定程度的影响。在传统的四种算法中，由 NPE 增强的图像具有高度曝光的特点和噪点。SRIE 曝光不足，对图像中隐藏细节的恢复没有显著影响。MF 具有最重要的结果，但它也增强了图像中的噪点。从图 8-8 可以看出，与传统算法相比，深度学习算法效果更好。LPNet 和 KinD 的结果相似。具体来说，KinD 的曝光效果较差，LPNet 具有更好的亮度再现功能，并且两者对图像中隐藏细节的再现程度都较高。Zero-DCE++ 对图像的亮度增强更明显，但会曝光过度并产生一些失真。由 SCI 增强的图像中的噪点较少，但图像中有颜色偏移。Semantic 具有更好的细

节恢复效果，但图像细节不够丰富。URetinex-Net 的亮度较暗，图像细节丢失太多。总体而言，本章提出的 EDMFEN 模型在亮度、饱和度和结构增强方面更趋于稳定，图像中隐藏细节的还原更明显，这证明了 EDMFEN 具有良好的泛化能力。

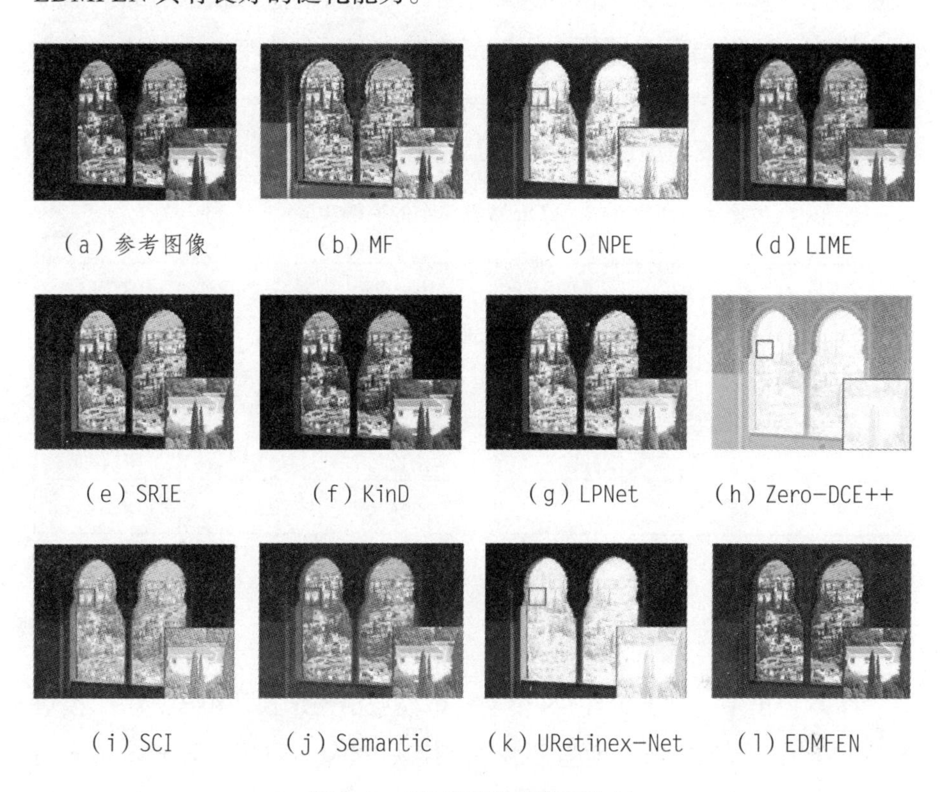

图 8-8　VV 基准数据集对比图

为了证明每个模块对 EDMFEN 的重要性，进行了消融实验，研究了 EDM、MSFEM 和注意机制模块对模块化网络框架的重要性。消融实验是通过一次移除一个模块在 LOL 数据集上进行的。

案例 1 表示没有 MSFEB 的实验，案例 2 表示没有注意机制模块的实验，案例 3 表示没有 EDB 的实验，案例 4 表示完整的 EDMFEN 实验。在表 8-3 中，通过比较案例 1 和案例 4 可知，使用多尺度特征提取对

LLIE 有显著影响，因为多尺度特征可以更好地表示图像中的丰富信息。此外，案例 2 和案例 4 的对比结果说明了注意机制模块对增强效果的影响，使用注意机制模块可以过滤图像中不必要的冗余信息，并充分利用关键功能。最后，案例 3 和案例 4 表明，不完整的边缘信息对结果也有很大影响，边缘信息对图像空间细节的增强有很大影响。通过这些消融实验，可以得出结论，每个模块的设置对图像增强有一定的影响，并且所有模块的聚合使模型能够达到最佳性能。

表 8–3　LOL 数据集上的消融实验

案例	EDB	MSFEB	Attention	PSNR	SSIM
1	√	×	√	18.28	0.65
2	√	√	×	18.99	0.69
3	×	√	√	21.01	0.71
4	√	√	√	23.08	0.82

8.5　本章小结

本章提出了一种 EDMFEN 模型，该模型由两个模块组成，一个模块 MSFEM 用于多尺度特征增强，另一个模块 EDM 用于获取图像的边缘信息。在多尺度要素增强过程中，边缘信息不断被注入，浅层要素生成的有用信息被直接发送到 MSFEB 的末尾。该框架产生更具代表性的图像特征，并将提取的浅层和深度信息聚合在一起，然后结合空间注意机制，使特征更专注于关键空间内容，从而提高性能。大量的比较和消融实验表明，本章提出的网络在主观和客观上都优于先进的算法。

第 9 章　面向低照度图像增强的带有 ConvLSTM 的分辨率和对比度融合网络

9.1　引言

在计算机视觉领域，低光环境会降低图像质量，从而直接影响各种高级视觉任务的有效性。针对这些问题，人们提出了许多低照度图像增强算法，包括传统算法和深度学习算法，以减少低照度图像的噪点、去模糊和恢复纹理细节，从而生成正常的图像。传统算法主要包括直方图均衡（HE）算法 [210-211] 和 Retinex 算法 [212][216]。HE 算法通过扩大图像的直方图动态范围来增强整体对比度和亮度，但它可能会导致细节丢失。Retinex 算法基于视网膜理论首先将图像分解为照明图像和反射图像，然后对分解后的图像进行处理，最后对处理后的图像进行融合和重构；但是，增强的图像可能具有低对比度和噪点。因此，这些算法很难获得理想的增强图像。深度学习在学习能力上优于传统算法，最近，LLIE 领域提出了许多基于深度学习的算法。基于深度学习的 LLIE 算法主要分为有监督学习（supervised learning, SL）算法和无监督学习（unsupervised learning, UL）算法。SL 算法使用成对数据集，并且在模型训练过程中具有高度针对性。UL 算法不需要标记的数据集，而是从低照度图像本身学习，因此它的网络更具泛化性，但是，由于没有 GT 图像作为约束，生成的图像可能会存在颜色失真问题。SL 算法在数据集方面的适应性较弱，需要配对数据集进行训练，因此其网络的泛化性相对较差，但由于使用GT图像进行约束，大多数SL算法可以获得更高质量的图像。然而，这些算法也存在一些缺点，没有考虑如何在提高图像的分辨率和对比度的同时进行 LLIE 处理以达到更好的增强效果。

现有的基于深度学习的算法没有很好地融合图像分辨率和对比度特征，这会影响增强图像的质量。因此，本章提出了一种基于卷积长短期记忆网络（ConvLSTM）的分辨率和对比度融合网络 RCFNC，用于低光图像增强。该网络由分辨率增强分支、对比度增强分支、多尺度特征融合块（MFFB）和卷积长短时存储块（ConvLSTM）组成。具体而言，为了提高图像的分辨率，本章设计了一个由多尺度差分特征块（MDB）组成的分辨率增强分支，它利用图像的多尺度残差特征来增强空间细节，从而提高图像的分辨率。同时，为了提高图像的对比度，本章提出了一个由自适应卷积残差块（adaptive convolutional residual block, ACRB）组成的对比度增强分支，该分支包括一个局部自适应核和一个全局偏置机制，通过利用局部和全局特征之间的关系来增强图像的对比度。本章提出的多尺度特征融合块（MFFB）可以更好地融合图像的分辨率和对比度特征，最后在每个 MFFB 后添加一个 ConvLSTM 来过滤特征的冗余信息，从而提高网络的整体学习能力。综上所述，本章的主要贡献如下。

（1）针对低照度图像增强，提出了一种带有 ConvLSTM 的分辨率和对比度融合网络 RCFNC，它通过融合分辨率和对比度特征来提高图像的整体质量。

（2）为了提高图像的分辨率和对比度，设计了一个由多尺度差分特征块（MDB）组成的分辨率增强分支，以利用不同比例的残差特征来增强图像空间细节；由自适应卷积残差块（ACRB）组成的对比度增强分支旨在学习局部和全局特征之间的关系，以增强图像的对比度。为了全

面提高图像质量，提出了一种 MFFB 来更好地融合分辨率和对比度特征。

（3）为了减少信息冗余，有效地学习图像中的特征映射，提出了从图像中提取有效特征的 ConvLSTM。

9.2　带有 ConvLSTM 的分辨率和对比度融合网络

本章提出的带有 ConvLSTM 的分辨率和对比度融合网络 RCFNC 的结构如图 9-1 所示。输入图像经过两个 3 × 3 卷积层和 ReLU 函数进行浅层特征提取。图像中较深特征的提取由四次迭代过程组成，在第一次迭代中，特征的初始状态记录在第一次 ConvLSTM 中。为了从多个角度提高图像质量，将获得的特征输入到分辨率增强和对比度增强分支中进行图像增强。具体而言，为了提高图像的分辨率，设计了由 MDB 组成的分辨率增强分支，通过多尺度特征之间的差分信息来补偿图像的空间细节；设计了一个由 ACRB 组成的对比度增强分支，通过学习局部和全局特征之间的映射关系来提高图像的对比度。两个分支的输出通过 MFFB 对特征信息进行加权融合得到，并通过 ConvLSTM 去除冗余信息，此时第一次迭代结束。过滤后的特征将返回到原始分支，并作为下一个模块的输入添加到上一个模块的输出中。经过四次迭代后获得的特征被 3 × 3 卷积层压缩，通过跳转连接，生成一幅正常光图像，将其加入到图像的浅层特征中。得到的图像具有丰富的纹理结构、较少的冗余信息和清晰的细节。

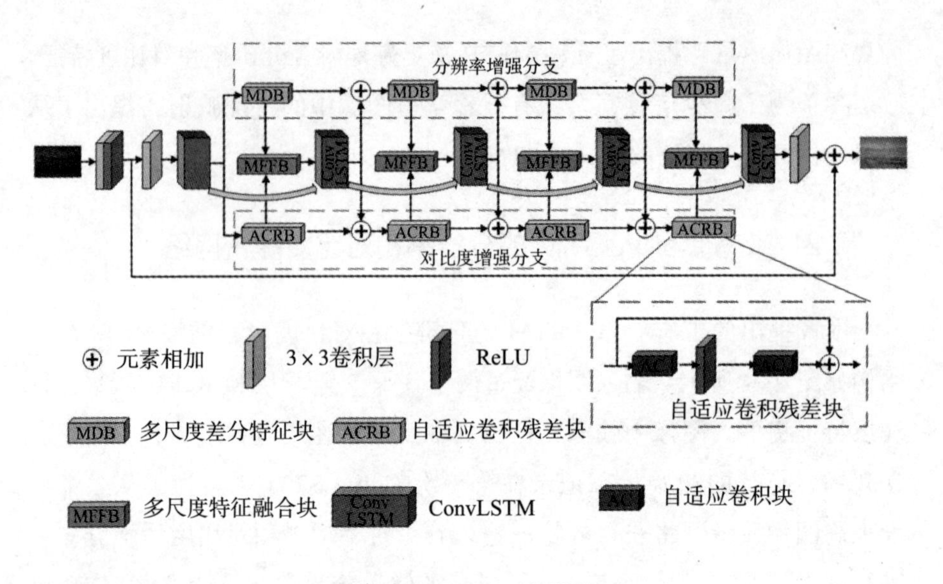

图 9-1 RCFNC 的结构

9.2.1 多尺度差分特征块（MDB）

现有的大多数多尺度特征提取结构是将提取到的不同尺度特征直接进行映射的，这样会导致不同尺度之间的空间信息没有被充分利用。为了更好地利用多尺度特征之间的差异性，通过获得不同特征之间的差分信息来弥补图像中的空间信息，进而增强图像的分辨率，本章提出了MDB，其结构如图 9-2 所示。具体来说，浅层特征通过空洞率分别为 1、2、3 的 3×3 空洞卷积获取多尺度特征，这里采用空洞卷积而不使用普通卷积的原因是空洞卷积相对于一般的卷积在获得相同感受野的同时运算量较小。先将获取到的三种不同尺度的特征两两之间做差分操作，再将得到的三种差分特征堆叠起来，经过一个 3×3 卷积可以得到最终的输出。具体流程如式（9-1）～式（9-4）所示。

$$D_1 = \mathrm{ReLU}\left(\mathrm{DConv}_1\left(M_{n-1}\right)\right) \tag{9-1}$$

$$D_2 = \mathrm{ReLU}\left(\mathrm{DConv}_2\left(M_{n-1}\right)\right) \tag{9-2}$$

$$D_3 = \mathrm{ReLU}\left(\mathrm{DConv}_3\left(M_{n-1}\right)\right) \tag{9-3}$$

$$M_n = \mathrm{Conv}_3\left(\mathrm{Concat}\left(\left(D_1 - D_2\right),\left(D_1 - D_3\right),\left(D_2 - D_3\right)\right)\right) \tag{9-4}$$

式中：D_1、D_2 和 D_3 代表不同尺度的特征；DConv_i 代表空洞率不同的卷积；i 代表空洞率；M_{n-1} 代表 MDB 的输入；M_n 代表 MDB 的输出；Concat 代表叠加；ReLU 代表激活函数。

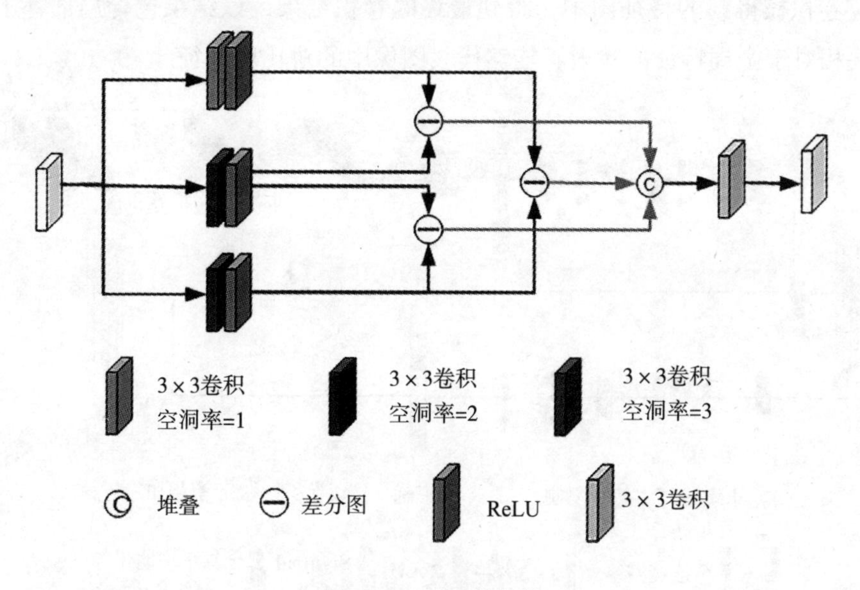

图 9-2　MDB 的结构

9.2.2　自适应卷积残差块（ACRB）

在低照度图像增强过程中，局部特征和全局特征之间的映射关系可以很好地表示图像的对比度，所以本章提出了 ACRB 来更好地提取局部和全局特征。ACRB 由自适应卷积（adaptive convolution, AC）模块和 ReLU 函数组成。在 AC 模块中，卷积核根据局部补丁自动调整。具体来说，ACRB 的结构如图 9-3 所示，它由两部分组成，局部自适应核和全局偏置机制。在局部自适应核的生成中，通过卷积与 ReLU 函数提取浅层特征来处理局部补丁，然后用两个全连接层和 ReLU 函数得到一个代表卷积核比例因子的一维向量，将其重塑为一个二维张量，然后将通道维度设置成与卷积核大小相同，这个新张量与卷积核进行点乘，得到一个加权卷积核。然后，新的卷积核被用于局部补丁的卷积。在全局偏置机制分支，整个特征图通过全局平均池化（GAP）和两个全连接层及 Sigmoid 函数，得到一个代表全局信息的特征向量，将其加入到由自适应卷积核得到的特征图中，得到最终的卷积结果，该结果包含局部补丁块相对于全局特征的映射，能够代表图像中的对比度特征。

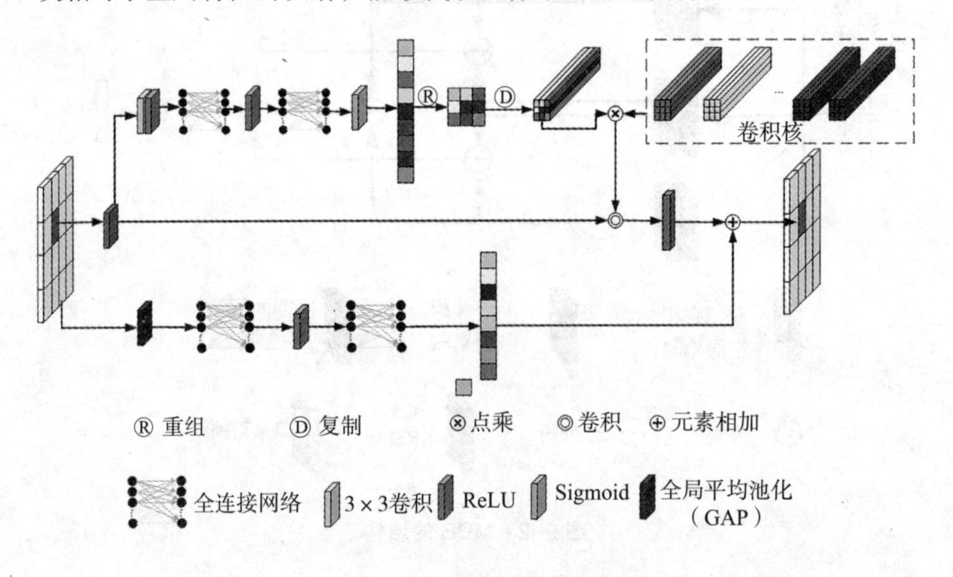

图 9-3　ACRB 的结构

9.2.3　多尺度特征融合块（MFFB）

如何利用不同类型特征之间的相关性，更加针对性地融合这些特征，是特征融合的关键。为了学习特征之间的相关性，更好地融合空间分辨率和对比度，本章设计了一种由多尺度块（multi-scale block, MB）和卷积组成的多尺度特征融合块 MFFB，它利用注意机制自适应地获取两种不同特征进行加权特征融合。其中，MB 是由三层卷积组成的，分别是

1×1、3×3 和 5×5 的卷积，MFFB 的结构如图 9-4 所示。具体来说，在 MFFB 中，有三个分支，其中中间的分支先将两种特征堆叠到一起，然后通过一个 3×3 卷积提取浅层特征，在卷积之后，为了更充分地挖掘多尺度特征，通过一个 MB 来给特征赋予权重因子，然后将中间分支的输出分别与上下两个分支的特征进行点乘操作，用以对两个分支的特征进行加权操作，最后将两个分支的输出叠加为最终的融合结果。

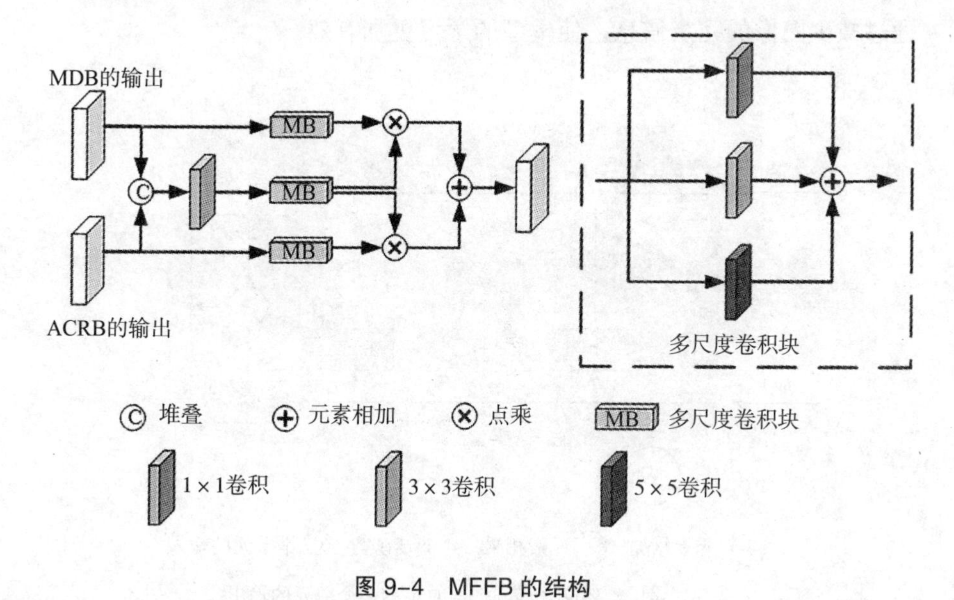

图 9-4　MFFB 的结构

9.2.4　卷积长短时存储块（ConvLSTM）

为了更全面地表示图像的原始信息，需要提取图像不同尺度的空间细节，而且，对于卷积来说，在框架中不同位置的卷积核可以提取到不同层次的图像特征，深层特征中包含的某些信息源于浅层特征，因此在提取特征的过程中，需要考虑不同层次特征之间的依赖关系。所以为了获取图像中不同尺度、不同层次的图像特征来保持图像更丰富的空间细节，减少图像的冗余信息，本章引入了从图像中提取有效特征的 ConvLSTM，ConvLSTM 的结构如图 9-5 所示。长短期记忆网络（long short-term memory, LSTM）是一个擅长处理长序列记忆问题的网络，ConvLSTM 主要由输入门、遗忘门和输出门组成。输入门根据前一个时间点的输出和当前时间点的输入进行非线性转换，以获得新的输入。遗忘门根据前一个时间点和当前时间点的状态有选择地更新状态向量。输出门基于遗忘门控制当前时间点的输出。受文献 [217] 的启发，本章使用了五个 ConvLSTM 单元来连接不同尺度和不同层次的特征。ConvLSTM 通过减少图像的冗余信息，使模型的学习更加有效。

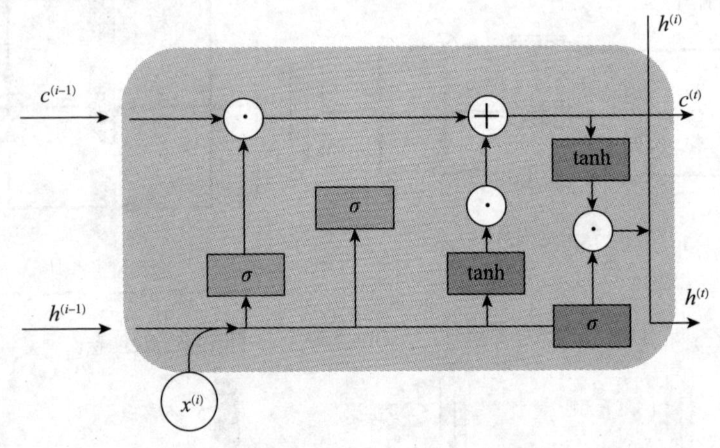

图 9–5　ConvLSTM 的结构

9.2.5　损失函数

为了约束模型训练过程，本节的损失函数由内容损失和感知损失这两个损失组成：结构相似性（SSIM）损失表示内容损失，视觉几何小组（VGG）损失表示感知损失。

9.2.5.1 内容损失

L_2 丢失往往会产生过于平滑的图像。$L1$ 损耗产生的图像无法有效

抑制噪声。SSIM 损失通过亮度、对比度和结构来评估生成的增强图像与 GT 图像的相似性。由 SSIM [9] 损失生成的图像噪声较少，质量良好。因此，这里使用 SSIM 损失作为内容损失，其公式定义如式（9−5）和（9−6）所示。

$$\text{Loss}_{\text{content}} = 1 - \text{SSIM}(m,n) \tag{9-5}$$

$$\text{SSIM}(m,n) = \frac{2\mu_m\mu_n + C_1}{\mu_m^2 + \mu_n^2 + C_1} \cdot \frac{2\sigma_{mn} + C_2}{\sigma_m^2 + \sigma_n^2 + C_2} \tag{9-6}$$

式中：$\text{Loss}_{\text{content}}$ 表示内容损失；m 和 n 分别表示生成的图像和 GT 图像；μ_m 和 μ_n 分别表示 m 和 n 的均值；σ_m 和 σ_n 分别表示 m 和 n 的方差；σ_{mn} 表示 m 和 n 的协方差；C_1 和 C_2 表示不为 0 的常数。

9.2.5.2 感知损失

Johnson 等 [157] 提出了一种基于 VGG 模型的感知损失函数来优化视觉效果，使生成的图像在语义上与 GT 图像更加相似。这里引入这种损失函数来提高图像的视觉质量，其中使用了预先训练的 VGG19 模型，并获得了模型权重。感知损失的定义如式（9−7）所示。

$$\text{Loss}_{\text{perceptual}} = \frac{1}{C_j H_j W_j} \left\| \theta_f(m) - \theta_f(n) \right\|_2^2 \tag{9-7}$$

式中：$\text{Loss}_{\text{perceptual}}$ 表示感知损失；C_j、H_j 和 W_j 分别表示通道数、高度和宽度；$\theta_f(\cdot)$ 是从 VGG 网络中提取特征的操作。

9.2.5.3 总损失

总损失可以定义为式（9−8）。

$$\text{Loss}_{\text{total}} = \omega_1 \text{Loss}_{\text{content}} + \omega_2 \text{Loss}_{\text{perceptual}} \tag{9-8}$$

式中：$\text{Loss}_{\text{total}}$ 表示的是总损失；ω_1 和 ω_2 分别是内容损失和感知损失的权重，通过大量的实验，本节设定 ω_1 和 ω_2 都为 1。

9.3 实验结果与分析

9.3.1 数据集和实验设置

为了验证本章提出的带有 ConvLSTM 的分辨率和对比度融合网络 RCFNC 的可行性，本节在一些数据集上进行了实验。在包含极低照度图像的 LOL[11] 数据集中，通过分析实验结果图和实验数据，可以看出各种算法对图像对比度的影响。有 500 对低光和 GT 图像，其中 485 对用于训练和验证，15 对用于测试。MIT-5K[12] 数据集是一个数据库，现在许多从事图像增强和图像修饰工作的人经常使用它。该数据库包含 5 000 幅分别由 5 位（A、B、C、D、E）专业修饰人员手工修饰的图像，并提供了更多细节，通过分析实验结果图和实验数据，可以看出各种算法对图像分辨率的效果。在 MIT-5K 数据集上，有 5 000 对图像，其中 4 500 对用于训练和验证，500 对用于测试。为了验证网络的鲁棒性，本节还在五个基准数据集上对其进行了测试。DICM[13]、LIME[14]、NPE[15]、MEF[218] 和 VV[219] 数据集显示为单独的低光图像，这些图像是从现实世界中获取的，几乎涵盖了所有场景信息，它们能反映本章所提算法恢复细节信息的能力。其中，DICM 收集了 44 幅来自夜间、逆光区域和黄昏的图像，图像包含大量噪声；LIME 包含 10 幅不同的图像；NPE 包括从互联网上下载的 8 幅高质量图像；MEF 包含 17 幅图像，包括不同的室内和室外场景；VV 是从日常生活中获取的特定场景的图像，包含更多的图像细节，共包含 24 幅图像。对于不同的数据类型，本节使用不同的评估指标来比较算法的性能。

为了保证实验的公平公正，所有深度学习的实验都是在 Pytorch 框架上训练的。计算机设备显卡为 RTX 2070，使用的是 Adam 优化器，参数是默认值，初始学习率设置为 0.000 5，训练 200 批次。为了增强网络的鲁棒性，使用了随机旋转、镜像以进行数据扩充。训练批次大小设置为

32，输入图像大小设置为 96 × 96。

9.3.2　评价指标

为了客观地评估增强图像的质量，本章使用了三个评估指标，即峰值信噪比（PSNR）[220]、结构相似性（SSIM）[9] 和自然图像质量评估器（NIQE）[19]。通过计算增强图像和 GT 图像之间的像素间误差来测量图像的质量。PSNR 值越高代表增强图像与 GT 图像之间的差异越小，图像质量越好。SSIM 是一种向人眼感知看齐的指标，它根据亮度、对比度和结构来评估图像质量。SSIM 值越接近 1，增强图像越接近 GT 图像，这意味着增强的图像质量越好。本章还使用无参考图像评估指标 NIQE 来评估基准数据集上的实验结果，值越小，增强效果越好。

9.3.3　与先进算法的比较

为了验证 RCFNC 算法的有效性，本节比较了归一化预测误差（NPE）[15]、稀疏和冗余图像编码（SRIE）[20]、局部可解释的模型诊断解释（LIME）[14]、高效有效的多曝光融合网络（efficient and effective multi-exposure fusion network, EEMEFN）[221]、点燃黑暗算法（KinD++）[222]、零参考深度曲线估计（Zero-DCE++）[23]、启发式 Retinex 展开与协同先验架构搜索（RUAS）[223]、探索信噪比（signal-to-noise-ratio, SNR）[12] 和基于边缘检测的多尺度特征增强网络（EDMFEN）在 LOL 和 MIT-5K 数据集上的实验效果。为了验证 RCFNC 的鲁棒性，在 DICM、LIME、MEF、NPE 和 VV 五个基准数据集上比较了这些算法。通过客观评价和主观评价来对这些算法得到的增强图像进行实验分析。具体来说，图 9-6、图 9-7、图 9-8 和图 9-9 是在公开数据集 LOL、MIT-5K 和基准数据集 DICM、VV 上得到的视觉效果图。表 9-1 和表 9-2 是通过客观评价增强图像得到的实验指标。在图 9-6 和图 9-7 中，通过差分图展示实验结果图和 GT 图像之间细节的差别。差分图是通过计算增强图像与 GT 图像之间的差值得到的。

在图 9-6 中，本节将图像的框架部分放大了 3 倍，以更好地显示图像中的细节。由图可以看到 NPE 增强后的图像亮度有所增强，但图像的色彩保真度较差。与 NPE 相比，SRIE 和 LIME 提高了图像的色彩保真度。通过放大图，看到图像仍然有一些噪声。总体而言，在表 9-1 中，深度学习算法总体上优于传统算法。在深度学习算法中，EEMEFN 和 KinD++ 对图像颜色的整体保真度更高，对比度增强更明显。在 EEMEFN 的差分图中，可以看到对尖峰的增强效果并不理想，与 GT 图像有明显差异，仍然有一些暗区没有得到有效增强。通过放大图，可以看到 KinD++ 中的边缘增强不太明显，整体亮度略有不足，但可以看出图像的细节得到了更好的恢复。在 Zero-DCE++ 和 RUAS 的增强图像中，存在颜色失真的现象，特别是 Zero-DCE++ 的图像曝光严重。EDMFEN 的增强图像中边缘细节较为丰富，且对比度增强明显，从整体上看，RCFNC 的亮度适中，通过放大图可以看出，图像细节丰富，纹理清晰，色彩逼真。从差分图也可以看出，RCFNC 与 GT 图像最接近。在表 9-1 中，RCFNC 实现了最优的 PSNR 和 SSIM，由表可以看出 RCFNC 在 LOL 数据集上的增强效果最好。

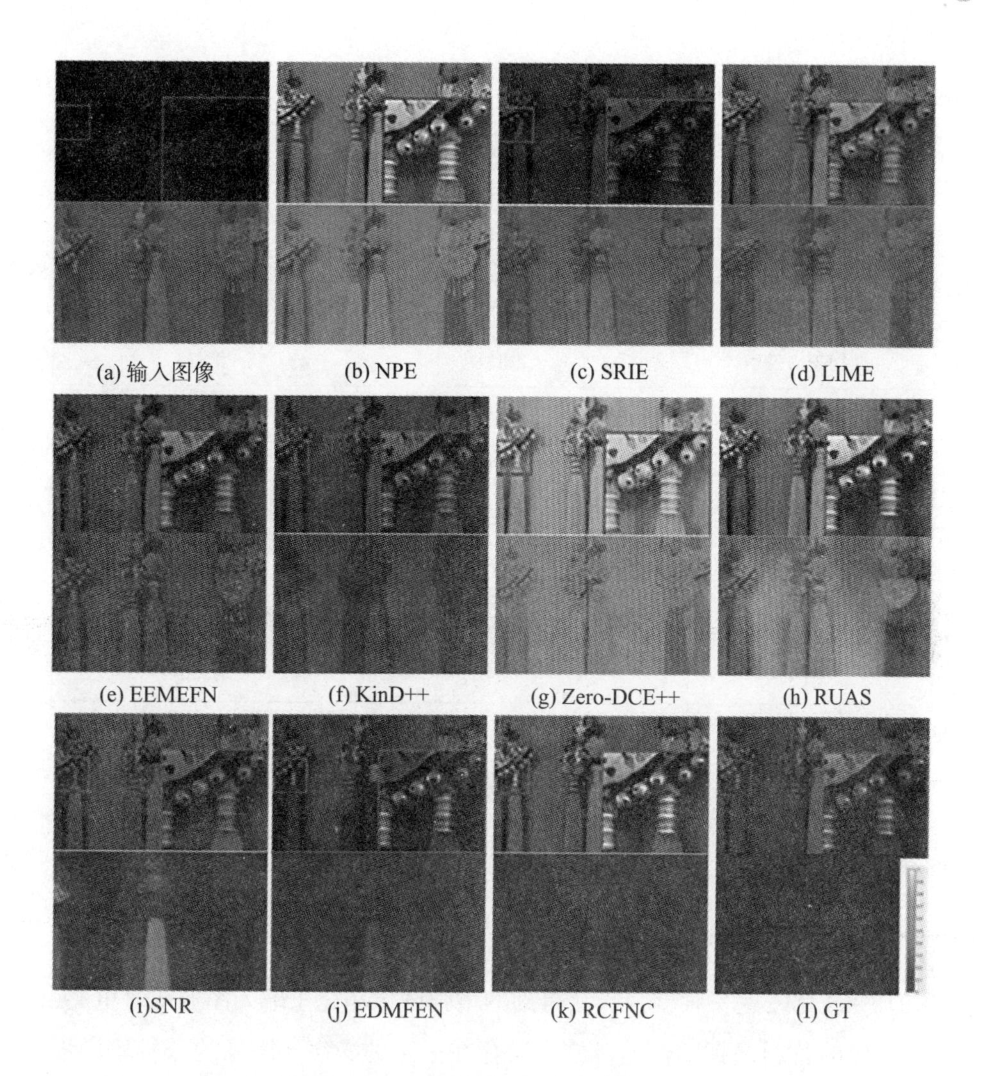

图 9–6　LOL 数据集上的视觉效果

表 9-1 LOL 数据集上的定量对比

算法	PSNR	SSIM
NPE	17.204	0.529
SRIE	14.249	0.537
LIME	17.365	0.545
EEMEFN	20.884	0.814
KinD++	20.871	0.756
Zero-DCE++	17.128	0.501
RUAS	19.629	0.716
SNR	23.015	0.802
EDMFEN	23.080	0.820
RCFNC	23.192	0.846

不同亮度水平的数据集对模型的性能有影响，LOL 数据集是一个照度很低的数据集，对图像的对比度的影响较为明显，而 MIT-5K 是一个人工合成的低照度数据集，数据集中含有丰富的图像细节信息。为了证明 RCFNC 在不同光照条件下的适应性和对图像整体分辨率的增强程度，本节在 MIT-5K 数据集上进行了实验。在图 9-7 中，可以看到由 NPE、SRIE 和 LIME 这三种增强算法得到的增强图像相比于输入图像明显更亮，但图像的色彩保真度较差，放大后存在一定的噪声，图像的分辨率增强不明显。与传统算法相比，由 EEMEFN、KinD++ 和 SNR 增强的图像在色彩保真度和分辨率上有一定的提高，由 EEMEFN 增强的图像过于平滑，EEMEFN 不能很好地恢复图像的详细信息；由 KinD++ 增强的图像有一定的噪声；由 SNR 增强图像的光线比 GT 图像低。由 Zero-DCE++ 和 RUAS 增强的图像亮度高、分辨率低，由 Zero-DCE++ 增强的图像暴露在严重的噪声中。EDMFEN 对船舶的细节增强较为明显，对亮度增强更加明显，且船上物体的色彩保持自然状态。在图 9-7 中，RCFNC

的实验结果整体亮度较好，色彩保真度较高，与 GT 图像最接近。通过放大图可以看出，绳子和圆盘纹理丰富，细节清晰，分辨率较高。从表 9-2 中可以看出，RCFNC 的 PSNR 和 SSIM 值最好。以上都证明了 RCFNC 在 MIT-5K 数据集上的整体增强效果最好。

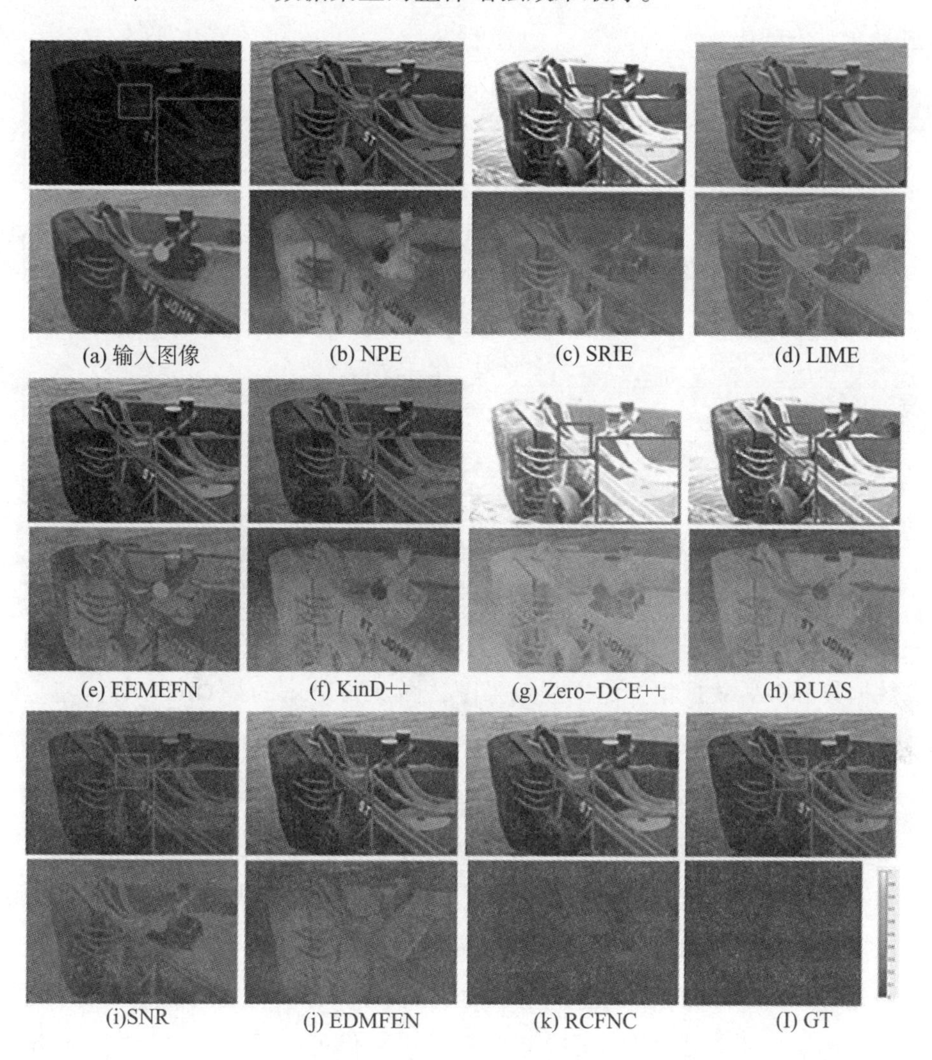

图 9-7　MIT-5K 数据集上的视觉效果

表 9-2 MIT-5K 数据集上的定量对比

算法	PSNR	SSIM
NPE	17.203	0.771
SRIE	19.476	0.799
LIME	16.941	0.750
EEMEFN	22.428	0.834
KinD++	20.410	0.725
Zero-DCE++	16.213	0.613
RUAS	19.026	0.721
SNR	24.196	0.917
EDMFEN	25.270	0.920
RCFNC	25.374	0.931

为了证明 RCFNC 的泛化能力，本节在五个基准数据集上进行了实验，这里使用无参考自然图像质量评估器（NIQE），从表 9-3 中展示的实验结果可以看出，RCFNC 总体上优于其他算法。本节也展示了 DICM 数据集和 VV 数据集上的增强效果图，图 9-8 显示的是 DICM 数据集上的视觉效果。NPE、SRIE、KinD++、RUAS 和 SNR 的增强图像亮度和对比度处于中等水平。在 NPE、SRIE 和 RUAS 中，图像分辨率低且噪声大，而由 KinD++ 和 SNR 增强的图像分辨率更高、色彩保真度更好、噪声更小。在 EEMEFN 和 Zero-DCE++ 中，曝光很明显，通过放大图可以看出尖峰被过度曝光而使颜色失真，图像的分辨率和对比度没有被增强。EDMFEN 的曝光适中，亮度增强较好，且图中建筑的边缘细节更加突出。由本章提出的 RCFNC 实验结果图像可以看出，与其他实验结果图像相比，图像的对比度和分辨率效果更好，噪声更小。综上所述，RCFNC 具有较好的增强效果。

表 9-3　DICM、LIME、MEF、NPE 和 VV 五大基准数据集上的 NIQE 定量对比

算法	NIQE				
	DICM	LIME	MEF	NPE	VV
NPE	3.45	4.11	3.53	4.15	3.03
SRIE	3.62	4.05	3.45	4.14	3.23
LIME	3.47	4.09	3.56	4.19	2.77
EEMEFN	3.34	3.98	3.47	3.99	2.93
KinD++	3.45	4.05	3.82	4.09	3.00
Zero−DCE++	4.04	4.19	3.81	4.30	3.85
SNR	3.30	3.93	3.40	3.96	2.96
EDMFEN	3.28	3.95	3.27	4.03	2.78
RCFNC	3.29	3.91	3.29	3.87	2.72

(a) 输入图像　(b) NPE　(c) SRIE　(d) LIME
(e) EEMEFN　(f) KinD++　(g) Zero-DCE++　(h) RUAS
(i)SNR　(j) EDMFEN　(k) RCFNC

图 9-8　DICM 数据集上的视觉效果

图 9-9 为 VV 数据集上的视觉效果。从图中可以看出，由 NPE 增强的图像亮度较高，图像分辨率较差。在图像的隐藏区域，LIME 的增强结果优于 SRIE，具有更多的细节。从表 9-3 中的实验指标可以看出，EEMEFN 和 KinD++ 的结果相近。在图 9-9 中，EEMEFN 的亮度适中、噪声小，但色彩恢复有所欠缺；KinD++ 的亮度不够，但图像细节丰富。Zero-DCE++ 过度曝光并有一些失真。由 RUAS 增强的图像亮度较暗，隐藏区域有很多未恢复的细节，白壁上出现了许多噪声块。EDMFEN 对于窗内窗外的增强较为自然，不存在过度曝光的现象，且由图可以明显看出图中墙上的纹理更加丰富。由本章提出的 RCFNC 得到的图像亮度适中，墙面噪声小，放大后树木恢复原色，窗户图案细节丰富。总的来说，RCFNC 在 VV 数据集上增强亮度、对比度和分辨率方面有最显著的效果。

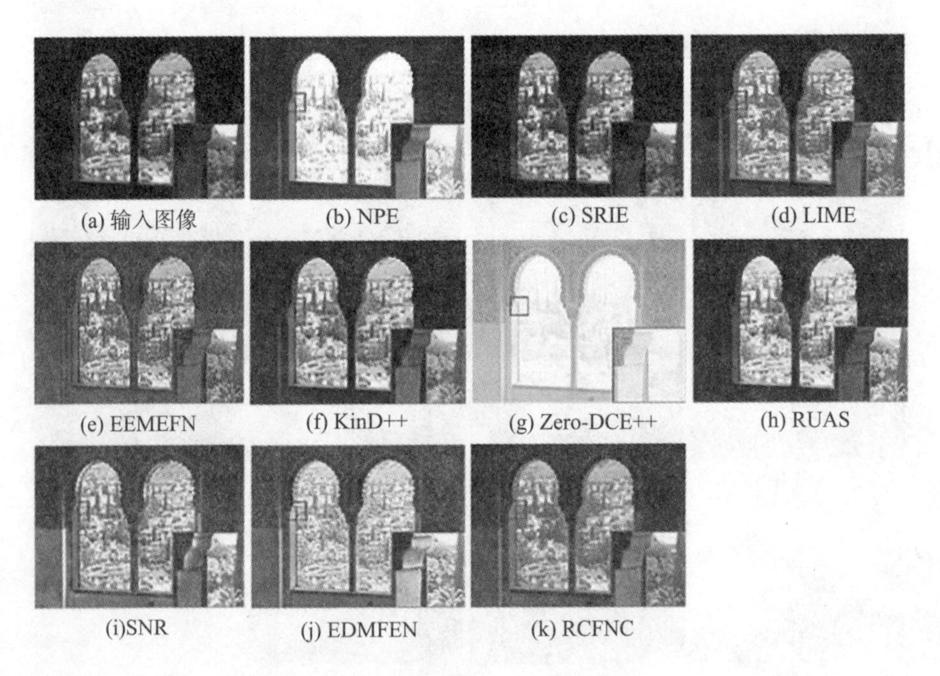
(a) 输入图像 (b) NPE (c) SRIE (d) LIME
(e) EEMEFN (f) KinD++ (g) Zero-DCE++ (h) RUAS
(i)SNR (j) EDMFEN (k) RCFNC

图 9-9　VV 数据集上的视觉效果

为了评估模型的执行效率，本章在表 9-4 中列举了 RCFNC 和其他对比算法在 LOL 数据集上的处理一幅图像的平均运行时间。需要注意的是,LOL 数据集共包含 15 幅图像，大小尺寸为 512 × 512。如表 9-4 所示，EDMFEN 和 RCFNC 分别取得了第二、第三的成绩。由于 Zero-DCE++ 使用无监督算法进行训练，没有实质性的标签对，且网络使用了简单的七层卷积网络，它在运行时间上达到了最好的效果，但在其他评估指标上要明显比本章提出的算法差。相比于 EDMFEN，RCFNC 经历了四次迭代处理，并产生了大量的特征信息，因此会需要更长的运行时间，但在 PSNR 和 SSIM 指标评估中，RCFNC 取得了绝对的优势。

表 9-4　LOL 数据集上的时间效率对比

算法	NPE	SRIE	LIME	EEMEFN	KinD++	Zero-DCE++	RUAS	SNR	EDMFEN	RCFNC
时间/s	6.111 7	2.447 0	3.713 6	1.235 7	1.758 4	0.021 4	0.872 9	0.729 8	0.394 6	0.478 4

9.3.4　消融实验

为了验证 RCFNC 每个模块的有效性，本节设置了四种消融实验，其中 w/o MD 表示去掉了 MDB；w/o A 表示去掉了 ACRB；w/o MF 表示去掉了 MFFB；w/o C 表示去掉了 ConvLSTM 模块。本节在数据集 LOL 上做了消融实验，图 9-10 展示了 RCFNC 的视觉效果。对于 w/o MD，从图像的整体看，色彩丰富，从放大图看，含有较多的噪声，图像的细节模糊，这可能是由于图像的空间特征减少，分辨率降低；对于 w/o A，图像的色彩恢复不理想，从图像整体来说对比度较低；对于 w/o MF，图像的边缘恢复和色彩恢复都比较好，但是从图像整体来说效果不理想，不能很好地兼容图像的分辨率和对比度；对于 w/o C，图像色彩恢复过度，对比度过高，但图像的边缘清晰，说明重复提取了许多相同的图像特征，导致图像中存在大量的冗余信息。表 9-5 展示了消融实验得到的数值，由表可以看出 RCFNC 的 PSNR 和 SSIM 是最优的。通过对比

表 9-5 的数值和图 9-10 的视觉效果可以得出，每个模块对 RCFNC 都是有效的。

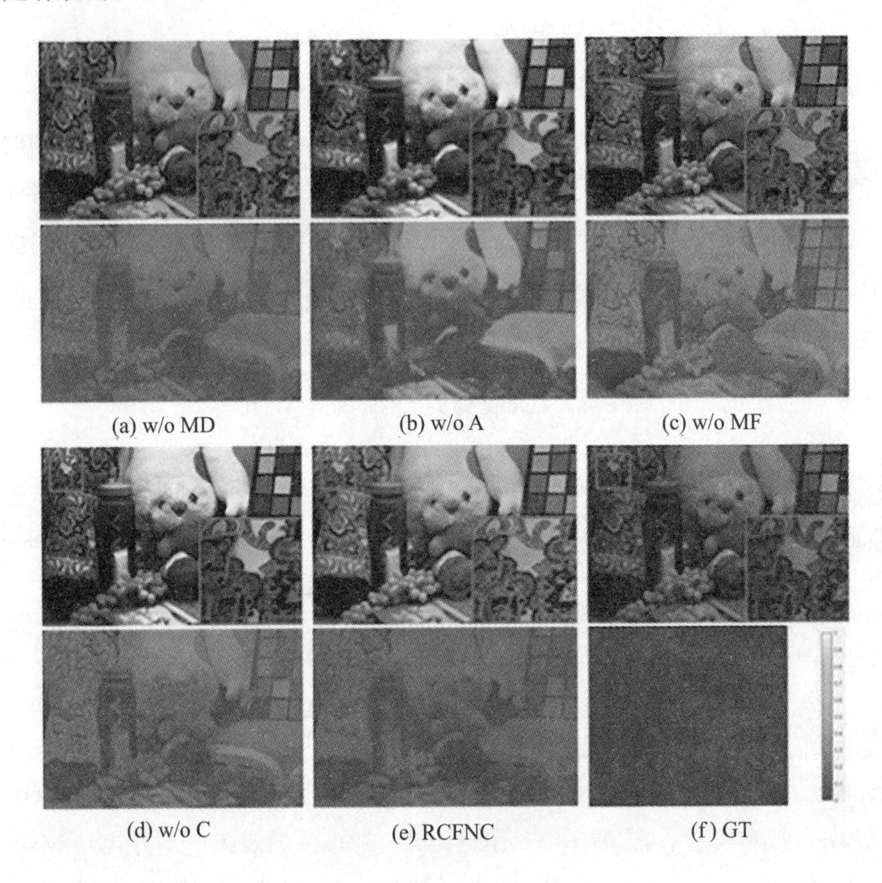

(a) w/o MD (b) w/o A (c) w/o MF

(d) w/o C (e) RCFNC (f) GT

图 9-10　消融实验的视觉效果

表 9-5　消融实验的定量比较

算法	PSNR	SSIM
w/o MD	20.052	0.750
w/o A	22.622	0.827
w/o MF	21.000	0.779

续　表

算法	PSNR	SSIM
w/o C	19.894	0.638
RCFNC	23.192	0.846

9.4　本章小结

本章提出了一种基于 ConvLSTM 和多尺度特征融合的低照度图像增强网络 RCFNC 来解决低照度图像增强中分辨率和对比度增强不足的问题。本章提出的 MDB 通过使用多尺度差分特征来增强图像的空间细节，从而提高分辨率。本章引入的 ACRB 通过学习局部和全局特征之间的映射关系来增强图像的对比度。此外，本章设计了 MFFB 来加权融合从 MDB 和 ACRB 获得的分辨率和对比度特征。最后，本章提出的 ConvLSTM 通过记录特征图的状态来过滤冗余信息，提高模型的效率。通过设计五个消融实验验证了 RCFNC 的每个模块的有效性，另外，在两个公开数据集和五个基准数据集上的实验表明，RCFNC 在图像的对比度和分辨率增强的效果方面明显优于一些先进的算法。

第10章　总结与展望

10.1　本书工作总结

现实环境中存在各种影响人们获取高质量图像的因素，而低照度是其中主要因素之一，低照度可能源自夜间时段、阴暗空间、光线遮挡、特殊天气等成像环境光源不足的情况，也可能源自局部高光的非均匀光照情况，还可能源自成像装置限制或不适合的曝光参数设置等情况。在低照度环境下，拍摄的图像往往会严重退化，发生亮度、颜色和纹理畸变、强噪声等问题，表现为图像光照不均匀、模糊不清、内容隐藏、细节丢失、亮度低、对比度低、颜色暗淡等状态，导致视觉效果不佳。低照度图像增加了图像检测与分类、目标识别与跟踪、图像分割、姿态估计等高层次视觉任务的难度，这些高层次视觉任务往往是基于正常照度图像而设计的，从而低照度图像直接影响各种相关领域应用的有效性。低照度图像增强技术能够通过增加亮度和对比度、突出细节、去除噪声、重建颜色和纹理等提升低照度环境下所采集图像的感知质量，能广泛应用于多个领域，由此，低照度图像增强成了图像处理领域的重要分支，相应的研究已逐步成为一个热点和具有挑战性的课题。本书的主要工作是围绕如何解决低照度图像增强存在的问题、如何提升效果和性能展开

的，本书从群体智能优化和深度学习两个技术维度对低照度图像增强技术进行了深入的研究。本书的创新性研究成果总结如下。

（1）针对低照度条件下灰度图像整体黑暗、光照不均匀、对比度低的问题，本书提出了一种全局自适应对比度增强算法。该算法将双侧伽马调整函数与粒子群优化相结合，将熵、边缘含量、灰度标准方差等信息作为粒子群优化算法中各粒子的目标函数来评价灰度图像增强效果，通过确定最优值来全局增强图像质量，实现了对低照度不均匀灰度图像的自适应校正。该算法在提高低照度灰度图像的整体视觉效果和避免局部过度增强等方面取得了很好的效果。

（2）为了解决低照度彩色图像对比度低的问题，本书采用 CLAHE 算法增强了图像的局部对比度，提出了一种结合伽马校正的自适应混沌粒子群优化算法——ACPSO 算法，以迭代寻找全局亮度校正的最佳图像。同时，采用改进的自适应非线性拉伸函数提高了图像的饱和度。实验结果表明，该算法经人眼观察具有明显的优势，相比现有同类算法，它具有更好的性能，有效改善了低照度彩色图像亮度和对比度低、饱和度低、图像细节不清晰等问题。

（3）为了解决现有矿井图像增强算法对暗部细节增强效果不佳及对高亮局部区域增强过度的问题，本书提出了一种低质量矿井图像增强算法。该算法将原始图像的 RGB 色彩空间转换为 HSV 色彩空间后，将双侧伽马调整函数与双平台直方图均衡化相结合，以便提高矿井图像的亮度和对比度，提高其整体质量；采用布谷鸟搜索（CS）算法对所提转换函数中的参数进行优化，以便提高本书所提算法的稳定性。针对矿井图像颜色信息匮乏的问题，本书提出了一种自适应拉伸函数，对 HSV 色彩空间的 S 通道图像进行了拉伸，以提高图像饱和度。与现有的图像增强算法相比，该算法具有更好的性能，改善了矿井图像亮度和对比度低、饱和度低、图像细节不清晰等问题。

（4）本书提出了一种亮度均衡和细节保持的低照度图像增强算法。

具体而言，一方面，提出了基于改进 CS 算法的双直方图双自动平台均衡算法，提高了图像的亮度和对比度；另一方面，采用基于全变分模型的算法制作图像细节掩模。随后，将双方的结果融合合并，得到了最终的增强图像，实现了在保持图像细节信息的同时，均衡图像亮度、提高图像对比度的目的。本书还提出了一种新的基于 CS 和 PSO 的搜索优化策略，该策略不易陷入局部最优，能够在后期保持搜索能力，更有利于最优值的选择。与现有算法相比，从主观评价和客观评价指标来看，本书所提出的算法显著增强了低照度图像的视觉效果。

（5）针对现有的基于学习的低照度图像增强算法包含大量冗余特征、增强后的图像缺乏细节信息且噪声较大、计算资源要求较高等情况，本书提出了一种用于低照度图像增强的高效自适应特征聚合网络 EAANet。其中，提出了两个重要的模块 MFAB 和 AFAB，以构建所提出的网络。MFAB 利用非对称卷积和双重注意机制可以有效地提取特征，重构图像纹理细节，使得噪声得到有效抑制。AFAB 结合一维卷积可以有效地对各分支的特征进行缩放，克服金字塔结构的不一致性，改善增强图像的亮度、颜色和纹理偏差。大量的实验和消融研究表明，所提出的算法与先进的算法相比具有显著优势。同时，该算法运行时间短，在辅助高级视觉任务或应用于移动设备方面具有很大的潜力。

（6）本书将 Transformer 引入低照度图像增强领域，设计了一个基于十字窗口自注意力 Transformer 的低照度图像增强算法，提出了一个混合 Transformer 模型 CSwin-P，该模型结合了卷积和 Transformer 的优点，可以学习正确的亮度、颜色和纹理。其中，提出并使用了 ECTB 块，解决了局部自注意力 Transformer 不适应于低照度图像增强的问题，增强图像的窗口伪影得到了明显的改善。此外，该模型可以进一步学习局部上下文信息，并通过使用空间交互单元减少了参数和运算量。该模型是端到端的，在推理阶段不受图像大小的限制。大量的实验证明，该模型轻量且高效。

（7）复杂的网络模型需要高配置环境，并且边缘细节的增强不足会导致目标内容模糊，而单尺度特征提取导致增强图像的隐藏内容恢复不足，针对这些基于学习算法的不足，本书提出了一种面向低照度图像增强的基于边缘检测的多尺度特征增强网络 EDMFEN，该网络由两个模块组成，一个模块 MSFEM 用于多尺度特征增强，另一个模块 EDM 用于获取图像的边缘信息。在多尺度特征增强过程中，边缘信息不断被注入，浅层要素生成的有用信息被直接发送到 MSFEB 的末尾。该框架产生了更具代表性的图像特征，并将提取的浅层和深度信息聚合在一起，然后结合空间注意机制，使特征更专注于关键空间内容，从而提高了性能。大量的比较和消融实验表明，该模型在主观和客观上都优于先进的算法。

（8）针对低照度图像增强中分辨率和对比度增强不足的问题，本书提出了一种基于 ConvLSTM 和多尺度特征融合的低照度图像增强网络 RCFNC。其中，提出的 MDB 通过使用多尺度差分特征来增强图像的空间细节，从而提高分辨率；引入的 ACRB 通过学习局部和全局特征之间的映射关系来增强图像的对比度。此外，本书设计了 MFFB 来加权融合从 MDB 和 ACRB 获得的分辨率和对比度特征。最后，本书提出的 ConvLSTM 通过记录特征图的状态来过滤冗余信息，提高模型的效率。通过设计五个消融实验验证了 RCFNC 的每个模块的有效性，另外，在两个公开数据集和五个基准数据集上的实验表明，RCFNC 在图像的对比度和分辨率增强的效果方面明显优于一些先进的算法。

10.2　未来研究展望

技术的发展、社会的进步及应用的广泛需求，给低照度图像增强技术研究带来了诸多的挑战，使得该领域的研究持续成为研究热点，这推动了研究的进一步深入，也使新的问题被提出了。在前述研究的基础上，今后的研究方向主要集中于以下几点。

（1）前述研究分别在基于群体智能优化的低照度图像增强和基于深度学习的低照度图像增强方面进行了一些创新性的探索。随着人工智能技术在各领域的快速应用和深入融合，基于深度学习的低照度图像增强技术将逐步成为研究主流。在深度学习研究任务中，复杂的网络结构、高配置的计算和存储资源需求将是推广深度学习技术应用和深入研究的主要障碍，为此，结合低照度图像增强的实际，借助 Transformer、Diffusion 等研究轻量化的深度学习模型，将其应用于低照度图像增强技术领域，是需要进一步探索的研究方向。

（2）随着智能手机等移动设备、边缘设备广泛应用于生产生活的各个方面，低照度图像增强的相关算法、网络或模型部署到移动设备、边缘设备是应用推广的大势所趋，于是低照度图像的实时增强就成了必须研究和突破的关键问题，与其密切相关的前提也涉及上述低照度图像增强网络模型的轻量化。由此，如何进一步提升低照度图像增强的实时性能和效果、如何方便快速地部署到移动设备或边缘设备上，是接下来值得研究的一个方向。

（3）现有低照度图像增强算法、网络或模型在各类真实场景中的表现还存在改善空间。一方面是需要在更广泛的场景中进一步验证所提出的算法，另一方面是现有的基于深度学习的低照度图像增强的泛化性能需要进一步改善。泛化性能不佳可能来源于合成数据、小尺度训练数据、低效网络结构、不真实的假设、不精确的先验等因素。通过在更广泛的场景中执行更多图像恢复任务进一步验证所提出的算法，探索更好的方式改善低照度图像增强算法、网络或模型的泛化性能，将是必要且值得研究的一个方向。

（4）低照度图像增强技术近年来持续获得研究人员的较为深入的研究，但不同于视频降噪、视频去模糊、视频超分辨率重建等其他低层次视觉方向的视频增强技术的快速发展，与低照度图像增强技术对应的低

照度视频增强技术截至目前很少受到研究人员的关注。低照度图像增强技术直接应用到视频中会导致无法令人满意的结果与抖动问题。因此，如何采用有效的方法消除视频抖动，以及如何提升低照度视频增强技术的效果和性能是值得深入研究的方向。

参考文献

[1] IGNATOV A, KOBYSHEV N, TIMOFTE R, et al. DSLR-quality photos on mobile devices with deep convolutional networks [C/OL]. [2024−09−02]. https://openaccess.thecvf.com/content_ICCV_2017/papers/Ignatov_DSLR-Quality_Photos_on_ICCV_2017_paper.pdf.

[2] LAND E H, MCCANN J J. Lightness and Retinex theory [J]. Journal of the Optical Society of America, 1971, 61（1）: 1−11.

[3] JOBSON D J, RAHMAN Z, WOODELL G A. Properties and performance of a center/surround Retinex [J]. IEEE Transactions on Image Processing, 1997, 6（3）: 451−462.

[4] RAHMAN Z, JOBSON D J, WOODELL G A. Multi-scale Retinex for color image enhancement [C/OL]. [2024−09−02]. https://citeseerx.ist.psu.edu/document?repid=rep1&type=pdf&doi=2fb19f33df18e6975653b7574ab4c897d9b6ba06.

[5] JOBSON D G, RAHMAN Z, WOODELL G A. A multiscale Retinex for bridging the gap between color images and the human observation of scenes [J]. IEEE Transactions on Image Processing, 1997, 6（7）: 965−976.

[6] 程芳瑾，杜晓骏，马丽，等 . 基于 Retinex 的低照度图像增强 [J].

电视技术，2013，37（15）：4−10.

[7] LI P, HUANG Y, YAO K L. Multi-algorithm Fusion of RGB and HSV Color Spaces for Image Enhancement [C]// 2018 37th Chinese Control Conference（CCC）, Wuhan, China, 2018: 9584−9589.

[8] WANG W, LI B, ZHENG J, et al. A fast multi-scale Retinex algorithm for color image enhancement [C]// 2008 International Conference on Wavelet Analysis and Pattern Recognition, Hong Kong, China, 2008: 80−85.

[9] WANG Y K, HUANG W B. A CUDA-enabled parallel algorithm for accelerating Retinex [J]. Journal of Real-Time Image Processing, 2014, 9（3）: 407−425.

[10] 周浦城，张杰，薛模根，等．基于卷积分析稀疏表示和相位一致性的低照度图像增强 [J]. 电子学报，2020, 48（1）: 180−188.

[11] GONZALEZ R C, WOODS R E, EDDINS S L. Digital image processing using MATLAB[M].3rd ed. New Delhi: McGraw Hill Education(India) Private Limited , 2020.

[12] SUBHASHDAS S K, CHOI B S, YOO J H, et al. Color image enhancement based on particle swarm optimization with Gaussian mixture [C]// Color imaging XX: Displaying, processing, hardcopy, and applications, California, United States, 2015.

[13] DALE-JONES R, TJAHJADI T. A study and modification of the local histogram equalization algorithm [J]. Pattern Recognition, 1993, 26（9）: 1373−1381.

[14] KIM J Y, KIM L S, HWANG S H. An advanced contrast enhancement using partially overlapped sub-block histogram equalization[J]. IEEE Transactions on Circuits and Systems for Video Technology, 2001, 11（4）: 475−484.

[15] PIZER S M, AMBURN E P, AUSTIN J D, et al. Adaptive histogram equalization and its variations [J]. Computer Vision Graphics and Image Processing, 1987, 39（3）: 355–368.

[16] ZUIDERVELD K. Contrast limited adaptive histogram equalization [M]// HECKBERT P S. Graphics gems IV. San Francisco: Morgan Kaufmann, 1994: 474–485.

[17] KIM Y T. Contrast enhancement using brightness preserving bi-histogram equalization [J]. IEEE Transactions on consumer Electronics, 1997, 43（1）: 1–8.

[18] CHEN S D, RAMLI A R.Contrast enhancement using recursive mean-separate histogram equalization for scalable brightness preservation [J]. IEEE Transactions on Consumer Electronics, 2003, 49（4）: 1301–1309.

[19] BRAHIM H, KONG N S P. Brightness preserving dynamic histogram equalization for image contrast enhancement [J]. IEEE Transactions on Consumer Electronics, 2007, 53（4）: 1752–1758.

[20] RAJU A, DWARAKISH G S, REDDY D V. A comparative analysis of histogram equalization based techniques for contrast enhancement and brightness preserving [J]. International Journal of Signal Processing, Image Processing and Pattern Recognition, 2013, 6（5）: 353–366.

[21] MENOTTI D, NAJMAN L, FACON J, et al. Multi-histogram equalization methods for contrast enhancement and brightness preserving [J]. IEEE Transactions on Consumer Electronics, 2007, 53（3）: 1186–1194.

[22] 彭波, 王一鸣. 低照度图像增强算法的研究与实现[J]. 计算机应用, 2007, 27（8）: 2001–2003.

[23] HUANG S C, CHENG F C, CHIU Y S. Efficient contrast enhancement using adaptive Gamma correction with weighting distribution [J]. IEEE Transactions on Image Processing, 2013, 22（3）: 1032–1041.

[24] AL-AMEEN Z. Nighttime image enhancement using a new illumination boost algorithm [J]. IET Image Processing, 2019, 13（8）: 1314–1320.

[25] 禹晶，李大鹏，廖庆敏．基于颜色恒常性的低照度图像视见度增强[J]. 自动化学报，2011, 37（8）: 923–931.

[26] 李庆忠，刘清．基于小波变换的低照度图像自适应增强算法 [J]. 中国激光，2015, 42（2）: 272–278.

[27] KENNEDY J, EBERHART RC. Swarm intelligence [M]. San Francisco: Morgan Kaufmann , 2001.

[28] KANMANI M, NARASIMHAN V. Swarm intelligent based contrast enhancement algorithm with improved visual perception for color images [J]. Multimedia Tools and Applications, 2018, 77（10）: 12701–12724.

[29] KENNEDY J, EBERHART R. Particle swarm optimization [C/OL]. [2024–09–02]. http://ai.unibo.it/sites/ai.unibo.it/files/u11/pso.pdf.

[30] DANIEL E, ANITHA J. Optimum green plane masking for the contrast enhancement of retinal images using enhanced genetic algorithm [J]. Optik, 2015, 126: 1726–1730.

[31] AGRAWAL S, PANDA R. An efficient algorithm for gray level image enhancement using cuckoo search [C/OL] . [2024–09–02]. https://link.springer.com/chapter/10.1007/978–3–642–35380–2_11.

[32] GAO Q Q, CHEN D X, ZENG G P, et al. Image enhancement technique based on improved PSO algorithm [C]// Proceedings

of the 2011 6th IEEE Conference on Industrial Electronics and Applications（ICIEA 2011）, Beijing, China, 2011: 234–238.

[33] SHI Y H. An optimization algorithm based on brainstorming process [J]. International Journal of Swarm Intelligence Research, 2011, 2（4）: 35–62.

[34] CHENG S, QIN Q D, CHEN J F, et al. Brain storm optimization algorithm: a review [J]. Artificial Intelligence Review, 2016, 46: 445–458.

[35] 程适，陈俊风，孙奕菲，等．数据驱动的发展式头脑风暴优化算法综述 [J]. 郑州大学学报（工学版）, 2018, 39（3）: 22–28.

[36] TAN Y, YU C, ZHENG S Q, et al. Introduction to fireworks algorithm [J]. International Journal of Swarm Intelligence Research, 2013, 4（4）: 39–70.

[37] DUAN H B, QIAO P X. Pigeon-inspired optimization: a new swarm intelligence optimizer for air robot path planning [J]. International Journal of Intelligent Computing and Cybernetics, 2014, 7（1）: 24 –37.

[38] 程适，王锐，伍国华，等．群体智能优化算法 [J]. 郑州大学学报（工学版）, 2018, 39（6）: 1–2.

[39] YANG X S, DEB S. Cuckoo search: recent advances and applications [J]. Neural Computing and Applications, 2014, 24: 169–174.

[40] TANDAN A, RAJA R, CHOUHAN Y. Image segmentation based on particle swarm optimization technique [J]. International Journal of Science, Engineering and Technology Research, 2014, 3（2）: 257–260.

[41] ADELI A, BROUMANDNIA A. Image steganalysis using improved particle swarm optimization based feature selection [J]. Applied

Intelligence, 2018, 48: 1609−1622.

[42] SAXENA N, MISHRA K K. Improved multi-objective particle swarm optimization algorithm for optimizing watermark strength in color image watermarking [J]. Applied Intelligence, 2017, 47: 362−381.

[43] GORAI A, GHOSH A. Gray-level image enhancement by particle swarm optimization [C/OL] . [2024−09−02]. Gray−level image enhancement by particle swarm optimization .

[44] NICKFARJAM A M, EBRAHIMPOUR-KOMLEH H. Mul ti-resolution gray-level image enhancement using particle swarm optimization [J]. Applied Intelligence, 2017, 47: 1132−1143.

[45] 李灿林，刘金华，宋胜利，等. 基于粒子群优化的红外图像增强方法 [J]. 科学技术与工程，2019，19（15）：219−225.

[46] 李庆忠，赵峪，牛炯. 低照度图像自适应颜色校正与对比度增强算法 [J]. 计算机辅助设计与图形学学报，2019, 31（12）：2121−2128.

[47] LORE K G, AKINTAYO A, SARKAR S. LLNet: a deep autoencoder approach to natural low-light image enhancement [J]. Pattern Recognition, 2017, 61:650−662.

[48] WANG W J, CHEN W, YANG W H, et al. GLADNet: low-light enhancement network with global awareness [C/OL]. [2024−09−02]. https://www.icst.pku.edu.cn/struct/Pub%20Files/2018/wwj_fg2018.pdf.

[49] ZAMIR S W, ARORA A, KHAN S, et al. Learning enriched features for real image restoration and enhancement [C/OL]. [2024−09−02]. https://arxiv.org/pdf/2003.06792.

[50] LI J Q, LI J C, FANG F M, et al. Luminance-aware pyramid network for low-light image enhancement [J]. IEEE Transactions on

Multimedia, 2021, 23: 3153−3165.

[51] CHEN W, WANG W J, YANG W H, et al. Deep Retinex decomposition for low-light enhancement [C/OL]. [2024−09−02]. https://www.researchgate.net/publication/327033239_Deep_Retinex_Decomposition_for_Low−Light_Enhancement.

[52] LI C Y, GUO J C, PORIKLI F, et al. LightenNet: a convolutional neural network for weakly illuminated image enhancement [J]. Pattern Recognition Letters, 2018, 104: 15−22.

[53] ZHANG Y H, ZHANG J W, GUO X J. Kindling the darkness: a practical low-light image enhancer [C/OL]. [2024−09−02]. http://cic.tju.edu.cn/faculty/zhangjiawan/Jiawan_Zhang_files/paper/yonghuazhang2019−2.pdf.

[54] WANG R X, ZHANG Q, FU C W, et al. Underexposed photo enhancement using deep illumination estimation [C/OL]. [2024−09−02]. https://openaccess.thecvf.com/content_CVPR_2019/papers/Wang_Underexposed_Photo_Enhancement_Using_Deep_Illumination_Estimation_CVPR_2019_paper.pdf.

[55] CHIEN C C, KINOSHITA Y, KIYA H. A noise-aware enhancement method for underexposed images [C/OL]. [2024−09−02]. https://arxiv.org/pdf/1904.10961.

[56] WANG Y, CAO Y, ZHA Z J, et al. Progressive Retinex: mutually reinforced illumination-noise Perception network for low light image enhancement [C/OL]. [2024−09−02]. https://arxiv.org/pdf/1911.11323.

[57] JIANG Y F, GONG X Y, LIU D, et al. EnlightenGAN: deep light enhancement without paired supervision [J]. IEEE Transactions on Image Processing, 2021, 30: 2340–2349.

[58] YANG W H, WANG S Q, FANG Y M, et al. From fidelity to perceptual quality: a semi-supervised approach for low-light image enhancement [C/OL].[2024−09−02]. https://openaccess.thecvf.com/content_CVPR_2020/papers/Yang_From_Fidelity_to_Perceptual_Quality_A_Semi−Supervised_Approach_for_Low−Light_CVPR_2020_paper.pdf.

[59] LI C Y, GUO C L, LOY C C. Learning to enhance low-light image via zero-reference deep curve estimation [J]. IEEE Transactions on Pattern Analysis and Machine Intelligence, 2021, 44(8): 4225−4238.

[60] LIU R S, MA L, ZHANG J A, et al. Retinex-inspired unrolling with cooperative prior architecture search for low-light image enhancement [C/OL]. [2024−09−02]. https://openaccess.thecvf.com/content/CVPR2021/papers/Liu_Retinex−Inspired_Unrolling_With_Cooperative_Prior_Architecture_Search_for_Low−Light_Image_CVPR_2021_paper.pdf.

[61] LI C Y, GUO C L, HAN L H, et al. low-light image and video enhancement using deep learning: a survey [J]. IEEE Transactions on Pattern Analysis and Machine Intelligence, 2022, 44（12）: 9396−9416.

[62] CUI Z T, LI K C, GU L et al. You only need 90K parameters to adapt light: a light weight Transformer for image enhancement and exposure correction [C/OL]. [2024−09−02]. https://arxiv.org/pdf/2205.14871.

[63] BIDARTE U, MARTIN J L, ZULOAGA A, et al. Adaptive image brightness and contrast enhancement circuit for real−time vision systems [C]// Proceedings of IEEE International Conference on Industrial Technology 2000, Goa, India, 2000: 421−426.

[64] ZHANG J, YANG G, XU Q, et al. Adaptive Calculation of Division Points for Piecewise Linear Transformation and Application in Image Enhancement [C]// 2009 International Conference on Environmental Science and Information Application Technology, Wuhan, China, 2009: 645–648.

[65] NARENDRA P M, FITCH R C. Real-time adaptive contrast enhancement [J]. IEEE Transactions on Pattern Analysis and Machine Intelligence, 1981（6）: 655–661.

[66] PUJIONO P N, KETUT E P, MOCHAMAD H. Color enhancement of underwater coral reef images using contrast limited adaptive histogram equalization （clahe） with rayleigh distribution [C]// The Proc. The 7th ICTS, Bali, 2013.

[67] VICKERS V E. Plateau equalization algorithm for real-time display of high-quality infrared imagery [J]. Optical Engineering, 1996, 35（7）: 1921–1927.

[68] SONG Y F, SHAO X P, XU J. New enhancement algorithm for infrared image based on double plateaus histogram [J]. Infrared and Laser Engineering, 2008, 37（2）: 308–311.

[69] SILVERMAN J. Display and enhancement of infrared images [C]// KARIM M A. Electro–optical displays. Boca Raton: CRC Press, 1992: 345–348.

[70] LIANG K, MA Y, XIE Y, et al. A new adaptive contrast enhancement algorithm for infrared images based on double plateaus histogram equalization [J]. Infrared Physics and Technology, 2012, 55（4）: 309–315.

[71] CELIK T. Spatial entropy-based global and local image contrast enhancement [J]. IEEE Transactions on Image Processing, 2014, 23

（12）: 5298–5308.

[72] SUJEE R, PADMAVATHI S. Image enhancement through pyramid histogram matching [C]// 2017 International Conference on Computer Communication and Informatics（ICCCI）, Coimbatore, India, 2017: 1–5.

[73] COLTUE D, BOLON P, CHASSERY J M. Exact histogram specification [J]. IEEE Transactions on Image Processing, 2006, 15（5）: 1143–1152.

[74] TWOGOOD R E, SOMMER F G. Digital image processing [J]. IEEE Transactions on Nuclear Science, 1982, 29（3）: 1075–1086.

[75] KAUR A, GIRDHAR A, KANWAL N. Region of interest based contrast enhancement techniques for CT images [C]// 2016 Second International Conference on Computational Intelligence & Communication Technology（CICT）, Ghaziabad, India, 2016: 60–63.

[76] VERMA H K, PAL S. Modified sigmoid function based gray scale image contrast enhancement using particle swarm optimization [J]. Journal of the Institution of Engineers（India）: Series B, 2016, 97: 243–251.

[77] OSMAN M K, MASHOR M Y, SAAD Z, et al. Contrast enhancement for Ziehl-Neelsen tissue slide images using linear stretching and histogram equalization technique [C/OL]. [2024-09-02]. https://www.researchgate.net/publication/224091940_Contrast_enhancement_for_Ziehl-Neelsen_tissue_slide_images_using_linear_stretching_and_histogram_equalization_technique.

[78] SAZZAD T M S, HASAN M Z, MOHAMMED F, et al. Gamma encoding on image processing considering human visualization,

analysis and comparison [J]. International Journal on Computer Science and Engineering, 2012, 4（12）: 1868–1873.

[79] LEE S. An efficient content-based image enhancement in the compressed domain using Retinex theory [J]. IEEE Transactions on Circuits and Systems for Video Technology, 2007, 17(1):199–213.

[80] COELLO C A C, PULIDO G T, LECHUGA M S. Handling multiple objectives with particle swarm optimization [J]. IEEE Transactions on Evolutionary Computation, 2004, 8（3）: 256–279.

[81] RAO S S. Engineering optimization: theory and practice [M].4th ed. Hoboken: John Wiley & Sons, 2019.

[82] YOUYU W. Research on far infrared image enhancement and fusion method [C]// M.S. thesis. Nor Univ. Techno, Bei Jing, China, 2014.

[83] XLI X B. An adaptive piecewise linear gray scales transformation method for infrared measurement image [J]. Optoelectronic Technology, 2011, 31（4）: 236–239.

[84] SHANNON C E. A mathematical theory of communication [J]. Mobile Computing and Communications Review, 2001, 5(1): 3–55.

[85] CHANDLER D M, HEMAMI S S. VSNR: a wavelet-based visual signal-to-noise ratio for natural images [J]. IEEE Transactions on Image Processing, 2007, 16（9）: 2284–2298.

[86] ZHANG L, ZHANG L, MOU X Q, et al. FSIM: a feature similarity index for image quality assessment [J]. IEEE Transactions on Image Processing, 2011, 20（8）: 2378–2386.

[87] CHEN Z G, YIN F C. Enhancement of remote sensing image based on Contourlet transform [J]. Optics & Precision Engineering, 2008, 10: 2030–2037.

[88] SULOCHANA S, VIDHYA R. Satellite image contrast enhancement

using multiwavelets and singular value decomposition (SVD) [J]. International Journal of Computer Applications, 2011, 35 (7): 1–5.

[89] JENIFER S, PARASURAMAN S, KADIRVELU A. Contrast enhancement and brightness preserving of digital mammograms using fuzzy clipped contrast-limited adaptive histogram equalization algorithm [J]. Applied Soft Computing, 2016, 42:167–177.

[90] SONALI, SAHU S, SINGH A K, et al. An approach for de-noising and contrast enhancement of retinal fundus image using CLAHE [J]. Optics & Laser Technology, 2019, 110: 87–98.

[91] PAUL A, BHATTACHARYA P, MAITY S P, et al. Plateau limit based tri-histogram equalisation for image enhancement [J]. IET Image Processing, 2018, 12 (9): 1617–1625.

[92] WAN M J, GU G H, QIAN W X, et al. Infrared image enhancement using adaptive histogram partition and brightness correction [J]. Remote Sensing, 2018, 10 (5): 682.

[93] MAW M M, RENU. Color Image Enhancement with Preservation of Gamut Range [C]// 2018 IEEE/ACIS 17th International Conference on Computer and Information Science (ICIS), Singapore, 2018: 480–484.

[94] TRAVIS D S. Effective color displays: theory and practice [J]. London: Academic press, London, 1991.

[95] CHIEN C L, TSENG D C. Color image enhancement with exact HSI color model [J]. International Journal of Innovative Computing, Information and Control , 2011, 7 (12): 6691–6710.

[96] ZHOU M, JIN K, WANG S Z, et al. Color retinal image enhancement based on luminosity and contrast adjustment [J]. IEEE Transactions on Biomedical Engineering, 2017, 65 (3): 521–527.

[97] ZOBLY S M S, ELFADEL M A E. Whole-Body Bone Scan Image Enhancement Algorithms [C]// International Conference on Computer, Control, Electrical, and Electronics Engineering (ICCCEEE), Khartoum, 2018: 1–4.

[98] AL-AMEEN Z, SULONG G, REHMAN A, et al. An innovative technique for contrast enhancement of computed tomography images using normalized Gamma-corrected contrast-limited adaptive histogram equalization [J]. EURASIP Journal on Advances in Signal Processing, 2015, 2015: 1–12.

[99] SHI Y H, EBERHART R C. Fuzzy adaptive particle swarm optimization [C]// Proceedings of the 2001 Congress on Evolutionary Computation (IEEE Cat. No. 01TH8546), Seoul, 2001: 101–106.

[100] LIU B, WANG L, JIN Y H, et al. Improved particle swarm optimization combined with chaos [J]. Chaos Solitons & Fractals, 2005, 25 (5): 1261–1271.

[101] SOLOMON S, THULASIRAMAN P, THULASIRAM R. Collaborative multi-swarm PSO for task matching using graphics processing units [C]// Proceedings of the 13th annual conference on Genetic and evolutionary computation, New York, 2011: 1563–1570.

[102] ZHOU X F, CHEN C, YANG F, et al. Optimal coordinated HVDC modulation based on adaptive chaos particle swarm optimization algorithm in multi-infeed HVDC transmission system [J]. Transactions of china electrotechnical society, 2009, 24 (50):193–201.

[103] SUN L, ZHANG X Y, QIAN Y H, et al. Joint neighborhood entropy-based gene selection method with fisher score for tumor

classification [J]. Applied Intelligence, 2019, 49（4）: 1245–1259.

[104] WANG D W, HAN P F, FAN J L, et al. Multispectral image enhancement based on illuminance-reflection imaging model and morphology operation [J]. Acta Physica Sinica, 2018, 67（21）: 210701.

[105] WANG S H, ZHENG J, HU H M, et al. Naturalness preserved enhancement algorithm for non-uniform illumination images [J]. IEEE Transactions on Image Processing, 2013, 22（9）: 3538–3548.

[106] SONG R X, LI D, YU J D. Low illumination image enhancement algorithm based on DT-CWT and tone mapping [J]. Journal of Computer-Aided Design and Computer Graphics, 2018, 30（7）: 1305–1312.

[107] BRADLEY R A, TERRY M E. Rank analysis of incomplete block designs: [J]. Biometrika, 1952, 39（3/4）: 324–345.

[108] WANG Z C, ZHAO Y Q. An image enhancement method based on the coal mine monitoring system [C]// International Conference on Manufacturing Science and Engineering, 2012: 204–207.

[109] RAHMAN S M M, AHMAD M O, SWAMY M N S. Contrast-based fusion of noisy images using discrete wavelet transform [J]. IET Image Processing, 2010, 4（5）: 374–384.

[110] YANG X S, DEB S. Cuckoo search via Lévy flights [C/OL]. [2024-09-02]. https://www.researchgate.net/publication/224105880_Cuckoo_Search_via_Levey_Flights.

[111] VISWANATHAN G M, AFANASYEV V, BULDYREV S V, et al. Levy flights in random searches [J]. Physica A: Statistical Mechanics and its Applications, 2000, 282（1/2）: 1–12.

[112] GANDOMI A H, YANG X S, ALAVI A H. Cuckoo search algorithm: a metaheuristic approach to solve structural optimization problems [J]. Engineering with Computers, 2013, 29: 17–35.

[113] GETREUER P. Automatic color enhancement （ACE） and its fast implementation [J]. Image Processing On Line, 2012, 2: 266–277.

[114] YaANG W H, WANG W J, HUANG H F, et al. Sparse gradient regularized deep Retinex network for robust low-light image enhancement [J]. IEEE Transactions on Image Processing, 2021, 30: 2072−2086.

[115] PETRO A B, SBERT C, MOREL J M. Multiscale Retinex [J]. Image Processing On Line, 2014, 4: 71–88.

[116] WANG W C, CHEN Z X, YUAN X H, et al. Adaptive image enhancement method for correcting low-illumination images [J]. Information Sciences, 2019, 496: 25−41.

[117] LAN X Y, ZHANG S P, YUEN P C , et al. Learning common and feature-specific patterns: a novel multiple-sparse-representation-based tracker [J]. IEEE Transactions on Image Processing, 2017, 27（4）: 2022−2037.

[118] FU X Y, ZENG D L, HUANG Y, et al. A fusion-based enhancing method for weakly illuminated images [J]. Signal Processing, 2016, 129: 82−96.

[119] JIANG X S, YAO H X, LIU D L. Nighttime image enhancement based on image decomposition [J]. Signal, Image and Video Processing, 2019, 13: 189−197.

[120] MAHMOOD A, KHAN S A, HUSSAIN S, et al. An adaptive image contrast enhancement technique for low-contrast images [J]. IEEE Access, 2019, 7: 161584−161593.

[121] AQUINO-MORINIGO P B, LUGO-SOLIS F R, PINTO-ROA D P, et al. Bi-histogram equalization using two plateau limits [J]. Signal, Image and Video Processing, 2017, 11: 857−864.

[122] XU L, YAN Q, XIA Y, et al. Structure extraction from texture via relative total variation [J]. ACM Transactions on Graphics (TOG), 2012, 31 (6) : 1−10.

[123] FISTER JR I, YANG X S, FISTER D, et al. Cuckoo Search: a brief literature review [J]. Cuckoo search and Firefly Algorithm: Theory and Applications, 2014, 516 (2) : 49−62.

[124] ZHANG Y, PU Y F, HU J R, et al. A class of fractional-order variational image inpainting models [J]. Applied Mathematics & Information Sciences, 2012, 6 (2) : 299–306.

[125] WU H S, WU Y L, WEN Z K. Texture smoothing based on adaptive total variation [J]. Advances in Intelligent Systems & Computing, 2014, 277: 43–54.

[126] BYCHKOVSKY V, PARIS S, CHAN E, et al. Learning photographic global tonal adjustment with a database of input/output image pairs [C]// Computer Vision and Pattern Recognition (CVPR) , 2011: 97−104.

[127] LEE C, LEE C, KIM C S. Contrast enhancement based on layered difference representation of 2D histograms [J]. IEEE Transactions on Image Processing, 2013, 22 (12) : 5372−5384.

[128] DENG G. A generalized unsharp masking algorithm [J]. IEEE Transactions on Image Processing, 2011, 20 (5) : 1249−1261.

[129] PREMKUMAR S, PARTHASARATHI K. An efficient method for image enhancement by channel division method using discrete shearlet transform and PSO algorithm [J]. Australian Journal of

Basic and Applied Sciences, 2016, 10（1）: 260–266.

[130] YING Z Q, LI G, GAO W. A bio-inspired multi-exposure fusion framework for low-light image enhancement [J].Journal of Latex Class Files, 2015, 14（8）: 1–10.

[131] GUO X, LI Y, LING H. LIME: Low-light image enhancement via illumination map estimation [J]. IEEE Transactions on Image Processing, 2016, 26（2）: 982–993.

[132] PARTHASARATHY S, SANKARAN P. An automated multi scale retinex with color restoration for image enhancement [C]// 2012 National Conference on Communications（NCC）, 2012: 1–5.

[133] FU X, ZENG D, HUANG Y, et al. A weighted variational model for simultaneous reflectance and illumination estimation [C]// Proceedings of the IEEE Conference on Computer Vision and Pattern Recognition（CVPR）, 2016: 2782–2790.

[134] WANG Z, BOVIK A C, SHEIKH H R, et al. Image quality assessment: from error visibility to structural similarity [J]. IEEE Transactions on Image Processing, 2004, 13（4）: 600–612.

[135] MITTAL A, SOUNDARARAJAN R, BOVIK A C. Making a "completely blind" image quality analyzer [J]. IEEE Signal Processing Letters, 2012, 20（3）: 209–212.

[136] SATZODA R K, TRIVEDI M M. Looking at vehicles in the night: detection and dynamics of rear lights [J]. IEEE Transactions on Intelligent Transportation Systems, 2016, 20（12）: 4297–4307.

[137] QIAN Z, LV Y, LV D, et al. A new approach to polyp detection by pre-processing of images and enhanced faster R-CNN [J]. IEEE Sensors Journal, 2020, 21（10）: 11374–11381.

[138] ZHANG J, FENG W, YUAN T, et al. SCSTCF: spatial-channel

selection and temporal regularized correlation filters for visual tracking [J]. Applied Soft Computing, 2022, 118: 108485.

[139] XIA R, CHEN Y, REN B. Improved anti-occlusion object tracking algorithm using unscented rauch-tung-striebel smoother and kernel correlation filter [J]. Journal of King Saud University-Computer and Information Sciences, 2022, 34（8）: 6008−6018.

[140] PIZER S M, JOHNSTON R E, ERICKSEN J P, et al. Contrast-limited adaptive histogram equalization: speed and effectiveness [C]// Visualization in Biomedical Computing, 1990: 337–345.

[141] CAI B, XU X, GUO K, et al. A joint intrinsic-extrinsic prior model for retinex [C]// Proceedings of the IEEE International Conference on Computer Vision（ICCV）, 2017: 4000−4009.

[142] LI Z, SHU H, ZHENG C. Multi-scale single image dehazing using Laplacian and Gaussian pyramids [J]. IEEE Transactions on Image Processing, 2021, 30: 9270−9279.

[143] RONNEBERGER O, FISCHER P, BROX T. U-Net: convolutional networks for biomedical image segmentation [C]// International Conference on Medical Image Computing and Computer Assisted Intervention（MICCAI）, 2015: 234−241.

[144] GUO Y, CHEN J, WANG J, et al. Closed-loop matters: dual regression networks for single image super-resolution [C]// Proceedings of the IEEE/CVF Conference on Computer Vision and Pattern Recognition（CVPR）, 2020: 5407−5416.

[145] LIM S, KIM W. DSLR: deep stacked Laplacian restorer for low-light image enhancement [J]. IEEE Transactions on Multimedia, 2020, 23: 4272−4284.

[146] JIANG K, WANG Z, YI P, et al. Multi-scale progressive fusion

network for single image deraining [C]// Proceedings of the IEEE/CVF Conference on Computer Vision and Pattern Recognition（CVPR）, 2020: 8346–8355.

[147] ZHANG P, DAI X, YANG J, et al. Multi-scale vision longformer: a new vision transformer for high-resolution image encoding [C]// Proceedings of the IEEE/CVF International Conference on Computer Vision（ICCV）, 2021: 2998–3008.

[148] LI J, FANG F, MEI K, et al. Multi-scale residual network for image super-resolution [C]// Proceedings of the European Conference on Computer Vision（ECCV）, 2018: 517–532.

[149] LIU J, TANG J, WU G. Residual feature distillation network for lightweight image super-resolution [C]// Proceedings of the European Conference on Computer Vision（ECCV）, 2020: 41–55.

[150] DING X, GUO Y, DING G, et al. Acnet: strengthening the kernel skeletons for powerful cnn via asymmetric convolution blocks [C]// Proceedings of the IEEE/CVF International Conference on Computer Vision（ICCV）, 2019: 1911–1920.

[151] CHEN Y, LIU L, PHONEVILAY V, et al. Image super-resolution reconstruction based on feature map attention mechanism [J]. Applied Intelligence, 2021, 51: 4367–4380.

[152] TIAN Y J, WANG Y, YANG L R, et al. Canet: concatenated attention neural network for image restoration [J]. IEEE Signal Processing Letters, 2020, 27: 1615–1619.

[153] HUI Z, GAO X, YANG Y, et al. Lightweight image super-resolution with information multi-distillation network [C]// Proceedings of the 27th Acm International Conference on Multimedia, 2019: 2024–2032.

[154] WANG Q, WU B, ZHU P, et al. ECA–Net: efficient channel attention for deep convolutional neural networks [C]// Proceedings of the IEEE/CVF Conference on Computer Vision and Pattern Recognition （CVPR）, 2020: 11534–11542.

[155] LIU S, HUANG D, WANG Y H. Learning spatial fusion for single-shot object detection [C]//Computer Vision and Pattern Recognition, 2019.

[156] YI Q, LI J, FANG F, et al. Efficient and accurate multi-scale topological network for single image dehazing [J]. IEEE Transactions on Multimedia, 2021, 24: 3114–3128.

[157] JOHNSON J, ALAHI A, FEI-FEI L. Perceptual losses for real-time style transfer and super-resolution [C]// Proceedings of the European Conference on Computer Vision （ECCV）, 2016: 694–711.

[158] JIA D, WEI D, SOCHER R, et al. Imagenet: a large-scale hierarchical image database [C]// Proceedings of the IEEE Conference on Computer Vision and Pattern Recognition（CVPR）, 2009: 248–255.

[159] LIU X Y, XIE Q, ZHAO Q, et al. Low-light image enhancement by Retinex based algorithm unrolling and adjustment[J].IEEE Transactions on Neural Networks and Learning Systems, 2023: 1–14.

[160] JIANG K, WANG Z, WANG Z, et al. Degrade is upgrade: learning degradation for low-light image enhancement [C]// Proceedings of the AAAI Conference on Artificial Intelligence, 2022: 1078–1086.

[161] HU Y, HE H, XU C, et al. Exposure: a white-box photo post-processing framework [J]. ACM Transactions on Graphics（TOG）, 2018, 37（2）: 1–17.

[162] CHEN Y S, WANG Y C, KAO M H, et al. Deep photo enhancer: unpaired learning for image enhancement from photographs with gans [C]// Proceedings of the IEEE Conference on Computer Vision and Pattern Recognition（CVPR）, 2018: 6306−6314.

[163] DOSOVITSKIY A, BEYER L, KOLESNIKOV A, et al. An image is worth 16 × 16 words: transformers for image recognition at scale [C]// International Conference on Learning Representations（ICLR）, 2021.

[164] GUO M H, CAI J X, LIU Z N, et al. Pct: Point cloud transformer [J]. Computational Visual Media, 2021, 7: 187−199.

[165] XIE E, WANG W, YU Z, et al. SegFormer: simple and efficient design for semantic segmentation with transformers [J]. Advances in Neural Information Processing Systems, 2021, 34: 12077−12090.

[166] WANG Z, CUN X, BAO J, et al. Uformer: a general u-shaped transformer for image restoration [C]// Proceedings of the IEEE/CVF Conference on Computer Vision and Pattern Recognition（CVPR）, 2022: 17683−17693.

[167] LIANG J, CAO J, SUN G, et al. Swinir: image restoration using swin transformer [C]// Proceedings of the IEEE/CVF International Conference on Computer Vision（ICCV）, 2021: 1833−1844.

[168] WU H, XIAO B, CODELLA N, et al. Cvt: introducing convolutions to vision transformers [C]// Proceedings of the IEEE/CVF International Conference on Computer Vision（ICCV）, 2021: 22−31.

[169] YUAN L, CHEN Y, WANG T, et al. Tokens-to-token vit: training vision transformers from scratch on imagenet [C]// Proceedings

of the IEEE/CVF International Conference on Computer Vision （ICCV）, 2021: 558–567.

[170] LIU Z, LIN Y, CAO Y, et al. Swin transformer: hierarchical vision transformer using shifted windows [C]// Proceedings of the IEEE/CVF International Conference on Computer Vision （ICCV）, 2021: 10012–10022.

[171] CHU X, TIAN Z, WANG Y, et al. Twins: revisiting the design of spatial attention in vision transformers [J]. Advances in Neural Information Processing Systems, 2021, 34: 9355–9366.

[172] YANG J W, LI C Y, ZHANG P C, et al. Focal self-attention for local-global interactions in vision transformers [J].Neural Information Processing Systems, 2021: 1–21.

[173] DONG X, BAO J, CHEN D, et al. Cswin transformer: a general vision transformer backbone with cross–shaped windows [C]// Proceedings of the IEEE/CVF Conference on Computer Vision and Pattern Recognition（CVPR）, 2022: 12124–12134.

[174] CHEN J N, LU Y Y, YU Q H, et al. Transunet:transformers make strong encoders for medical image segmentation [C]//Computer Vision and Pattern Recognition, 2021: 1–13.

[175] ZHANG Y, LIU H, HU Q. Transfuse: fusing transformers and cnns for medical image segmentation [C]// Medical Image Computing and Computer Assisted Intervention （MICCAI）, 2021: 14–24.

[176] KAMRAN S A, HOSSAIN K F, TAVAKKOLI A, et al. Vtgan: semi-supervised retinal image synthesis and disease prediction using vision transformers [C]// Proceedings of the IEEE/CVF International Conference on Computer Vision （ICCV）, 2021: 3235–3245.

[177] LIU L, CHEN E, DING Y. TR-Net: a transformer-based neural network for point cloud processing [J]. Machines, 2022, 10（7）: 517.
[178] WANG W, XIE E, LI X, et al. Pyramid vision transformer: a versatile backbone for dense prediction without convolutions [C]// Proceedings of the IEEE/CVF International Conference on Computer Vision（ICCV）, 2021: 568−578.
[179] ZHENG C, ZHU S, MENDIETA M, et al. 3d human pose estimation with spatial and temporal transformers [C]// Proceedings of the IEEE/CVF International Conference on Computer Vision（ICCV）, 2021: 11656−11665.
[180] DAI Z, LIU H, LE Q V, et al. Coatnet: marrying convolution and attention for all data sizes [J]. Advances in Neural Information Processing Systems, 2021, 34: 3965−3977.
[181] LI Y W, ZHANG K, CAO J Z, et al. Localvit: bringing locality to vision transformers [C]//2023 IEEE/RSJ International Conference on Intelligent Robots and Systems（IROS）, 2023.
[182] D'ASCOLI S, TOUVRON H, LEAVITT M L, et al. Convit: improving vision transformers with soft convolutional inductive biases [C]// International Conference on Machine Learning（ICML）, 2021: 2286−2296.
[183] CHU X X, TIAN Z, ZHANG B, et al. Conditional positional encodings for vision transformers [C]//Computer Vision and Pattern Recogniton, 2021.
[184] YUAN K, GUO S, LIU Z, et al. Incorporating convolution designs into visual transformers [C]// Proceedings of the IEEE/CVF International Conference on Computer Vision（ICCV）, 2021: 579−588.

[185] XIAO T, SINGH M, MINTUN E, et al. Early convolutions help transformers see better [J]. Advances in Neural Information Processing Systems, 2021, 34: 30392−30400.

[186] LIU H, DAI Z, SO D, et al. Pay attention to mlps [J]. Advances in Neural Information Processing Systems, 2021, 34: 9204−9215.

[187] HENDRYCKS D, GIMPEL K. Gaussian error linear units (gelus) [J]. Machine Learning , 2016: 1−10.

[188] IANDOLA F N, HAN S, MOSKEWICZ M W, et al. SqueezeNet: alexNet-level accuracy with 50x fewer parameters and <0:5MB model size [C]//Computer Vision and Pattern Recogniton, 2016.

[189] HOWARD A G, ZHU M, CHEN B, et al. MobileNets: efficient convolutional neural networks for mobile vision applications [C]// Computer Vision and Pattern Recogniton, 2017.

[190] ZHANG X, ZHOU X, LIN M, et al. ShuffleNet: an extremely efficient convolutional neural network for mobile devices [C]// Proceedings of the IEEE Conference on Computer Vision and Pattern Recognition （CVPR）, 2017: 6848−6856.

[191] DING L, GOSHTASBY A. On the Canny Edge Detector [J]. Pattern recognition, 2001, 3（34）: 721−725.

[192] ROBERTS R E, ATTKISSON C C, ROSENBLATT A. Prevalence of psychopathology among children and adolescents [J] American journal of Psychiatry, 1998, 6（155）: 715−725.

[193] PREWITT J M S. Object enhancement and extraction[J]. Picture processing and Psychopictorics, 1970 ,10（1） 75−149.

[194] RAMAN M, AGGARWAL H. Study and comparison of various image edge detection techniques [J]. International Journal of Image Processing, 2009, 1（3）: 1−11.

[195] HU J, SHEN L, SUN G. Squeeze-and-Excitation Networks [C]// Proceedings of the IEEE/CVF Conference on Computer Vision and Pattern Recognition（CVPR）, 2018: 7132−7141.

[196] WANG X, GIRSHICK R, GUPTA A, et al. Non-local Neural Networks [C]// Proceedings of the IEEE Conference on Computer Vision and Pattern Recognition （CVPR）, 2018: 7794−7803.

[197] CAO Y, XU J, LIN S, et al. GCNet: non-local networks meet squeeze excitation networks and beyond [C]// 2019 Tenth IEEE International Conference on Computer Vision （ICCV）, 2019.

[198] FU J, LIU J, TIAN H, et al. Dual attention network for scene segmentation [C]// Proceedings of the IEEE Conference on Computer Vision and Pattern Recognition （CVPR）, 2019: 3146−3154.

[199] XIE S, TU Z. Holistically-nested Edge Detection [C]// 2015 Tenth IEEE International Conference on Computer Vision（ICCV）, 2015: 1395−1403.

[200] ZHENG H, CHEN J, CHEN L, et al. Feature enhancement for a multiscale retinex object detection [J]. Neural Processing Letters, 2020, 51: 1907−1919.

[201] PANDEY G, GHANEKAR U. Single image super-resolution using multi-scale feature enhancement attention residual network [J]. Optik, 2021, 231: 166359.

[202] LEE C, LEE C, LEE Y Y, et al. Power-constrained contrast enhancement for emissive displays based on histogram equalization[J]. IEEE Transactions on Image Processing, 2012, 1（21）: 80−93.

[203] GUO C, LI C, GUO J, et al. Zero-reference deep curve estimation

for low-light image enhancement [C]// Proceedings of the IEEE Conference on Computer Vision and Pattern Recognition (CVPR), 2020: 1780–1789.

[204] LEE C, LEE C, KIM C S. Contrast enhancement based on layered difference representation of 2d histograms [J]. IEEE Transactions on Image Processing, 2013,12（22）: 5372–5384.

[205] GUO X J, LI Y, LING H B. LIME: low-light image enhancement via illumination map estimation [J]. IEEE Transactions on Image Processing, 2017, 26（2）: 982−993.

[206] LI C, GUO C, LOY C C. Learning to enhance low-light image via zero-reference deep curve estimation [J]. IEEE Transactions on Pattern Analysis and Machine Intelligence, 2022, 44（8）: 4225−4238.

[207] MA L, MA T, LIU R, et al. Toward fast, flexible, and robust low-light image enhancement[C]// Proceedings of the IEEE/CVF Conference on Computer Vision and Pattern Recognition (CVPR), 2022: 5637− 5646.

[208] ZHENG S, GUPTA G. Semantic-guided zero-shot learning for low-light image/video enhancement [C]// Proceedings of the IEEE/CVF Winter conference on applications of computer vision （CVPR）, 2022: 581−590.

[209] WU W, WENG J, ZHANG P, et al. Uretinex-net: Retinex-based deep unfolding network for lowlight image enhancement [C]// Proceedings of the IEEE/CVF conference on computer vision and pattern recognition （CVPR）, 2022: 5901−5910.

[210] AZANI M W, ABDUL K M M M. A review of histogram equalization techniques in image enhancement application [J].

Journal of Physics: Conference Series. 2018, 1019（1）: 12–26.

[211] XIE, Y, NING, L, WANG, M, et al. Image enhancement based on histogram equalization [J] Journal of Physics: Conference Series, 2019, 1314（1）: 12–161.

[212] WANG P, WANG Z, LV D, et al. Low illumination color image enhancement based on Gabor filtering and Retinex theory [J]. Multimedia Tools and Applications, 2021, 80（12）: 17705–17719.

[213] CAI B, XU X, GUO K, et al. A joint intrinsic-extrinsic prior model for Retinex [C]// IEEE Conference in Computer Visual Pattern Recognition, 2017: 4000–4009.

[214] GAO Y, HU H M, LI B, et al. Naturalness preserved nonuniform illumination estimation for image enhancement based on Retinex [J]. IEEE Transactions on Multimedia, 2018, 20（2）: 335–344.

[215] LI M, LIU J, YANG W, et al. Structure-revealing lowlight image enhancement via robust Retinex model [J]. IEEE Transactions on Image Processing, 2018, 27（6）: 2828–2841.

[216] HAO S, HAN X, GUO Y, et al. Low-light image enhancement with semi-decoupled decomposition [J]. IEEE Transactions on Multimedia, 2020, 22（12）: 3025–3038

[217] GONG M, MA J, XU H, et al. D2TNet: a ConvLSTM network with dual-direction transfer for pan-sharpening [J]. IEEE Transactions on Geoscience and Remote Sensing, 2022, 60: 1–14

[218] MA K, ZENG K, WANG Z. Perceptual quality assessment for multi-exposure image fusion[J]. IEEE Transactions on Image Processing, 2015, 24（11）: 3345–3356.

[219] NIKAKIS V O, ANDREADIS I, GASTERATOS A. Fast centre-

surround contrast modification [J]. IEEE Transactions on Image Processing, 2008, 2（1）: 19–34.

[220] NEZHAD Z H, KARAMI A, HEYLEN R, et al. Fusion of hyperspectral and multispectral images using spectral unmixing and sparse coding [J]. IEEE Journal of Selected Topics in Applied Earth Observations & Remote Sensing, 2016, 9（6）: 2377–2389.

[221] ZHU M, PAN P, CHEN W, et al. EEMEFN: low-light image enhancement via edge-enhanced multi-exposure fusion network [C]// Proceedings of the AAAI Conference on Artificial Intelligence, 2020: 13106−13113.

[222] ZHANG Y, GUO X, MA J, et al. Beyond brightening low-light images [J]. International Journal of Computer Vision, 2021, 129（4）: 1013–1037.

[223] LIU R, MA L, ZHANG J, et al. Retinex-inspired unrolling with cooperative prior architecture search for low-light image enhancement [C]// 2021 IEEE/CVF Conference on Computer Vision and Pattern Recognition（CVPR）, 2021: 10561–10570.